高含 CO_2 气田集输系统智能优化与标准化

刘　扬　孙云峰　陈双庆　王志华　著

石油工业出版社

内 容 提 要

本书系统介绍了高含 CO_2 气田集输系统智能理论与标准化，包括适用高维优化模型的改进智能算法、自适应大型天然气集输系统障碍布局优化、人工智能方法驱动的天然气集输系统参数优化、大型天然气集输系统简化优化方法、天然气集输管道水合物形成规律与防治方法、高含 CO_2 集输管道腐蚀行为及防腐效果评价与天然气田集输工艺标准化设计等内容。

本书可供从事天然气田集输系统优化设计的技术人员和管理人员使用，也可作为高等院校油气储运工程类相关专业教师、科研工作者及研究生的阅读参考书。

图书在版编目（CIP）数据

高含 CO_2 气田集输系统智能优化与标准化／刘扬等著.
— 北京 ：石油工业出版社，2022.3
ISBN 978-7-5183-5278-4

Ⅰ. ①高… Ⅱ. ①刘… Ⅲ. ①气田–集输系统–系统管理 Ⅳ. ①TE863

中国版本图书馆 CIP 数据核字（2022）第 046378 号

出版发行：石油工业出版社
（北京安定门外安华里 2 区 1 号楼　100011）
网　　址：www.petropub.com
编辑部：（010）64523687　图书营销中心：（010）64523633
经　　销：全国新华书店
印　　刷：北京晨旭印刷厂

2022 年 3 月第 1 版　2022 年 3 月第 1 次印刷
787×1092 毫米　开本：1/16　印张：12.75
字数：315 千字

定价：65.00 元

前言 *preface*

在我国积极推进"双碳"目标实现和大力推广清洁能源使用的宏观战略下，天然气依然是目前我国实现能源结构优化调整、减少碳排放最现实的能源。随着优质天然气资源的长期开采，高品位天然气的产量及经济效益已呈下降趋势，实现低品位天然气资源高效综合开发利用成为我国能源发展新时期的重点。然而，集输系统设计缺乏最优化及标准化、集输过程中易于形成水合物、集输设施易于发生腐蚀等问题导致高含 CO_2 气田集输系统的规划设计与管理难度增大，尤其是天然气中 CO_2 含量占比大、集输处理成本偏高、地处高寒地区等特征使得天然气集输生产实现经济高效面临着极大挑战，破解降投资、控成本方面的理论及技术难题是实现气田持续有效发展的关键。因此，构建高含 CO_2 气田集输系统智能优化与标准化理论及技术，实现集输系统的简化优化设计和集输工艺模式的标准化，对于实现集气系统科学最优化决策、天然气田降本增效开发、助力解决天然气供需平衡难题具有重要意义和广阔的推广应用前景。

本书基于笔者团队多年从事天然气田地面工程优化设计与管理的研究成果，依托在中国天然气重要产区——徐深气田的不断推广应用及总结，主要介绍了高含 CO_2 气田集输系统智能优化理论方法与集输工艺标准化设计技术，为有效解决集输系统规划设计周期长、建设投资大、生产运行高耗低效问题提供了技术方法和设计依据。

全书分为 7 章：第 1 章阐述了适用高维优化模型的改进智能算法，提出了以概率 1 收敛于全局最优解的混合蛙跳—烟花算法和混合粒子群—布谷鸟算法；第 2 章构建了自适应大型天然气集输系统障碍布局优化模型及智能优化求解方法，可通用于气田常见多种网络形态集输系统的拓扑布局优化设计；第 3 章建立了多目标天然气集输系统参数优化模型及多目标混合蛙跳—烟花算法，实现了管道建设参数和运行参数协同优化；第 4 章在布局优化和参数优化的基础上，建立了天然气集输系统简化优化模型及求解方法，介绍了集气站工艺简化优化运行成果；第 5 章分析了天然气水合物生成规律，介绍了基于电加热和注醇集气工艺试验的天然气水合物防治方法；第 6 章揭示了高含 CO_2 天然气集输管道腐蚀行为及成因，给出了天然气集输管道防腐对策和防腐涂层优选评价结果；第 7 章基于最优化设计和集输流动保障研究成果，从优化工艺流程、井站平面布置、设备选型出发，建立了适合于高寒地区含 CO_2 气田集输系统标准化设计方法。

本书得到了国家自然科学基金面上项目(批准号：52074090；52174060)、国家自然科学基金青年科学基金项目(批准号：52104065)及黑龙江省"油田高效开发及智能化创新研究""头雁"团队的大力资助与支持，在此一并表示感谢！

由于笔者水平有限，书中难免有错误和疏漏之处，敬请读者批评指正。

目 录 contents

1 适用高维优化模型的改进智能算法

大型天然气田集输系统对于建设投资的最小化和系统的节能化运行都可归结为最优化问题[1]，最优化问题的本质就是通过构建优化模型和求解方法求得最佳的方案，以便实现决策者的各项预期目标。最优化理论的发展进程可以用"更广泛"和"更深入"来描述，"更广泛"是指最优化理论在各种领域的应用与创新，而"更深入"则侧重优化模型求解方法的不断更新与完善。经典的优化方法包括分支定界法、最速下降法、牛顿法等，经典优化方法一般对于优化模型的数学性质有特殊要求，包括获取模型目标函数的导数信息等，因而在求解有约束、离散连续变量混合优化问题时的通用性存在不足。伴随着信息科学、人工智能、仿生学理论的发展，智能优化算法逐渐发展成为求解复杂工程优化问题的主流方法[2-3]，被广泛应用于航天、石油生产、船舶制造等领域。智能优化算法因为无需模型梯度信息、能够实现并行计算、鲁棒性好等优点得到国内外科研工作者的关注，形成了多种智能优化算法。

1.1 经典智能优化算法

智能优化算法是一类基于仿生学的具有"简单智能"的算法，是受到自然(生物界)规律的启迪而提出的求解优化问题的方法，一般通过仿生人类智能、生物群体社会性或自然现象而提出。比如，混合蛙跳、粒子群和蚁群算法是通过仿真生物的觅食行为；烟花算法是模拟烟花在空中的爆炸现象；禁忌搜索算法仿真人脑决策过程；人口迁徙算法源于人口随经济重心而转移、随人口压力增加而扩散的规律等。目前，具有代表性的智能优化算法包括粒子群算法(PSO)、蛙跳算法（SFLA）、布谷鸟算法（CS）、烟花算法（FWA）、引力搜索算法(GSA)、萤火虫算法（FA）、灰狼优化算法(GWO)、遗传算法（GA）、蚁群算法（ACO）、鱼群算法（AFSA）、细菌觅食算法（BFA）、蝙蝠算法（BA）、人口迁移算法（PMA）、蜂群算法（ABC）、多源宇宙优化算法(MVO)、细胞膜优化算法（CMO）和果蝇优化算法(FOA)等。

智能优化算法是人工智能技术的重要分支，是模拟、延伸和扩展生物智能及自然规律的重要理论方法。智能算法凭借其应用条件限制少、实现简单、兼容性强等优点，已经成为最优化领域的关键求解方法，国际学者在此领域开展了系统、深入的研究，一些新型的仿生智能算法不断出现，经典智能算法的改进研究也多见报道。在以上众多的经典算法中，粒子群算法、混合蛙跳算法、烟花算法表现出对于工程最优化问题良好的适应性。

1.1.1 粒子群算法

粒子群算法(PSO)是一种模拟鸟类觅食现象而形成的群体智能优化算法。在粒子群算法中，粒子群体分布在优化问题的可行搜索空间中，每一个粒子代表一个可行解，粒子的每一次更新代表对解空间的一次搜索。每个粒子均包含三方面的信息，分别是当前位置 x_i、当前速度 v_i 和历史最优位置 $pbest_i$。假设所要求解的优化问题是 D 维的，则每个粒子都应该包含 D 维的解信息，以 M 代表群体的规模，第 i（$i = 1, 2, \cdots, M$）个粒子的位置、速度和历史最优位置可以分别表示为 $x_i = (x_{i,1}, x_{i,2}, \cdots, x_{i,D})$，$v_i = (v_{i,1}, v_{i,2}, \cdots, v_{i,D})$ 和 $pbest_i = (pbest_{i,1}, pbest_{i,2}, \cdots, pbest_{i,D})$。另外，整个粒子群体所发现的最好位置被称为当前全局最优位置，记为 $gbest = (gbest_1, gbest_2, \cdots, gbest_D)$。在每一次迭代搜索过程中，粒子的速度和位置可以按照式（1.1）和式（1.2）更新：

$$v_i(t+1) = w \cdot v_i(t) + c_1 \cdot r_1 \cdot [pbest_i(t) - x_i(t)] + c_2 \cdot r_2 \cdot [gbest(t) - x_i(t)] \quad (1.1)$$

$$x_i(t+1) = x_i(t) + v_i(t+1) \quad (1.2)$$

式中：c_1，c_2 分别为个体认知学习因子和社会认知学习因子，分别代表着粒子对于自身的学习及粒子和群体之间的信息交流；w 为惯性权重，表征粒子将上一次迭代的信息部分保留至当次迭代，是控制算法收敛速度的主要参数；r_1，r_2 为 $[0, 1]$ 区间的随机数。

1.1.2 烟花算法

烟花算法（FWA）是受到夜空中烟花爆炸的启发而提出的一种群体智能算法。烟花算法同其他智能优化算法一样，也是通过群体的不断迭代进行优化求解，在烟花算法中，一个烟花或者火花表示优化问题的一个可行解，由烟花产生火花的过程被视为对可行解空间的一次搜索。在每一次搜索中，烟花可以通过两种途径产生火花，分别为爆炸和高斯变异，所产生的火花定义为爆炸火花和高斯变异火花。烟花算法的爆炸算子由爆炸半径和爆炸火花的数量所决定，质量差的烟花会拥有相对较大的爆炸半径和相对较少的爆炸火花，而质量好的烟花具有较小的爆炸半径和较多的爆炸火花，假设 N 为烟花的数目，对于 D 维的优化问题，包含各维度优化信息的第 i（$i = 1, 2, \cdots, N$）个烟花可以表示为 $\bar{x}_i = (\bar{x}_{i,1}, \bar{x}_{i,2}, \cdots, \bar{x}_{i,D})$。爆炸半径和爆炸火花的数目可以通过式（1.3）和式（1.4）计算：

$$A_i = \hat{A} \cdot \frac{f(\bar{x}_i) - y_{\min} + \varepsilon}{\sum_{i=1}^{N} [f(\bar{x}_i) - y_{\min}] + \varepsilon} \quad (1.3)$$

$$s_i = M_e \cdot \frac{y_{\max} - f(\bar{x}_i) + \varepsilon}{\sum_{i=1}^{N} [y_{\max} - f(\bar{x}_i)] + \varepsilon} \quad (1.4)$$

式中：$f(\bar{x}_i)$ 为第 i 个烟花的目标函数值；A_i 为第 i 个烟花的爆炸半径；s_i 为第 i 个烟花的爆炸火花数目；$y_{\max}$，$y_{\min}$ 分别为烟花群体的最大、最小目标函数值；$\hat{A}$，M_e 分别为控制爆炸半径和爆炸火花数目的常数；ε 为机器小量，避免除零错误。

另外，为了限制质量好的烟花过度把控优化进程，因而对每个烟花的爆炸火花数目进行限制，s_i 的取值上下界定义为：

$$s_i = \begin{cases} round(a \cdot M_e) & s_i < a \cdot M_e \\ round(b \cdot M_e) & s_i > b \cdot M_e \\ round(s_i) & \text{otherwise} \end{cases} \quad (1.5)$$

式中：a，b 分别为控制最小、最大爆炸火花数目的常数。

在第 i 个烟花的爆炸火花产生过程中，每一个爆炸火花都可以通过烟花 i 增加偏移量来生成：

$$\hat{x}_i^j = \bar{x}_i + \Delta h \tag{1.6}$$

式中：$\hat{x}_i^j$ 为第 i 个烟花的第 j 个爆炸火花；Δh 为偏移量，$\Delta h = A_i \cdot rand(-1, 1) \cdot \hat{B}$，其中 $\hat{B}$ 是一个具有 $\hat{z}_i$ 维数值为 1 和 $D - \hat{z}_i$ 维数值为 0 的向量，并且 $\hat{z}_i$ 表示第 i 个烟花随机选取的维度，$\hat{z}_i = D \cdot rand()$，$j = 1, 2, \cdots, s_i$，$rand(-1, 1)$ 和 $rand()$ 分别表示区间 $[-1, 1]$ 和 $[0, 1]$ 之间的随机数。

为了增加群体的多样性，在每一次迭代中会通过产生一定数量高斯变异火花来丰富群体的解信息，每个高斯变异火花是通过随机选取一个烟花并对它的若干维度进行变异所得到的，对于随机选取的烟花 i，它的第 j 个高斯变异火花可按照式（1.7）产生：

$$\tilde{x}_i^j = (\tilde{O} - \tilde{B}_i) \cdot \bar{x}_i + Gaussian(1, 1) \cdot \bar{x}_i \cdot \tilde{B} \tag{1.7}$$

式中：$\tilde{x}_i^j$ 为烟花 i 的第 j 个高斯变异火花；$\tilde{O}$ 为每一维数值均为 1 的 D 维向量；$\tilde{B}$ 为 $\tilde{z}_i$ 维取值为 1 且 $D - \tilde{z}_i$ 维取值为 0 的 D 维向量，$\tilde{z}_i$ 表示烟花 i 中随机选取的变异维度数量，$\tilde{z}_i = D \cdot rand()$；$Gaussian(1, 1)$ 为满足均值为 1 且方差为 1 的高斯分布的随机数。

在烟花算法产生高斯变异火花和爆炸火花的过程中，会产生一部分火花超出可行范围，需要采用映射规则将其映射回可行区间，映射规则满足的公式如下：

$$x'_{i, k} = x_{LB, k} + |x'_{i, k}| \% (x_{UB, k} - x_{LB, k}) \tag{1.8}$$

式中：$x'_{i, k}$ 为第 i 个爆炸火花或第 i 个高斯变异火花；$x_{UB, k}$，$x_{LB, k}$ 分别为优化问题的可行解空间在第 k 维度上的上界和下界。

选择算子是通过将当次迭代的烟花及由烟花产生的爆炸火花、变异火花组成备选集合，并且按照一定规则选取参与下次迭代的个体的操作，是烟花算法实现信息传递的主要算子。在选择算子执行时，所有的烟花、爆炸火花和变异火花中质量最佳的个体被直接保存到下一代，其余的个体采用轮盘赌的方式进行选择，定义备选集合为 K，备选集合中个体的数目为 N，则个体被选择的概率如下：

$$R(X_i) = \sum_{j \in K} d(X_i, X_j) = \sum_{j \in K} \|X_i - X_j\| \tag{1.9}$$

$$p(X_i) = \frac{R(X_i)}{\sum_{k \in K} R(X_k)} \tag{1.10}$$

式中：$R(X_i)$ 为备选集合中第 i 个个体同其他个体之间的距离之和；X_i，X_j 分别为备选集合中第 i 个和第 j 个个体；$p(X_i)$ 为备选集合中第 i 个个体被选择进行下一代计算的概率。

1.1.3 混合蛙跳算法

混合蛙跳算法（SFLA）是一种结合了确定性方法和随机性方法的进化计算方法。SFLA 的基本思想是随机生成 N 只蛙形成初始群体，N 维解空间中的第 i 只蛙表示为 $X_i = [x_{i1}, x_{i2}, \cdots, x_{iD}]$，生成初始蛙群之后，首先将种群内的个体按适应值降序排列，记录蛙群中具有最优适应值的蛙为 X_g，然后将整个蛙群分成 m 个模因组，每个模因组包含 n 只蛙，满足关系 $N=m×n$，其中：第 1 只蛙分入第 1 模因组，第 2 只蛙分入第 2 模因组，第 m 只蛙分入第 m 模因组，第 $m+1$ 只蛙重新分入第 1 模因组，第 $m+2$ 只蛙重新分入第 2 模因组，依次类推。设 M^k 为第 k 个模因组的蛙的集合，其分配过程可描述如下：

$$M^k = \{X_{k+m(l-1)} \in P \mid 1 \le l \le n\} \quad 1 \le k \le n \tag{1.11}$$

每一个模因组中具有最好适应值和最差适应值的蛙分别记为 X_b 和 X_w，而群体中具有最好适应值的蛙表示为 X_g，然后对每个模因组进行局部搜索，即对模因组中的 X_w 循环进行局部搜索操作。蛙跳规则的更新方式为：

$$D = r(X_b - X_w) \tag{1.12}$$

$$X'_w = X_w + D \quad \|D\| \le D_{max} \tag{1.13}$$

式中：r 为 0 与 1 之间的随机数；D_{max} 为蛙所允许改变位置的最大值。

在经过更新后，如果得到的蛙 X'_w 优于原来的蛙，则取代原来模因组中的蛙；如果没有改进，则用 X_g 取代 X_b，按式（1.12）和式（1.13）执行局部搜索过程；如果仍然没有改进，则随机产生一个新蛙直接取代原来的 X_w，重复上述局部搜索，当完成局部搜索后，将所有模因组内的蛙重新混合、排序和划分模因组，再进行局部搜索，如此反复，直到定义的收敛条件结束为止。

1.1.4 布谷鸟算法

布谷鸟算法是仿生布谷鸟借巢生卵的自然现象提出的一种群智能算法。布谷鸟是典型的具有巢寄生育雏行为的鸟类。某些种属的布谷鸟自己不筑巢、不孵卵、不育雏，而是偷偷地将卵产在其他鸟（宿主）的鸟巢中，由宿主代为孵化和育雏。布谷鸟在繁殖期间，首先寻找繁殖期和育雏期与自己相近、雏鸟饮食习惯相似、卵形状和颜色基本相同的鸟类作为宿主。然后，趁宿主外出时迅速将自己的卵偷偷产入宿主的鸟巢中。为了不被宿主察觉，布谷鸟在产卵之前会把宿主鸟巢中的一枚或多枚卵移走，来保持鸟巢中原有的卵数量。一旦布谷鸟的寄生卵被发现，这个卵便会被鸟巢主人移走，布谷鸟寄生繁殖失败。

在经典布谷鸟算法中，布谷鸟巢穴位置更新是基于莱维飞行的。莱维飞行本质上是一种随机游走过程，由高频率的短距离飞行和低频率的长距离飞行组成，它的步长服从莱维分布。在自然界中，许多鸟类的飞行行为都具有典型的莱维飞行特征。布谷鸟在飞行过程中，主要以小步长的短距离飞行为主，但是偶尔有比较大步长的长距离飞行，因此布谷鸟不会停留在一个地方重复进行搜索。搜索前期，大步长有利于增加种群多样性、扩大搜索范围，易于搜索到全局最优解；搜索后期，小步长有利于提高搜索精度，缩小搜索范围，使得在小范围内收敛于全局最优解。

在自然界中，布谷鸟以随机或者类似随机的飞行方式来寻找适合自己产卵的鸟巢的位置，为了便于模拟布谷鸟的繁殖策略，将布谷鸟算法假设以下三个理想状态：

（1）每只布谷鸟一次只产一个卵，并随机选择一个位置的鸟巢进行孵化。

（2）在随机选择的一组鸟巢中，质优的鸟巢将会被保留到下一代。

（3）可利用的鸟巢数量固定，鸟巢主人发现外来鸟蛋的概率为 $P_a \in [0, 1]$。当鸟巢主人发现外来的布谷鸟蛋时，它会将布谷鸟蛋丢弃或者重新建立新的鸟巢。

基于以上三种理性状态,布谷鸟寻找宿主鸟巢的位置和路径的更新公式如下:

$$x_i(t+1) = x_i(t) + \alpha Levy(\beta) \tag{1.14}$$

式中:α 为步长控制因子,$\alpha > 0$,一般取值 $\alpha = 1$;$Levy(\beta)$ 为莱维随机搜索路径,其中 β 为路径的控制参数。

$Levy(\beta)$ 的具体计算公式如下:

$$Levy(\beta) = \frac{\phi u}{|v|^{\frac{1}{\beta}}} \tag{1.15}$$

$$\phi = \left(\frac{\Gamma(1+\beta) \times \sin(\pi \times \beta/2)}{\Gamma\{[(1+\beta)/2] \times \beta \times 2^{(\beta-1)/2}\}} \right)^{1/\beta}$$

式中:u,v 分别为服从正态分布的随机数。

可利用的鸟巢数量固定,鸟巢主人发现外来鸟蛋的概率为 $P_a \in [0, 1]$。位置更新后,用随机数 r 与 P_a 进行比较,如果 $r > P_a$ 就随机更新一次鸟巢位置,否则鸟巢位置不变。被发现的鸟巢位置更新公式为:

$$x_i(t+1) = x_i(t) + r[x_j(t) - x_k(t)] \tag{1.16}$$

式中:r 为缩放因子;$x_j(t)$,$x_k(t)$ 为第 t 代鸟巢的随机位置。

1.2 智能算法的改进机理与收敛定理

1.2.1 智能算法优化求解机制

智能优化算法是具有智能求解机制的随机搜索算法,是一类"探索与验证"式的迭代型算法。智能优化算法在求解优化问题时追求对于所有可行域的遍历性,这就要求算法具有较强的全局搜索能力,群智能算法因为表现出的群体并行搜索的特性,成为近年来智能计算和最优化领域的研究热点。群体智能是 Beni、Hackwood 在 20 世纪 80 年代提出的概念,被解释为模拟动物社会性行为而设计的分布式算法或解决问题的策略。随着智能优化理论的发展,群智能不仅指代仿生动物的智能行为,而是被赋予更加广泛的定义。目前,群智能用来描述一群集合体(生命的、非生命的)的智能行为,包括个体的简单决策及其相互协作而成的群体性行为。需要指出的是,群智能并非个体行为的简单叠加,而是在一定简单或者相对复杂的形式下聚集协同而涌现出的智能,如人工蜂群算法中的侦察蜂、引领蜂和跟随蜂,三种蜜蜂个体有各自的行为准则,而又统一在群体的整体行为框架中。

群智能优化算法相对于传统求解方法的优势在于集群式的信息交互与信息更新,即能够探索得到更多对于寻优有价值的信息。群体中的每个个体都携带求解的信息,并随着迭代的进行,将信息更新和完善,直至找到最优解。围绕求解信息的形成与更迭,归纳得到群智能算法的求解机理,包括三个方面的内容:

(1)初始解的形成。

对于群智能算法而言,个体是求解进程中负责信息传递的载体,每一个个体所携带的信息都可表征为原问题的一个解。个体所携带信息的多少主要由决策变量的规模决定,对于一个有 N 个决策变量的优化问题,个体通常被设置为 N 维。在求解开始时,一般赋予每个个体一个初始解，从而形成初始群体，如粒子群、蚁群、烟花群等。解的初始化包括随机赋值和优化赋值两种方式。随机赋值具有较好的遍历性，但对于最优解的逼近能力较弱，不利于快速收敛；优化赋值则是通过其他方式改进初始解的生成，可以在一定程度上加速收敛进程。

（2）解的更新与优化。

在群智能算法的求解过程中，群体的更新对应着解的更新，每一次个体信息的变化表示的是对于解空间的一次搜索。解的更新与个体的改变是同时进行的，也即解的信息会随着个体在一定规则(算子)下变换而更迭，如遗传算法中染色体的进化、粒子群算法中粒子位置的更新及烟花算法中的爆炸操作等。群体的更新是在已有解的基础上寻求更优的解的必要操作。

解的更新与优化是最优化问题求解的关键，解的更新一般伴随着解的优化。将优化问题的目标函数视为群体所处的环境，目标函数值的高低则直接反映个体对于环境的适应能力。优选高质量的个体能够帮助算法快速收敛到最优解，群智能算法的适应度函数一般为判别个体质量好坏的标准。通过群体的更新与优化，以高适应度值的个体代替低适应度值的个体，不断找寻更优秀的解。

（3）优异解信息的传递。

在群体通过更新发现多样解信息的同时，将其中的优异解信息保留并传递给新的群体，是保证寻优效果的另外一项机制。不同的智能算法具有各异的解信息传递方式，烟花算法通过群体的密集程度筛选个体，粒子群算法根据适应度值的高低选择进入下一代的个体，遗传算法中以融入概率的方式选取优秀的染色体。总结这些传递方式可以得出，优异解的保留主要是保证一些优异的个体能够进入后续的计算，同时还须避免解信息相似所导致的早熟收敛。

1.2.2　群智能算法的改进机理

面对天然气集输管网优化等工程实际问题，群智能优化算法相对于其他方法是有一定优势的。然而，随着问题规模的逐渐庞大、问题复杂程度的逐渐上升，经典的智能算法已经无法满足求解高效化、高精度化的求解需求。为了获取最佳的优化设计方案，诸多学者针对智能算法提出了改进方案，以得到更为优秀的改进智能算法。通过总结已有成果中对于智能算法的改进方法，得到以下四种主要的改进方式：

（1）改进算法自身的主控参数。

对于群智能算法而言，算法的执行步骤、个体的更新方式和优异解的保留策略等均由算法的控制参数所决定，如粒子群算法中的惯性权重、烟花算法中的爆炸半径、萤火虫算法中的步长因子等。对于不同类型的最优化问题，群智能算法的初始主控参数可能不满足高效求解的需求，需要对主控参数按照一定的规则进行调整，如粒子群算法中对惯性权重的改进采取了多种方式，将经典算法中的常值惯性权重变更为动态变化的模糊自适应惯性权重[4]，以及混沌惯性权重、时变惯性权重、基于粒子聚集程度的惯性权重和柔性指数惯性权重等，通过优化调整惯性权重来控制优化算法的求解进程，增强算法的求解能力。

（2）改进算法的算子。

算子是智能算法中具有一定规则且相对独立的执行步骤，如粒子群算法中的位置更新算子、烟花算法中的爆炸算子、混合蛙跳算法中的跳跃算子等。对影响算法的主要算子进行改进，能够有效提高算法的局部搜索效率和全局勘察能力[5-7]。已有学者对粒子群的邻域拓扑结构进行优化调整，间接改进了位置和速度更新算子，并设计了 Four cluster 型、Pyramid 型、动态精英型和时间—自适应型邻域拓扑结构，增加了群体的多样性，加强了粒子之间的信息交流。烟花算法中有爆炸算子、变异算子、选择策略和映射规则四个算子，其中爆炸算子执行中会产生相同的偏移量，导致群体的多样性降低，学者通过在每个个体上添加不同的偏移量来增强算法的搜索能力，并提出了增强型烟花算法、动态烟花算法等。

（3）添加优化算子。

经典智能算法虽然可以有效求解一些非线性最优化问题，但在求解混合整数非线性最优化问题时则需要对经典算法进行改进，添加优化算子是改进智能算法的一项主要技术[8-10]。粒子群算法由于算法自身结构的限制，粒子群体的更新受到当前最优个体和历史最优个体的吸引，从而产生了解信息相对接近的一些个体。为避免粒子群算法迭代后期的群体多样性不足、群体内信息交流不畅、易陷入局部最优等问题，已有成果通过添加算子的方式实现对经典粒子群算法的改进。混合蛙跳算法通过模因分组增加了算法的局部搜索效率，学者们则通过引入新的算子实现了蛙跳移动距离过大、邻域搜索不充分等问题。

（4）融合其他智能算法。

在智能算法的改进研究中，借鉴其他智能算法的优势，采取"取长补短"的方式改进原算法的不足是一种重要的改进方法。经典粒子群算法具有较强的局部搜索能力，但由于优势个体的吸引，导致算法易发生早熟收敛，已有学者将粒子群算法和其他智能算法进行深度融合，提出了混合粒子群模拟退火算法（PSOSA）[11]、混合粒子群—烟花算法（PS—FW）[12]、混合粒子群—遗传算法（PSO—GA）等，从而有效平衡了算法的局部和全局搜索能力。其他如融合差分演化算法、文化算法的烟花算法，形成了混合差分演化—烟花算法（DE—FWA）、文化—烟花算法（CA—FWA）、生物地理学优化—烟花算法（BBO—FWA）等求解效果更佳的混合算法。

总结以上改进智能算法的方式可以得出，智能算法的改进应该秉承"发挥优点"的方式。相对于传统方法而言，智能优化算法在找寻解的过程中加入了随机搜索的思想，通过随机搜索增加了对可行域的探索，扩大了对解空间的搜索范围，从而提升了求解效果。智能算法的改进则是通过调控参数、改进求解结构、修正算法不足等方式进一步提升算法的随机性，进而提高算法求得最优解的概率。

1.2.3　智能算法的收敛性定理

对智能算法优劣判断不仅需要衡量算法的局部及全局搜索能力，更需要对算法的收敛性进行分析，如果一种智能算法能够以概率 1 收敛，即说明该算法是较为优异的算法。已有的智能算法收敛性判别定理主要是基于马尔科夫链提出的，此类定理在应用过程中会遇到收敛性证明困难等问题。本书作者团队率先从统计力学角度[13]提出了基于庞加莱回归理论的收敛性判别定理[14]，将群体中的个体视为一定空间内的粒子，个体所经过的位置视为已经搜索到的区域，进而结合测度论方法，给出该收敛性定理。

定义1：最小δ邻域。随机变量x_i的以δ为半径的D维球形闭包，其中δ是x_i在各个维度方向的最小可能取值范围，表征为$e_{\delta, i}$。

定义2：邻域集。随机优化算法中所有随机变量的最小δ邻域的并集，表征为$E_{US} = \cup e_{\delta, i}$。

假设1：对于随机优化算法依次迭代产生的邻域集序列$\{E_{US, k}\}$，邻域集序列的测度的下确界满足$\inf\{v[E_{US, k}]\} > 0$。其中k表示算法第k次迭代，$k = 1, 2, \cdots$。

假设2：对于$\{E_{US, k}\}$中任意的邻域集$E_{US, t}$，存在一个正整数l，使得$\{E_{US, k}\}$中的邻域集$E_{US, t+l}$满足$v[E_{US, t} \cap E_{US, t+l}] < \min\{v[E_{US, t}], v[E_{US, t+l}]\}$。

定理1：满足假设1和假设2的随机优化算法以概率1收敛于全局最优解。

证明：设v_i表示由算法第i次迭代产生的集合的测度，$v[S]$表示整个可行域的测度，算法在第i次搜索中找到最优解的概率为：

$$P_{US, i} = \frac{v_i}{v[S]} \tag{1.17}$$

由假设2可知，算法在迭代过程中使得搜索区域得到扩展，即存在正整数l_1，使得算法在第$i + l_1$次搜索到最优解的概率为：

$$P_{US, i+l_1} = \frac{v_i + v_{i+l_1} - v[E_{US, i} \cap E_{US, i+l_1}]}{v[S]} = \frac{v_i + n_{US, 1}v_i}{v[S]} \tag{1.18}$$

式中：$n_{US, 1}$为正实数。

同理，存在正整数l_2，使得算法在$i + l_1 + l_2$次搜索到最优解的概率为：

$$P_{US, i+l_1+l_2} = \frac{v_i + v_{i+l_1} + v_{i+l_1+l_2} + v[E_{US, i} \cap E_{US, i+l_1} \cap E_{US, i+l_1+l_2}]}{v[S]}$$

$$- \frac{v[E_{US, i} \cap E_{US, i+l_1}] + v[E_{US, i} \cap E_{US, i+l_1+l_2}] + v[E_{US, i+l_1} \cap E_{US, i+l_1+l_2}]}{v[S]}$$

$$= \frac{v_i + n_{US, 1}v_i + n_{US, 2}v_i}{v[S]} \tag{1.19}$$

式中：$n_{US, 2}$为正实数。

依次类推，存在正整数l_m，使得算法在$i + l_1 + l_2 + \cdots + l_m$次搜索到最优解的概率为：

$$P_{US, i+l_1+\cdots+l_m} = \frac{v_i + n_{US, 1}v_i + \cdots + n_{US, m}v_i}{v[S]} \tag{1.20}$$

式中：$n_{US, 3}, \cdots, n_{US, m}$为对应于第$k$次搜索的正实数。

由假设1可知，算法所产生的集合序列存在下确界，所以一定存在一个正实数$n_{US, min}$为序列$\{n_{US, j}\}$，$j = 1, 2, \cdots, m$的下确界，所以得到

$$P_{US, i+l_1+\cdots+l_m} = \frac{v_i + n_{US, 1}v_i + \cdots + n_{US, m}v_i}{v[S]} \geqslant \frac{(mn_{US, min} + 1)v_i}{v[S]} \tag{1.21}$$

随着m的递增，必存在正整数m'使得式（1.22）成立：

$$P_{\text{US},\,i+l_1+\cdots+l_{m'}} \geqslant \frac{(m'n_{\text{US, min}}+1)v_i}{v[S]} = \frac{v[S]}{v[S]} = 1 \tag{1.22}$$

由于算法产生的集合序列只能位于可行域 S 中，并且根据概率的定义，概率等于 1。
证毕。

1.3 混合蛙跳—烟花全局优化算法

1.3.1 混合蛙跳—烟花算法(SFL—FW)

混合蛙跳算法通过模因组内多种形式的组内搜索，使得混合蛙跳算法具有较强的全局搜索能力，然而由于模因组内的搜索机制沿袭了粒子群算法的"向优性"，模因组内的搜索进程被模因组最优和当前最优青蛙所控制，算法容易陷入局部最优且难以跳出；烟花算法因为针对烟花个体施行了爆炸和高斯变异算子，使得算法在进行全局搜索过程中效率较高，能够快速找到较为满意的解，但因为基本烟花算法中最优烟花个体的爆炸半径趋于零，烟花群体缺乏对于解空间进行深入挖掘的能力。

本书中将混合蛙跳算法和烟花算法优势融合，将混合蛙跳算法的局部搜索能力和烟花算法的全局探查能力协同并举，以混合蛙跳算法的基本流程作为主框架，在模因组局部搜索过程中加入烟花算法的爆炸算子和变异算子，并对爆炸算子和变异算子进行改进，提出邻域镜像算子，以增强当前全局最优青蛙对于整个群体的提领作用，继而构建新型的混合蛙跳—烟花算法，并应用基于庞加莱回归的随机算法收敛定理证明该新型群智能算法的收敛性。

1.3.1.1 可行性分析

对于混合蛙跳算法而言，其改进需要从增加算法的全局搜索能力着手，混合蛙跳算法采用模因组优化的方式虽然局部搜索效率较高，但对于整个可行域的探查能力较弱，因而与具有全局寻优能力的烟花算法相结合，则有希望形成一种高效的混合算法。将这两种算法融合，绘制其优化原理图如图 1.1 所示。混合蛙跳算法的模因组内采取局部最优蛙引导、当前全局最优蛙引导和随机重生成三种更新方式，针对其中起主导作用的局部最优蛙引导为例，说明融合爆炸烟花算子对于算法优化性能提升的原理。因为青蛙个体在解空间中的移动是有方向的，所以青蛙的移动轨迹可以视为不同轨迹向量的叠加。混合蛙跳算法在向着模因组最优蛙移动后到达点 2，而由于模因组内各青蛙个体之间的信息存在相似性，青蛙易陷入局部最优区域，此时融合烟花算法的爆炸算子，将青蛙作为烟花个体执行爆炸操作，增加了青蛙对于整个解空间的有效探索，促使青蛙个体跳出了局部最优区域，到达了适应度值更优的点 3。在到达点 3 后，进一步执行烟花算法中改进的变异算子，通过对青蛙个体部分维度信息的调整，使得青蛙个体的局部挖掘能力也得到了有效增强，继而到达了点 4。之后，青蛙个体向着当前全局最优蛙继续移动，在移动的过程中，需要同时执行镜像邻域搜索算子，即当前全局最优蛙先是在镜像的邻域空间内生成备选的目标位置，而后根据适应度值的变化更新当前全局最优蛙的位置，进而确定青蛙个体到达点 4 后的移动方向，并使得青蛙最终到达点 5。通过分析模因组中最差青蛙个体的移动轨迹可以得知，在单独进行混合蛙跳算法的基本操作后，青蛙个体容易受到模因组最优蛙或者当前全局最优蛙的吸引而陷入局部最优区域，而在融合了烟花算法的全局搜索优势之后，增强了算法跳出局部最优的能力，提升了算法探查整个解空间的效率，进一步增强了算法局部搜索能力，从而使得算法的优化性能更加全面且优秀。

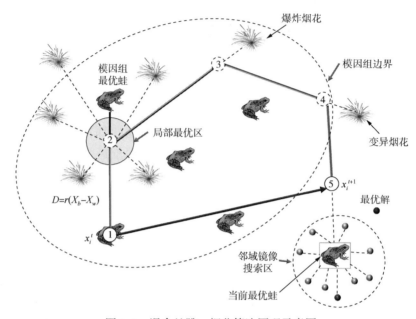

图 1.1　混合蛙跳—烟花算法原理示意图

1.3.1.2　改进的爆炸算子

分析公式(1.3)可知，烟花算法的爆炸半径算子在优势个体引领搜索方面存在不足，当烟花个体的质量越好时，其产生的爆炸半径趋近于 0，使得优秀的解不能有效保留其所携信息，一定程度上浪费了迭代资源。爆炸半径的控制参数 $\hat{A}$ 是控制烟花算法求解进程的主要参数，传统烟花算法中的 $\hat{A}$ 设置为常数，这容易导致算法在求解过程中不能准确适应全局探查和局部搜索的着重阶段。将爆炸控制参数 $\hat{A}$ 设置为随求解进程变化的参数，其详细变化如公式(1.23)所示，经过 $\hat{A}$ 由常数向变量的改进，可以在迭代初期控制算法在更大的搜索范围内找寻更优秀的解，增强求解初期对于解空间的全局搜索能力，同时在迭代后期关注对可能存在全局最优解的局部区域内的挖掘，提高算法的局部搜索效率，有效平衡算法的全局和局部搜索能力。此外，在传统烟花算法中，爆炸火花的生成实施对部分维度进行统一偏移，即不同维度的变化量一样，相同的偏移量易导致所生成的爆炸火花多样性不足。所以，在改进的爆炸算子中，采取对所有维度进行差异化偏移的操作来增加算法的搜索能力，具体的偏移公式如式(1.23)所示。

$$\widehat{A} = A_{\min} + (A_{\max} - A_{\min}) \mathrm{e}^{-10\left(\frac{\sqrt{2I_{\max}t - t^2}}{I_{\max}}\right)} \tag{1.23}$$

式中：$A_{\max}$ 为爆炸半径的上限控制参数；$A_{\min}$ 为爆炸半径的下限控制参数；$I_{\max}$ 为算法的最大迭代次数；t 为算法的当前迭代次数。

$$\hat{x}_i^j = \bar{x}_i + A_i \cdot rand(-0.6, 0.6) \cdot \widetilde{O} \tag{1.24}$$

式中：$\hat{x}_i^j$ 为第 i 个烟花的第 j 个爆炸火花；$rand(-0.6, 0.6)$ 为 $[-0.6, 0.6]$ 之间的随机数。

1.3.1.3 改进的变异算子

烟花算法的变异算子是进行局部搜索的主要操作流程，是通过高斯随机数在烟花 i 的周围进行有效搜索，该种方式虽然增加了个体的随机性，但由于高斯随机数对于烟花各维度数值的相乘关系，导致算法在求解非零最优化问题（最优值不在零点的问题）时容易陷入零点附近。为增强算法对于非零最优化问题的求解能力，这里对原有的高斯变异算子进行适当改进，更改烟花算法中由烟花个体生成变异火花的模式，采用随机选取质量较好的爆炸火花来产生变异火花，提升"源"信息的优质性。在此基础上，将变异算子改进为学习型算子，分别通过均匀分布和高斯分布的随机数实现若干信息的突变，在保留优异爆炸火花个体信息的同时部分融合优秀青蛙个体的信息，使得变异更具针对性和有效性，加速算法的收敛。

$$\tilde{x}_j = (\boldsymbol{O} - \widetilde{\boldsymbol{B}}) \cdot rand() \cdot \hat{x}_j + Gaussian(0, 0.5) \cdot (\bar{x}_{i, best} - \hat{x}_j) \cdot \widetilde{\boldsymbol{B}} \tag{1.25}$$

式中：$\tilde{x}_j$ 为相对质量较优秀的爆炸火花 j 变异得到的火花个体；$\bar{x}_{i, best}$ 为模因组最优青蛙个体的历史最优位置；$Gaussian(0, 0.5)$ 为满足均值为 0 且方差为 0.5 的高斯分布的随机数。

1.3.1.4 镜像扰动搜索算子

当前，最优蛙对于混合算法的进化进程具有十分重要的指引作用，通过对当前最优蛙周围进行更加深入的搜索，可以实现对全局最优解的有力找寻。基于镜像对于数据的备份作用，在当前最优蛙信息实现镜像的基础上，结合模拟演化的思想，预先优选当前最优蛙在镜像环境中的有利进化方向，提出混合蛙跳—烟花算法的镜像扰动搜索算子。

在镜像扰动搜索算子中，为了保证扰动搜索的随机性，采用混沌理论中的无限混沌折叠映射方法生成扰动所需随机数，据此实现当前最优蛙向邻域空间各随机方向的备选搜索，形成当前最优蛙的镜像搜索环境，进而确定镜像搜索中的优势方向并返回搜索结果，当前最优蛙按照得到的搜索方向进行适当移动以完成对其个体质量的提升。在当前最优蛙的备选环境构建及移动过程中，设置自适应优化进程的偏移距离，在迭代之初，偏移距离较大以加快对更优解的找寻，而在迭代后期，偏移距离变小以增强对于全局最优解的挖掘，从而有效平衡混合算法的全局搜索能力和局部挖掘能力。镜像搜索算子的主要表达式如下所示。

（1）镜像搜索环境构建。

基于无线混沌折叠映射方法和自适应偏移距离随机生成 D_R 个备选偏移量，备选偏移量的计算表达式如式（1.26）所示，其中混沌映射随机数由式（1.27）生成，自适应偏移距离如式（1.28）所示。

$$\Delta d_{k, t} = \boldsymbol{\mu}_{k, t} \cdot R_{C, t} \quad \boldsymbol{\mu}_{k, t} \in \mu_{kG} \tag{1.26}$$

式中：$\Delta d_{k, t}$ 为镜像搜索环境中第 k 个备选偏移量；$\boldsymbol{\mu}_{k, t}$ 为第 t 次迭代的无限混沌映射随机数向量；μ_{kG} 为无限混沌映射随机数向量集合。

$$\boldsymbol{\mu}_{k, t+1} = \mathrm{mod}(a/\boldsymbol{\mu}_{k, t}, b) \tag{1.27}$$

式中：a 为无限混沌映射控制参数，$a \in [1, +\infty)$；b 为无限混沌映射控制参数，$b \in (0, 1]$。

$$R_{C, t} = R_{\max} - (R_{\max} - R_{\min})\left[1 - \cos\left(\frac{\pi t}{2I_{\max}}\right)\right] \tag{1.28}$$

式中：$R_{\max}$ 为最大偏移距离；$R_{\min}$ 为最小偏移距离。

（2）备选偏移量优选。

基于以上生成的备选偏移量，通过在镜像环境中遍历模拟当前最优蛙移动后的适应度值，来选取令当前最优蛙质量快速提升的偏移量。备选偏移量的评估与筛选依据公式（1.29）进行。

$$X_{g, t+1} = \begin{cases} X_{g, t} + \Delta d_{\max, t} & f(X_{g, t} + \Delta d_{\max, t}) \geqslant f(X_{g, t}) \\ X_{g, t} & f(X_{g, t} + \Delta d_{\max, t}) < f(X_{g, t}) \end{cases} \tag{1.29}$$

式中：$\Delta d_{\max, t}$ 为令当前最优蛙取得最优适应度值的备选偏移量。

1.3.1.5 算法流程

混合蛙跳—烟花算法是融合混合蛙跳算法和烟花算法的新型混合智能算法，整体的迭代求解流程是基于混合蛙跳算法的主体框架设计的，在混合蛙跳算法的每次迭代中融入烟花算法的算子，以下给出混合蛙跳—烟花算法的求解流程。

（1）初始化混合蛙跳—烟花算法的模因组数、组内迭代次数、最大迭代次数等参数，初始化烟花算子 SFL—FW 中三项关键算子的主控参数，初始化优化问题。

（2）生成混合算法的初始群体，转步骤（3）。

（3）计算群体中每个个体的适应度值并对适应度值进行排序，适应度值最高的进入第 1 模因组，次最高的进入第 2 模因组，其他个体按照蛙跳算法模因分组规则进行分组，转步骤（4）。

（4）基于群体适应度值，更新当前全局最优个体和模因组最优个体，转步骤（5）。

（5）依据蛙跳算法的蛙跳算子更新个体的位置，转步骤（6）。

（6）选取群体中适应度值低的若干个体，执行改进的爆炸算子，计算爆炸半径，产生所有爆炸火花，转步骤（7）。

（7）选取爆炸火花中的若干火花个体，针对个体的若干维度，执行改进的变异算子，然后转步骤（8）。

（8）针对改进爆炸算子和变异算子得到的个体，依据轮盘赌策略，从这些个体中选取一定数量的新个体补充到群体中，以保持群体规模的稳定，转步骤（9）。

（9）计算无限混沌映射随机数向量和偏移距离，构建当前最优个体的扰动搜索镜像空间，在若干备选偏移方向中选择最佳的偏移方向，更新当前全局最优个体，转步骤（10）。

（10）判断混合算法是否满足终止条件，若是，则转步骤（11），否则转步骤（3），重新进行算法的迭代计算。

（11）输出所得到的最优解，计算终止。

从以上求解步骤中可以看出，该混合算法服从群智能优化算法的一般步骤，是一种迭代型随机搜索算法。通过算法结构和三项主控算子规定的计算规则，在循环迭代过程中实现解的"逐步精进"。为了更直观阐述以上求解步骤，根据求解步骤绘制了混合蛙跳—烟花智能算法的流程图，如图1.2所示。

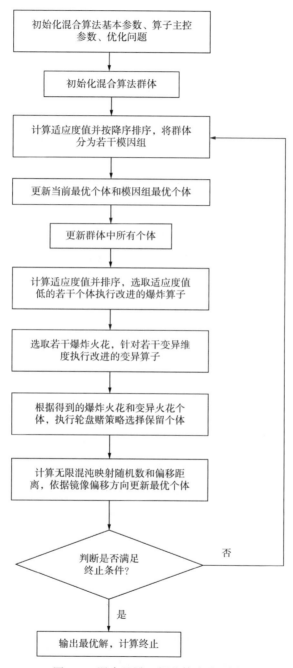

图1.2 混合蛙跳—烟花算法流程图

1.3.2 混合蛙跳—烟花算法的收敛性分析

混合蛙跳—烟花算法属于群智能优化算法，群智能优化算法的收敛性的分析一般较为困难，基于前述的收敛性判别定理对混合蛙跳—烟花算法的收敛性进行分析证明。

定理 2：混合蛙跳—烟花优化算法（SFL—FW）以概率 1 收敛于全局最优解。

证明：（1）SFL—FW 满足假设 1。

SFL—FW 采用了四种优化算子，分别产生了对应于蛙跳算子、改进的爆炸算子、改进的变异算子、镜像扰动搜索算子的四类个体，对于第 i 次迭代，分别存在四类个体所对应的邻域集 $E_{SF, i}$、$E_{ME, i}$、$E_{MV, i}$、$E_{MD, i}$，令邻域集 $E_{T, i} = E_{SF, i} \cup E_{ME, i} \cup E_{MV, i} \cup E_{MD, i}$，则有领域集的测度 $v[E_{US, i}] > 0$，所以邻域集序列测度的下确界存在且大于 0，则假设 1 得证。

（2）SFL—FW 满足假设 2。

令 $E_{T, t}$ 和 $E_{T, t+k}$ 分别为第 t 次、第 $t+k$ 次迭代由 SFL—FW 产生的邻域集，设事件 I 表示"经过 k 次迭代后邻域集 $E_{T, t+k}$ 与 $E_{T, t}$ 不完全重合"，事件 $\tilde{I}$ 表示"经过 k 次迭代后邻域集 $E_{T, t+k}$ 与 $E_{T, t}$ 完全重合"，则有

$$P(\tilde{I}) = 1 - P(I) \tag{1.30}$$

邻域集表征的是随机优化算法中所有个体的可能取值的集合，令 X_t 和 X_{t+k} 分别表示第 t 次迭代和第 $t+k$ 次迭代中所有随机变量构成的向量，根据贝叶斯条件概率公式有

$$P(\tilde{I}) = P\{X_t \xrightarrow{k} X_{t+k} \in E_{T, t+k}\} = P(X_{t+k} \in E_{T, t+k} | X_t \in E_{T, t}) P(X_t \in E_{T, t}) \tag{1.31}$$

即

$$P(\tilde{I}) = P(X_{t+k} \in E_{T, t+k} | X_t \in E_{T, t}) \tag{1.32}$$

因为若经过 k 次迭代后邻域集 $E_{T, t+k}$ 与 $E_{T, t}$ 完全重合，则说明经过 k 次迭代后随机向量 X_{t+k} 仍然位于 $E_{T, t}$ 内，即

$$P(X_{t+k} \in E_{T, t+k} | X_t \in E_{T, t}) = [v(E_{T, t})/v(S)]^k \tag{1.33}$$

因为 X_t 是非全局最优点，并且 SFL—FW 中采用了改进的爆炸算子、改进的变异算子和镜像扰动搜索算子，个体在整个空间中随机生成，所以 $0 < v(E_{T, t}) < v(S)$，即

$$0 < v(E_{T, t})/v(S) < 1 \tag{1.34}$$

因而一定存在一个正整数 l，使得当 $k > l$ 时，有

$$P(\tilde{I}) \to 0 \tag{1.35}$$

$$1 - P(\tilde{I}) \to 1 \tag{1.36}$$

即邻域集 $E_{T, t+k}$ 与 $E_{T, t}$ 不完全重合的概率为 1。因为 SFL—FW 满足假设 1 和假设 2，由定理 1 可知，SFL—FW 依概率 1 全局收敛。

1.3.3　混合蛙跳—烟花算法的求解性能分析

混合蛙跳—烟花算法属于随机优化算法的范畴，所以其数值求解性能的评价不能简单地用求解某个优化问题的结果优劣来衡量，应该与其他智能算法做横向对比来具体分析。以国际上测试算法性能的通用做法为基准，基于粒子群算法等知名算法常用的 14 个标准

测试函数，对所提出的混合蛙跳—烟花算法进行数值求解性能测试，如果混合蛙跳—烟花算法能够对 14 个测试函数均取得良好的效果，则说明该算法是优秀的群智能算法，所选取的相关标准测试函数的具体信息如表 1.1 所示。基于 Matlab 绘制了其中具有代表性的标准测试函数的图像如图 1.3 所示。

为说明本书所提出的混合蛙跳—烟花算法具有优异的求解性能，同时也为了证明将烟花算法和混合蛙跳算法进行优势融合的正确性，以粒子群算法等其他知名群智能算法为参照，通过进行相同数值实验来对比分析混合蛙跳—烟花算法的求解性能。

表 1.1　智能算法性能测试的标准函数表

名　称	函　数	搜索区间	最优解	收敛解
Sphere	$f_1(x) = \sum\limits_{i=1}^{D} x_i^2$	$[-100, 100]^D$	0	0.01
Rosenbrock	$f_2(x) = \sum\limits_{i=1}^{D-1} [100(x_{i+1} - x_i^2)^2 + (x_i - 1)^2]$	$[-2, 2]^D$	0	100
Noisy Quadric	$f_3(x) = \sum\limits_{i=1}^{D} ix_i^4 + random[0, 1)$	$[-1.28, 1.28]^D$	0	0.05
Rotated Hyper-Ellipsoid	$f_4(x) = \sum\limits_{i=1}^{D} \sum\limits_{j=1}^{i} x_j^2$	$[-65, 65]^D$	0	0.01
Powell	$f_5(x) = \sum\limits_{i=1}^{D/4} [(x_{4i-3} + 10x_{4i-2})^2 + 5(x_{4i-1} - x_{4i})^2 + (x_{4i-2} - 2x_{4i-1})^4 + 10(x_{4i-3} - x_{4i})^4]$	$[-4, 5]^D$	0	0.01
Schwefel's problem2.22	$f_6(x) = \sum\limits_{i=1}^{D} |x_i| + \prod\limits_{i=1}^{D} |x_i|$	$[-10, 10]^D$	0	0.01
Griewank	$f_7(x) = \frac{1}{4000} \sum\limits_{i=1}^{D} x_i^2 - \prod\limits_{i=1}^{D} \cos\left(\frac{x_i}{\sqrt{i}}\right) + 1$	$[-600, 600]^D$	0	0.05
Ackley	$f_8(x) = -20\exp\left(-0.2\sqrt{\frac{1}{D}\sum\limits_{i=1}^{D} x_i^2}\right) - \exp\left[\frac{1}{D}\sum\limits_{i=1}^{D}\cos(2\pi x_i)\right] + 20 + e$	$[-32, 32]^D$	0	0.01
Levy	$f_9(x) = \sin^2(\pi y_1) + \sum\limits_{i=1}^{D-1} (y_i - 1)^2[1 + 10\sin^2(\pi y_i + 1)] + (y_d - 1)^2[1 + \sin^2(2\pi y_D)]\ y_i = 1 + \frac{x_i - 1}{4}, i = 1, \cdots, D$	$[-10, 10]^D$	0	1.00
Rastrigin	$f_{10}(x) = 10D + \sum\limits_{i=1}^{D} [x_i^2 - 10\cos(2\pi x_i)]$	$[-5.12, 5.12]^D$	0	100
Zakharov	$f_{11}(x) = \sum\limits_{i=1}^{D} x_i^2 + \left(\sum\limits_{i=1}^{D} 0.5ix_i\right)^2 + \left(\sum\limits_{i=1}^{D} 0.5ix_i\right)^4$	$[-5, 10]^D$	0	0.01
Trigonometric 2	$f_{12}(x) = 1 + \sum\limits_{i=1}^{D} 8\sin^2[7(x_i - 0.9)^2] + 6\sin^2[14(x_i - 0.9)^2] + (x - 0.9)^2$	$[-500, 500]^D$	1	0.01

续表

名　称	函　数	搜索区间	最优解	收敛解
Quintic	$f_{13}(x) = \sum_{i=1}^{D} \mid x_i^5 - 3x_i^4 + 4x_i^3 + 2x_i^2 - 10x_i - 4 \mid$	$[-10, 10]^D$	0	0.01
Mishra11	$f_{14}(x) = \left[\dfrac{1}{D} \sum_{i=1}^{D} \mid x_i \mid + \left(\prod_{i=1}^{D} \mid x_i \mid \right)^{\frac{1}{D}} \right]^2$	$[-10, 10]^D$	0	0.01

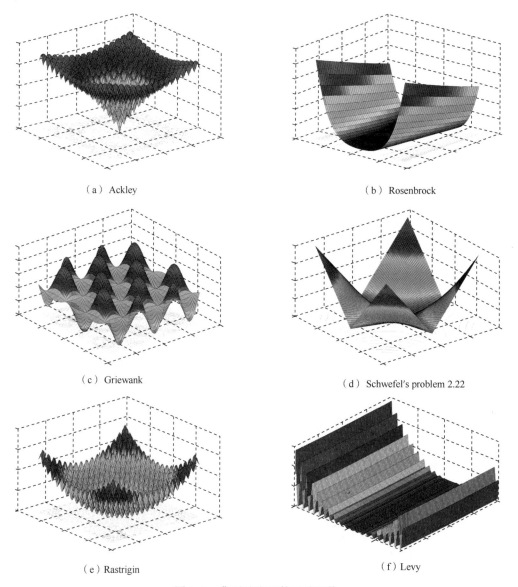

（a）Ackley　　　　　　　　　　　（b）Rosenbrock

（c）Griewank　　　　　　　　　（d）Schwefel's problem 2.22

（e）Rastrigin　　　　　　　　　　（f）Levy

图 1.3　典型基准函数三维图像

　　表 1.1 中既含有多峰函数又含有单峰函数，相对于单峰函数，多峰函数具有多个局部最优解，例如测试函数 Rosenbrock 为最优解在非零点的多峰函数，局部最优区域和全局最

优区域形成狭长的谷带，智能优化算法在求解此测试函数过程中需要有效甄别出局部最优解并尽快跳出，具有很大的求解难度。针对表1.1中的标准测试函数，选取混合蛙跳算法（SFLA）、烟花算法（FWA）、粒子群算法（PSO）、引力搜索算法（GSA）和萤火虫算法（FA）作为对照实验，分别针对每个标准测试函数进行20次的求解，以求解所得的平均最优值为基准进行对比分析，此外，为说明混合蛙跳—烟花算法在求解高维优化问题时的适应性和全局寻优能力，所有算法求解的标准测试函数均设置为500维（相当于有500个决策变量的最优化问题）。混合蛙跳—萤火虫算法的求解参数设置为，最大迭代次数为1000，模因组数为10，组内最大迭代次数为20，最大蛙跳步长为2，爆炸半径的上限和下限控制参数分别为 $A_{max} = 50$、$A_{min} = 10^{-10}$，无限混沌映射控制参数 $a = 50$，$b = 1$，R_{max} 最大和 R_{min} 最小偏移距离分别为 $R_{max} = 50$、$R_{min} = 1$。经过整理和统计数值计算数据，将平均最优值和标准差进行汇总及排序得到表1.2，表中标黑加粗表示该算法的结果在6种算法中名列前茅。

表 1.2　6种算法对于标准测试函数在维度 $D = 500$ 时的优化结果对比（最佳排名用粗体标出）

f	D	指标	GSA	FA	SFLA	PSO	FWA	SFL—FW
f_1	500	平均值	2.31×10^4	2.16×10^4	3.21×10^5	2.84×10^2	4.87×10^{-118}	0
		标准差	1.19×10^3	7.52×10^3	3.09×10^3	1.55×10^2	1.58×10^{-120}	0
		排名	5	4	6	3	2	**1**
f_2	500	平均值	4.25×10^5	5.89×10^6	1.98×10^5	1.14×10^4	4.96×10^2	1.18×10^{-7}
		标准差	2.13×10^4	3.12×10^6	2.12×10^3	1.25×10^3	2.99×10^{-2}	2.23×10^{-14}
		排名	5	6	4	3	2	**1**
f_3	500	平均值	1.89×10^2	4.98×10^3	5.85×10^4	2.65×10^3	4.68×10^{-119}	0
		标准差	1.61×10^1	2.15×10^3	9.89×10^2	2.25×10^2	0	0
		排名	3	5	6	4	2	**1**
f_4	500	平均值	5.26×10^6	3.69×10^6	2.82×10^7	6.52×10^6	1.39×10^{-97}	0
		标准差	4.14×10^5	1.36×10^6	4.11×10^5	1.24×10^6	2.25×10^{-97}	0
		排名	4	3	6	5	2	**1**
f_5	500	平均值	2.47×10^3	4.85×10^4	5.49×10^5	3.63×10^5	6.29×10^{-148}	0
		标准差	3.62×10^2	2.84×10^4	2.18×10^4	4.38×10^4	2.06×10^{-147}	0
		排名	3	4	6	5	2	**1**
f_6	500	平均值	2.55×10^2	8.27×10^2	4.83×10^2	3.51×10^3	2.65×10^{-48}	0
		标准差	7.50×10^0	3.49×10^2	7.67×10^{100}	7.25×10^1	3.45×10^{-50}	0
		排名	3	5	4	6	2	**1**
f_7	500	平均值	5.42×10^3	3.55×10^3	6.43×10^2	6.16×10^9	0	0
		标准差	6.77×10^1	8.74×10^2	5.37×10^0	4.14×10^9	0	0
		排名	4	3	2	5	**1**	**1**

续表

f	D	指标	GSA	FA	SFLA	PSO	FWA	SFL—FW
f_8	500	平均值	8.15×10^{0}	2.95×10^{1}	4.10×10^{1}	1.54×10^{1}	0	0
		标准差	7.72×10^{-2}	4.93×10^{-1}	2.22×10^{-2}	1.98×10^{-1}	0	0
		排名	2	4	5	3	**1**	**1**
f_9	500	平均值	8.68×10^{2}	3.41×10^{3}	1.48×10^{4}	3.65×10^{3}	1.51×10^{2}	0
		标准差	1.86×10^{2}	1.81×10^{3}	2.43×10^{2}	2.64×10^{2}	4.62×10^{1}	0
		排名	3	4	6	5	2	**1**
f_{10}	500	平均值	1.63×10^{3}	4.12×10^{3}	8.21×10^{3}	1.19×10^{9}	0	0
		标准差	7.84×10^{1}	5.13×10^{2}	8.31×10^{1}	1.15×10^{9}	0	0
		排名	2	3	4	5	**1**	**1**
f_{11}	500	平均值	2.59×10^{2}	1.31×10^{4}	4.87×10^{3}	3.45×10^{3}	9.24×10^{2}	4.81×10^{-106}
		标准差	1.32×10^{1}	7.25×10^{2}	5.64×10^{1}	4.15×10^{2}	2.25×10^{3}	4.52×10^{-211}
		排名	2	6	5	4	3	**1**
f_{12}	500	平均值	8.61×10^{6}	2.58×10^{5}	3.45×10^{5}	2.19×10^{5}	3.16×10^{3}	1
		标准差	4.15×10^{5}	8.55×10^{4}	2.25×10^{3}	1.83×10^{4}	1.25×10^{2}	0
		排名	6	4	5	3	2	**1**
f_{13}	500	平均值	2.62×10^{3}	7.89×10^{5}	2.22×10^{5}	1.91×10^{5}	1.52×10^{3}	0
		标准差	2.56×10^{2}	4.70×10^{5}	4.83×10^{3}	3.78×10^{4}	1.59×10^{2}	0
		排名	3	6	5	4	2	**1**
f_{14}	500	平均值	1.23×10^{-1}	1.95×10^{0}	5.61×10^{1}	1.26×10^{9}	2.89×10^{-165}	0
		标准差	5.94×10^{-3}	9.48×10^{-1}	6.01×10^{-1}	2.14×10^{9}	0	0
		排名	3	4	5	6	2	**1**
平均排名			3.43	4.36	4.93	4.36	1.86	1.00
最终排名			3	4	5	4	2	**1**

从表1.2可以看出，本书所提出的混合蛙跳—烟花算法在求解14个测试函数过程中表现优秀，求得了其中12个测试函数的全局最优解，最优解求解率为85.7%。根据计算所得的结果，新型的混合算法在所有测试函数的求解性能均排名第1，显示了比较全面的优化求解性能。基于表中结果，分析SFL—FW、FWA、PSO等的优化求解能力，可以看到SFL—FW不仅在求解标准测试函数的平均最优值方面具有较大优势，在表征算法求解稳定性的标准差方面也保持领先，表明算法在有效获得全局最优解的同时具有良好的鲁棒性。另外，其他经典的群智能算法不能对所有测试函数保持同样优秀的求解性能，举例来说，粒子群算法在求解单峰优化问题时(如Sphere，Ackley)可以取得较好的优化结果，而在求解多峰优化问题(Rosenbrock)时则表现一般，这是因为PSO具有较高的局部搜索效率，但全局优化求解能力较弱；烟花算法针对最优解在零点的问题(Rotated Hyper-Ellipsoid)求解效果良好，但在求解非零最优化问题时效果则差强人意。相较于其他竞技算法，混合蛙跳—烟花算法良好地保持了求解性能的均衡性，实现了对于单峰优化问题和多

峰优化问题的良好求解能力，这是因为 SFL—FW 针对烟花算法中爆炸半径的控制和火花个体的变异进行改进，并将改进的烟花算子融合于混合蛙跳算法中，使得 SFL—FW 针对单峰和多峰及非零最优化问题均具有良好的适用性，在继承烟花算法广泛探查能力的同时增强了对全局最优解的挖掘能力。

为了更进一步说明本书所提的混合蛙跳—烟花算法求解能力突出，选取 14 个标准测试函数中的 Rosenbrock 等 4 个函数绘制了迭代下降曲线如图 1.4 所示。从图中可以看出，SFL—FW 的下降速度相较于其他算法非常迅速，可以在很少的迭代次数下得到部分测试函数的全局最优解，对于未求得全局最优解的函数也能得到持续的下降趋势，具有非常良好的优化求解性能。

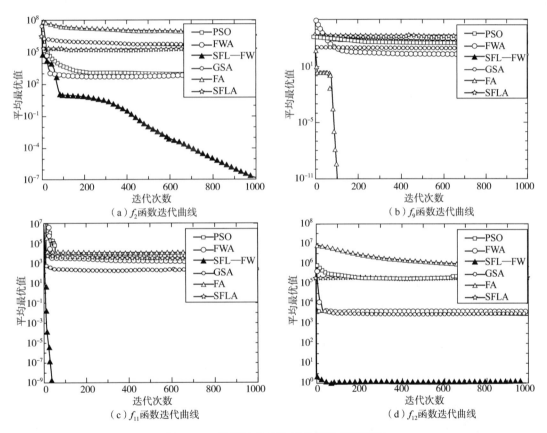

图 1.4　6 种算法的平均最优值迭代下降图

为了进一步说明 SFL—FW 的优异性能，在与其他算法所得到的数值结果进行直观对比外，还通过 Friedman 检验和 Bonferroni-Dunn 检验两种非参数统计检验证明了 SFL—FW 的优越性。

Friedman 检验是一个多重比较检验，用于检验的算法之间的显著性差异。Friedman 检验中的算法排名原则为：性能最好的算法排名最小，最差的算法排名最大。对表 1.2 中不同算法获得的最优值均值排名进行了 Friedman 检验，计算结果如表 1.3 所示。

根据表 1.3 中的 Friedman 检验结果可知，检验 p 值都低于显著性水平 $\alpha = 0.01$，说明这6种算法之间存在显著差异，由最优值均值的检验排名可知，SFL—FW 优化求解性能表现最好，其次是 FWA、GSA 等。因而，可以得出，SFL—FW 求解的精确性要优于其他算法。然而，Friedman 检验侧重于从整体角度检测所有算法之间是否存在显著差异，而无法具体比较 SFL—FW 与其他每一种算法之间的性能差异，因此，执行 Bonferroni-Dunn 检验来检测 SFL—FW 的优化性能。

表1.3　SFL—FW 与其他智能算法的最优值的均值 Friedman 检验结果（最佳排名用粗体标出）

项　目		平均最优值
检验结果	基准函数数量	14
	卡方值	52.72
	p 值	3.84×10^{-10}
Friedman 检验值	**SFL—FW**	**1.11**
	FWA	1.96
	PSO	4.57
	SFLA	5.14
	FA	4.57
	GSA	3.64

Bonferroni-Dunn 检验可以非常直观地检测两种或多种算法之间的显著性差异。对于 Bonferroni-Dunn 检验，两种算法之间存在显著差异的判断条件是它们的性能排名要大于临界差，计算临界差的方程式如下：

$$CD_\alpha = q_\alpha \sqrt{\frac{N_i(N_i+1)}{6N_f}} \tag{1.37}$$

式中：N_i，N_f 分别为算法和基准函数的数量；q_α 为显著性水平为 α 时的临界值。
其不同显著性水平下的临界值如下：

$$q_{0.05}=2.77, \quad q_{0.1}=2.54 \tag{1.38}$$

结合公式（1.37）和公式（1.38）可得到不同显著性水平下的临界差如下：

$$CD_{0.05}=1.95, \quad CD_{0.1}=1.8 \tag{1.39}$$

基于 Friedman 检验得到的排名，我们对最优值均值进行了 Bonferroni-Dunn 检验。为了更直观地显示 Bonferroni-Dunn 检验所得到的结果，结合临界差，依据最优值均值绘制了柱状图（图1.5），图中以最佳算法的排名值绘制水平线3，水平线1和2分别对应显著性水平为 $\alpha=0.05$ 和 $\alpha=0.1$ 下的阈值水平值，阈值水平值等于最小排名值和对应的临界差值的和。如果算法的柱状图高度超过阈值水平的水平线1，则证明该算法的性能要比最优排名的算法差。根据图1.5所示，SFL—FW 的柱状图在所有算法中高度最低，PSO、SFLA、GSA 和 FA 的柱状图高度都超过了阈值水平线1，表明 SFL—FW 在求解精确性方面的性能明显优于这5种算法。FWA 虽然在阈值水平线下，但从数值柱之间的差异间可以看出，其性能要劣于本书所提出的混合算法。因此，可以得出结论，SFL—FW 是6种算法中优化性能最好的智能计算方法，其次是 FWA，并且与其他4种算法相比，SFL—FW 在求解精度方面具有明显的优势。

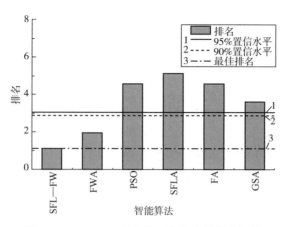

图 1.5　SFL—FW 和其他 5 种算法的最优解的
平均值的 Bonferroni-Dunn 检验柱状图

1.4　混合粒子群—布谷鸟智能优化算法

　　粒子群算法的寻优可以表述为在当前最优个体(迭代当次中目标函数值最高的个体)的引领下的随机优化算法,群体中的所有个体不断向着当前最优个体靠近并聚集在优异的解周围,粒子群算法的此种优化机理可以很快找到相对优秀的解,但对于更为复杂的优化问题时,极易陷入局部最优且难以跳出,因而粒子群算法在全局最优解的搜索中表现不足。布谷鸟算法依靠莱维飞行机制来获得更好的随机性,即能够更加有效地探查可行域,具有更优的全局搜索能力,但该算法在迭代后期存在群体多样性变差、局部搜索效率降低的问题,导致在一些优化问题中难以发现最优解。

　　将布谷鸟算法的全局搜索能力与粒子群算法的局部搜索能力相结合,提出一种新型的混合粒子群—布谷鸟算法(Hybrid Particle Swarm—Cuckoo Search Algorithm),将布谷鸟算法的莱维飞行机制融入粒子群算法的算子中,形成莱维飞行速度更新算子、自适应偏移算子、布朗运动遴优算子,从个体的更新方式、增加群体多样性、最优个体引领作用增强等角度提高了算法的优化性能,使得融合后的算法在局部搜索能力和全局搜索能力方面都有了显著提升。

1.4.1　混合粒子群—布谷鸟算法(PSO—CS)

1.4.1.1　可行性分析

　　混合智能优化算法改进的关键在于对个体搜索行为的优化调整,为了直观地证明粒子群算法和布谷鸟算法混合后会对优化性能的有效提升,绘制图 1.6 来讨论两种算法混合的优化机理。如图 1.6 所示,对于传统 PSO 而言,粒子 i 通过惯性权重因子和之前飞行速度的影响移动到点 2,之后粒子在历史最优位置的引导下来到点 3,继而在社会认知和当前最优位置的共同影响下由点 3 移动到点 4,即在没有任何改进的情况下,粒子可由点 1 移动到点 4。对于混合粒子群—布谷鸟算法而言,当个体移动到点 1 后,由于增加了布谷鸟算法中的莱维飞行系数，个体在受到历史最优位置吸引的同时融合莱维飞行的步长运动，能够以一定概率执行大步长移动，从而个体移动到点5。然后，个体在考虑当前群体密集程度的影响下，执行了自适应随机偏移算子，通过偏移操作由点5移动到点6。最后，由于 PSO—CS 中增加了布朗运动遴优算子，当前最优个体在一定的邻域范围内进行随机布朗遴优操作，使得当前最优个体及最优位置得到了有效提升，这种提升效果带动个体由点6移动到点7，即个体在增加了三种优化算子后最终由点1移动到点7。相较于传统的粒子群算法，混合算法有效融合了布谷鸟算法的随机搜索能力，同时在随机偏移和当前最优个体遴优的影响下，增加了个体的全局寻优能力和跳出局部最优解的概率，能够促使算法跳出局部最优，从该图中可以看出，混合算法中的个体 i 跳了局部最优区域（图中阴影区域）。

对于布谷鸟算法而言，PSO—CS 同样对算法的全局搜索能力具有较大提升。传统的布谷鸟算法可以只依靠莱维飞行进行最优解的搜索，这种搜索方式可探查的范围更广，发现更优解的概率更大，但搜索具有一定的盲目性，而融合了粒子群算法的向优搜索指引，个体能够在保持全局勘察能力的同时兼顾局部精细搜索的效率，实现全局和局部搜索效率的平衡，增强个体跳出局部最优解的能力。通过以上分析可以得出结论，粒子群算法和布谷鸟算法的融合是形成一种更加优秀的算法的有效途径。

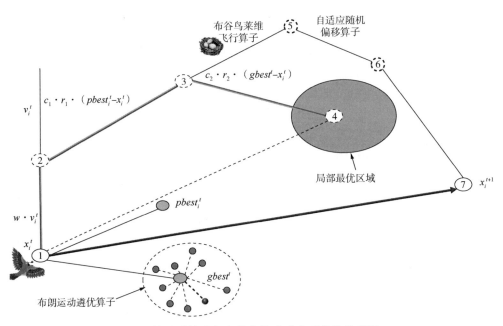

图 1.6　粒子群算法与布谷鸟算法融合后优化机理图

1.4.1.2　莱维飞行速度更新算子

莱维飞行是步长的概率分布为重尾分布的随机行走，会产生与布朗运动不同的一类随机运动轨迹。与布朗运动的大概率进行小步长移动相比，莱维飞行以一定概率进行大步长的移动，其运动规律契合了鸟类在某一区域觅食却食物匮乏，从而转向其他区域继续搜寻的习惯。基于粒子群算法的流程框架，将莱维飞行的思想融合于粒子的更新中，转变传统的定常数学习因子为莱维飞行系数，形成新的莱维飞行速度更新算子。

对于粒子群算法而言，粒子的速度更新主要参照历史最优个体和当前全局最优个体进行，虽然在一定程度上加速了群体发现优质解的速度，却造成了群体聚集于优秀个体的周围，陷入局部最优。为克服粒子群算法迭代后期多样性降低的不足，使得个体跳出局部最优，结合莱维飞行能够进行大步长搜索的优势，得到了如下混合算法中个体的速度更新公式。

$$v_i(t+1) = w \cdot v_i(t) + L_v \cdot r_1 \cdot [pbest_i(t) - x_i(t)] + c_2 \cdot r_2 \cdot [gbest(t) - x_i(t)] \quad (1.40)$$

式中：L_v 为莱维飞行系数。

L_v 的具体计算公式如下：

$$L_v = \frac{\mu p \left(\dfrac{\Gamma(1+\beta) \times \sin(\pi \times \beta/2)}{\Gamma\{[(1+\beta)/2] \times \beta \times 2^{(\beta-1)/2}\}} \right)^{1/\beta}}{|q|^{\frac{1}{\beta}}} \quad (1.41)$$

式中：β 为莱维飞行路径的控制参数；μ 为莱维飞行控制因子；p, q 为服从正态分布的随机数。

在以上速度更新算子中，将布谷鸟算法中的莱维飞行机制有效融合于混合算法中的速度更新算子中，有效解决了个体向优移动而导致的局部最优问题，其原理在于莱维飞行有机融合了大步长和小步长两种移动方式，在迭代初期，大步长有助于扩大搜索范围，增强全局搜索能力；而在迭代后期，小步长则增强了算法在一定空间内的深度挖掘能力，加速算法收敛。因此，莱维飞行的速度算子在调控所有个体的搜索方向及收敛进程方面具有重要作用。

1.4.1.3 自适应随机偏移算子

对于粒子群算法而言，除了向优性所导致算法易陷入局部最优的问题，另外一个主要问题是算法在求解过程中会因为聚集在一起而降低群体多样性，所有个体呈现出"趋同性"，这引发了不同个体之间所携带的信息逐步相同，解的质量提升程度不断降低，从而难以找到全局最优解。对于布谷鸟算法而言，布谷鸟个体能够被随机废弃的算子有效增强算法的全局搜索能力，通过个体的随机舍弃与重生实现更优异解信息的发掘，是加强群体多样性的良好方式。基于以上考虑，本混合算法中增加了自适应随机偏移算子，在群体更新的基础上，进一步通过此算子优化求解进程，增大对可行域的探查力度，避免局部最优解的产生。

自适应随机偏移算子借鉴了布谷鸟算法随机舍弃个体的思想，在混合算法进行每代更迭之后，从除去当前最优个体之外的群体中选取一定量的个体进行随机偏移，这些个体的选择不按照适应度值的高低，而是根据随机选取的方式。随机选择一定数量的个体形成备选偏移群体，针对备选偏移群体，在确定是否真正执行偏移操作时，应考虑群体多样性这一影响因素，即根据群体多样性的变化规律调整相应的偏移概率。通过衡量群体多样性的大小，在偏移个体的概率计算方面考虑群体密集度的影响，对于备选群体中的所有个体，依次判断该个体的偏移概率是否达到阈值，若是，则执行偏移操作，自适应优化进程的偏移操作判别公式如下所示：

$$P_A[x_i(t)] = e^{-\kappa/\min[x_j(t) - x_k(t)]} > \lambda_A \min[x_j(t) - x_k(t)] \neq 0 \quad (1.42)$$

式中：$P_A[\ ]$ 为个体偏移的概率；κ 为偏移控制参数；$\min[\ ]$ 为对括号内的个体向量间公式取最小值；$x_j(t)$，$x_k(t)$ 为随机选取的混合算法群体中的个体；λ_A 为偏移阈值。

对于偏移概率大于阈值的个体，依据如下公式进行偏移，得到新的个体，并将新个体混合到原群体中，继续执行后续迭代。

$$x'_i(t) = x_i(t) + r_A(t)\left[x_j(t) - x_k(t)\right] \tag{1.43}$$

式中：$x'_i(t)$ 为通过偏移判别的执行偏移操作的个体；$x_i(t)$ 为执行偏移算子后的个体；$x_j(t)$，$x_k(t)$ 分别为判别公式中随机选取的两个个体；$r_A(t)$ 为缩放因子，缩放因子的计算公式如下所示：

$$r_A(t) = r_{min} + (r_{max} - r_{min})\frac{\pi t}{2I_{max}} \tag{1.44}$$

式中：$r_A(t)$ 为第 t 次迭代的缩放因子；r_{min} 为缩放因子的最小值；r_{max} 为缩放因子的最大值。

在自适应偏移算子中，将布谷鸟算法的随机舍弃思想融合于混合算法的个体更新中，在个体经由莱维飞行速度更新算子更新后，进一步从随机搜索的角度执行偏移操作，能够有效提升群体探寻全部可行域的能力。该算子在执行中考虑了群体的多样性因素，在相同备选偏移个体数量的前提下，在迭代初期，以相对较小的概率进行较大步长的偏移，能够增加算法对于全部可行域的探查能力；而进入迭代后期，群体多样性降低，混合算法会以较大的概率对群体中的个体进行偏移，并且在缩放因子的作用下进行较小范围的深度挖掘，在保持多样性的同时加速收敛。自适应偏移算子与莱维飞行速度更新算子一道对整个群体进行适当的干预，使得混合算法的局部搜索和全局搜索能力得到有效平衡。

1.4.1.4　布朗运动遴优算子

布朗运动是指悬浮在液体或气体中的微粒所做的永不停息的无规则运动。将布朗运动所具有的随机性融合于混合算法中，提出布朗运动遴优算子，在提升当前最优个体及整个群体质量中具有重要作用。在本书所提出的混合粒子群—布谷鸟算法中，莱维飞行速度更新算子和自适应随机偏移算子是针对整个群体设计的改进算子，可以有效跳出局部最优、增强群体多样性。为了进一步增强算法的全局搜索能力，从混合算法依托于粒子群算法的结构出发，在提升当前最优个体、进而优化整个群体方面融入了布朗运动随机搜索。

基于布朗运动所生成的随机步长生成当前最优个体的遴优空间，空间中的每个状态都是当前最优个体的可能状态之一，遴优空间表示为 $\{gb^1, gb^2, \cdots, gb^{m_B}\}$，其中，$gb^j$ 为遴优空间中第 j 个状态，m_B 为遴优状态数量。遴优空间中的每一个状态由当前最优个体与布朗运动步长组合而成，其具体公式如下所示：

$$gb^j = gb(t) + \chi B_s(t) \tag{1.45}$$

式中：$gb(t)$ 为第 t 次迭代当前最优个体；χ 为布朗运动步长控制因子；B_s 为近似布朗运动步长。

其中，步长的每一个维度计算公式如下所示：

$$B_{s,j}(t) = \sum_{k=0}^{N} ak\frac{\sqrt{2}}{k+\frac{1}{2}}\sin\left[\left(k+\frac{1}{2}\right)\pi t\right] \tag{1.46}$$

式中：$B_{s_j}(t)$ 为近似布朗运动步长第 j 个维度值；a 为服从于标准正态分布的随机数；N 为与布朗运动相对应的正整数。

基于以上遴优空间，从该空间中选择当前最优个体适应的最佳状态，具体的择优选取公式如下所示：

$$gb'(t) = \min fit(gb^j) \quad gb^j \in \{gb^1, gb^2, \cdots, gb^{m_B}\} \tag{1.47}$$

式中：$gb'(t)$ 为执行布朗运动遴优算子后的当前最优个体；$fit()$ 为求取遴优空间中各状态的适应度函数。

布朗运动在信息的差异化方面具有优势，通过对布朗运动的数值近似可以得到逼近布朗运动轨迹的步长，布朗运动遴优算子则是基于布朗运动步长构建的优化算子。瞄准当前最优个体对于整个混合算法群体的引领作用，搭建当前最优个体的遴优空间，结合模拟演化的思想，预先优选当前最优个体在遴优空间中的有利进化方向，之后当前最优个体按照得到的搜索方向进行适当移动以完成对其个体质量的提升，进而实现对整个群体的提领作用，平衡全局和局部搜索能力。

1.4.1.5 混合算法求解流程

基于本书提出的三种优化算子，给出混合粒子群—布谷鸟算法（PSO—CS）的主要步骤和算法流程图（图 1.7）。PSO—CS 是融合粒子群算法和布谷鸟算法，并以粒子群算法为基础框架的一种新型群智能优化算法，算法中关于粒子群算法的主要参数和初始参数取值与经典算法保持一致，PSO—CS 的主要步骤表述如下：

（1）初始化惯性权重、学习因子等经典粒子群算法参数及布谷鸟算法参数，初始化莱维飞行速度更新算子、自适应随机偏移算子、布朗运动遴优算子的参数，包括莱维飞行速度更新算子的控制参数 β 和控制因子 μ，自适应随机偏移算子的偏移控制参数 κ 和偏移阈值 λ_A，布朗运动遴优算子的布朗运动步长控制因子 χ，群体规模和终止条件，读入并存储目标函数和约束条件。

（2）生成初始混合算法群体，计算适应度函数值，存储历史最优个体 $x_{pb}(0)$ 和当前全局最优个体 $x_{gb}(0)$。

（3）根据公式（1.41）计算莱维飞行系数，进而基于莱维飞行速度更新算子更新所有个体的速度 $v_i(t)$ 和位置 $x_i(t)$。

（4）判断更新后的个体是否满足约束条件，若是，转步骤（6）；否则，转步骤（5）。

（5）对不符合约束条件的个体进行调整。

（6）计算混合算法群体中所有个体的适应度函数值，更新历史最优个体 $x_{pb}(t)$ 和当前全局最优个体 $x_{gb}(t)$。

（7）基于当前全局最优个体，结合布朗运动步长公式形成当前最优个体的潜在状态，构建状态空间，计算每个状态所对应的适应度函数值，择优更新当前全局最优个体。

（8）计算混合算法群体的适应度函数值，更新历史最优个体 $x_{pb}(t)$ 和当前全局最优个体 $x_{gb}(t)$。

（9）判断是否满足终止条件，若是，则转步骤（2）；若否，则转步骤（3）。

（10）输出全局最优解。

从以上步骤中可以看出，混合粒子群—布谷鸟算法的主要流程与经典粒子群算法具有相似性，充分借鉴了粒子群算法结构的简洁性和连贯性，仅在粒子群体的每次更新中融合了三个优化算子，保持了算法的稳健性。此外，混合算法中改进算子的采用顺序执行的方式，在更新群体速度及位置的基础上随机偏移部分个体，进而提升当前最优个体及整个群体的质量，可以将多个算子的作用进行优势叠加，有效增强算法的局部和全局搜索效率，加速算法收敛，增强混合粒子群—布谷鸟算法找到全局最优解的能力。

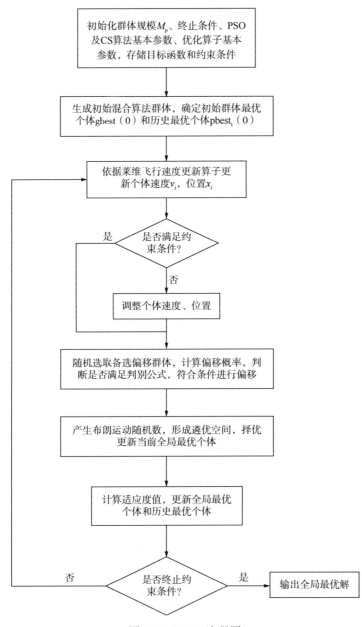

图 1.7　MPSO 流程图

1.4.2　混合粒子群—布谷鸟算法收敛性分析

对于群智能算法而言，其能否有效收敛是评估算法性能的关键，优秀的算法一般能够以概率 1 收敛。本书中所提出的混合粒子群—布谷鸟算法是一种随机智能优化算法，基于1.2 节中提出的基于庞加莱回归的随机优化算法收敛定理，分析混合粒子群—布谷鸟算法（PSO—CS）的收敛性。

定理 3：PSO—CS 以概率 1 收敛于全局最优解。

证明：

（1）PSO—CS 满足假设 1。

PSO—CS 中涵盖了三种优化算子，对于分别执行莱维飞行速度更新算子、自适应随机偏移算子、布朗运动遴优算子的三类粒子，对于第 i 次迭代，分别存在三类粒子所对应的邻域集 $E_{\mathrm{PCL},i}$、$E_{\mathrm{PCA},i}$、$E_{\mathrm{PCB},i}$，令邻域集 $E_{\mathrm{UPC},i} = E_{\mathrm{PCL},i} \cup E_{\mathrm{PCA},i} \cup E_{\mathrm{PCB},i}$，则 $v[E_{\mathrm{UPC},i}] > 0$，所以邻域集序列测度的下确界存在且大于 0，则假设 1 得证。

（2）PSO—CS 满足假设 2。

令 $c_1 r_1(t) = \mu_1(t)$，$c_2 r_2(t) = \mu_2(t)$，定义 $\psi(t)$ 表示执行柯西扰动算子的粒子第 t 次迭代的扰动量，$\phi(t)$ 为执行变异算子的粒子第 t 次迭代的变异量，$\chi(t)$ 为执行依概率转移算子的粒子第 t 次迭代的转移系数，$\mu_1(t)$、$\mu_2(t)$、$\psi(t)$、$\phi(t)$、$\chi(t)$ 为随迭代次数变化的随机变量，特别的，对于未执行上述三种算子的标准粒子，$\psi(t)$、$\phi(t)$ 退化为零向量，$\chi(t)$ 退化为与粒子等维度的单位矩阵。

根据公式（1.1）、公式（1.2），改进粒子群算法在 $t+1$ 次迭代产生的粒子位置为：

$$x(t+1) = \chi(t)\{[1-\mu_1(t)-\mu_2(t)]x(t) + \mu_1 pb(t) + \mu_2 gb(t) + wv(t) + \psi(t) + \phi(t)\} \tag{1.48}$$

因为 $v(t) = x(t) - x(t-1)$，故式（1.48）转化为：

$$x(t+1) = \chi(t)\{[1-\mu_1(t)-\mu_2(t)+w]x(t) - wx(t-1) + \\ \mu_1(t)pb(t) + \mu_2(t)gb(t) + \psi(t) + \phi(t)\} \tag{1.49}$$

式（1.49）构成了一个非齐次递推关系式，进而可以将式（1.49）写成

$$\begin{bmatrix} x(t+1) \\ x(t) \\ 1 \end{bmatrix} = \begin{bmatrix} \chi(t)[1+w-\mu_1(t)-\mu_2(t)] & -w\chi(t) & \chi(t)[\mu_1(t)pb(t)+\mu_2(t)gb(t)+\psi(t)+\phi(t)] \\ 1 & 0 & 0 \\ 0 & 0 & 1 \end{bmatrix}$$
$$\begin{bmatrix} x(t) \\ x(t-1) \\ 1 \end{bmatrix} \tag{1.50}$$

求解式（1.50）的特征值多项式得到

$$\alpha = \frac{\chi(t)[1+w-\mu_1(t)-\mu_2(t)]+\gamma}{2} \tag{1.51}$$

$$\beta = \frac{\chi(t)[1+w-\mu_1(t)-\mu_2(t)]-\gamma}{2} \tag{1.52}$$

$$\gamma = \sqrt{\chi(t)^2[1+w-\mu_1(t)-\mu_2(t)] - 4w\chi(t)} \tag{1.53}$$

公式(1.48)可以提成为位置和迭代次数显式表达式:

$$x(t+1) = k_1 + k_2\alpha^t + k_3\beta^t \tag{1.54}$$

其中,

$$k_1 = \frac{\mu_1(t)pb(t) + \mu_2(t)gb(t)}{\mu_1(t) + \mu_2(t)} \tag{1.55}$$

$$k_2 = \frac{\beta(x_0 - x_1) - x_1 + x_2}{r(\alpha - 1)} \tag{1.56}$$

$$k_2 = \frac{\alpha(x_1 - x_0) + x_1 - x_2}{r(\beta - 1)} \tag{1.57}$$

假设 $x(t+1) = x(t)$,求得

$$\frac{k_2(1-\alpha)}{k_3(\beta-1)} = \left(\frac{\beta}{\alpha}\right)^t \tag{1.58}$$

代入 k_2 和 k_3 得到

$$\frac{\beta(x_1 - x_0) + x_1 - x_2}{\alpha(x_1 - x_0) + x_1 - x_2} = \left(\frac{\beta}{\alpha}\right)^t \tag{1.59}$$

若想保持算法在 $t+l$($l \geqslant 2$)次迭代和 t 次迭代产生的粒子位置相同,则得到 $\alpha = \beta$,由公式(1.51)和公式(1-52)知,$\gamma = 0$,所以有

$$\mu_1(t) + \mu_2(t) = 1 + w \pm 2\sqrt{\frac{w}{\chi(t)}} \tag{1.60}$$

令 $\mu(t) = \mu_1(t) + \mu_2(t) - 1 - w$,则有

$$\mu(t)^2\chi(t) = 4w \tag{1.61}$$

等式(1.61)中,$\mu(t)^2\chi(t)$ 为连续型随机变量,$4w$ 为常数,所以等式(1.61)成立的概率为:

$$P[\mu(t)^2\chi(t) = 4w] = 0 \tag{1.62}$$

所以,算法在 $t+l$ 次迭代和 t 次迭代产生的粒子位置相同的概率为:

$$P[x(t+l) = x(t)] = 0 \quad l = 2, 3, \cdots \tag{1.63}$$

因而,算法在 $t+l$ 次迭代粒子群的邻域集 $E_{US, t+l}$ 和 t 次迭代粒子群的邻域集 $E_{US, t}$ 相同的概率为:

$$P(E_{US, t+l} = E_{US, t}) = 0 \quad l = 2, 3, \cdots \tag{1.64}$$

故而存在正整数 $l \geqslant 2$,满足假设2,证毕。

1.4.3　混合粒子群—布谷鸟算法求解性能分析

为了探究本书所提出的混合粒子群—布谷鸟算法(PSO—CS)与其他存世的标准智能优化算法的求解性能,针对表1.1中常见的14个基准测试函数,分别对比了PSO—CS和PSO、CS、GSA、FA、SFLA的优化求解能力,为了对比6种算法求解高维度优化问题的优化性能,问题维数设置为500,最大迭代次数 I_{max} 设置为1000,群体规模 M_p 设置为50。实验所用的算法编写软件为MATLAB 14.0,实验设备为i7处理器、2.04GHz主频、16G内存和Windows7操作系统的个人计算机。考虑到本数值实验重点探究的是PSO—CS对于

其他 5 种标准算法的相对优势，所以 GSA、FA、SFLA、PSO 的计算结果与表 1.2 中保持一致，即在本实验中对混合 PSO—CS 和标准布谷鸟算法进行了数值计算。为了确保对比数值实验的可靠性，针对每一种基准测试函数都进行 20 次的独立运行计算，PSO—CS 的主控参数设置为如表 1.4 中所示的具体参数方案。

表 1.4　PSO—CS 的主控参数设置方案

算法参数	参数取值	算法参数	参数取值
莱维飞行路径控制参数 β	1.5	缩放因子的最小值 $r_{\min}$	0.05
莱维飞行控制因子 μ	1	缩放因子的最大值 $r_{\max}$	0.8
偏移控制参数 κ	5	布朗运动步长控制因子 χ	0.6

根据表 1.1 中的 14 个基准函数，将 PSO—CS 和其他 5 种标准智能优化算法求解后的优化结果进行统计，统计求解得到的最优值的平均值和标准差及对应的排名见表 1.5。为了有效分析本书所提出的 PSO—CS 的迭代下降速度，横向对比 6 种算法的收敛性，基于测试函数 f_2、f_9、f_{11} 和 f_{12}，将 6 种算法 20 次迭代求解过程中的最优值序列的平均值绘制为收敛曲线如图 1.8 所示。

表 1.5　6 种算法对于标准测试函数在维度 $D = 500$ 时的优化结果对比（最佳排名用粗体标出）

f	D	指　标	GSA	FA	SFLA	PSO	CS	SFL—FW
f_1	500	平均值	2.31×10^4	2.16×10^4	3.21×10^5	2.84×10^2	8.27×10^{-6}	0
		标准差	1.19×10^3	7.52×10^3	3.09×10^3	1.55×10^2	2.45×10^{-6}	0
		排名	5	4	6	3	2	**1**
f_2	500	平均值	4.25×10^5	5.89×10^6	1.98×10^5	1.14×10^4	9.71×10^5	1.39×10^{-7}
		标准差	2.13×10^4	3.12×10^6	2.12×10^3	1.25×10^3	1.36×10^5	6.32×10^{-11}
		排名	4	6	3	2	5	**1**
f_3	500	平均值	1.89×10^2	4.98×10^3	5.85×10^4	2.65×10^3	1.34×10^2	0
		标准差	1.61×10^1	2.15×10^3	9.89×10^2	2.25×10^2	2.36×10^1	0
		排名	3	5	6	4	2	**1**
f_4	500	平均值	5.26×10^6	3.69×10^6	2.82×10^7	6.52×10^6	4.79×10^6	0
		标准差	4.14×10^5	1.36×10^6	4.11×10^5	1.24×10^6	3.97×10^5	0
		排名	4	2	6	5	3	**1**
f_5	500	平均值	2.47×10^3	4.85×10^4	5.49×10^5	3.63×10^5	4.45×10^3	0
		标准差	3.62×10^2	2.84×10^4	2.18×10^4	4.38×10^4	3.74×10^2	0
		排名	2	4	6	5	3	**1**
f_6	500	平均值	2.55×10^2	8.27×10^2	4.83×10^2	3.51×10^3	1.49×10^{-1}	0
		标准差	7.50×10^0	3.49×10^2	7.67×100	7.25×10^1	4.88×10^{-2}	0
		排名	3	5	4	6	2	**1**

续表

f	D	指标	GSA	FA	SFLA	PSO	CS	SFL—FW
f_7	500	平均值	5.42×10^3	3.55×10^3	6.43×10^2	6.16×10^9	4.21×10^2	0
		标准差	6.77×10^1	8.74×10^2	5.37×10^0	4.14×10^9	2.52×10^1	0
		排名	5	4	3	6	2	**1**
f_8	500	平均值	8.15×10^0	2.95×10^1	4.10×10^1	1.54×10^1	1.21×10^1	0
		标准差	7.72×10^{-2}	4.93×10^{-1}	2.22×10^{-2}	1.98×10^{-1}	4.46×10^{-1}	0
		排名	2	5	6	4	3	**1**
f_9	500	平均值	8.68×10^2	3.41×10^3	1.48×10^4	3.65×10^3	1.35×10^3	0
		标准差	1.86×10^2	1.81×10^3	2.43×10^2	2.64×10^2	6.04×10^1	0
		排名	2	4	6	5	3	**1**
f_{10}	500	平均值	1.63×10^3	4.12×10^3	8.21×10^3	1.19×10^9	3.67×10^3	0
		标准差	7.84×10^1	5.13×10^2	8.31×10^1	1.15×10^9	1.08×102	0
		排名	2	4	5	6	3	**1**
f_{11}	500	平均值	2.59×10^2	1.31×10^4	4.87×10^3	3.45×10^3	4.72×10^2	6.75×10^{-118}
		标准差	1.32×10^1	7.25×10^2	5.64×10^1	4.15×10^2	1.73×10^2	5.42×10^{-198}
		排名	2	6	5	4	3	**1**
f_{12}	500	平均值	8.61×10^6	2.58×10^5	3.45×10^5	2.19×10^5	6.39×10^4	1
		标准差	4.15×10^5	8.55×10^4	2.25×10^3	1.83×10^4	4.33×10^3	0
		排名	6	4	5	3	2	**1**
f_{13}	500	平均值	2.62×10^3	7.89×10^5	2.22×10^5	1.91×10^5	6.95×10^3	0
		标准差	2.56×10^2	4.70×10^5	4.83×10^3	3.78×10^4	1.91×10^3	0
		排名	2	6	5	4	3	**1**
f_{14}	500	平均值	1.23×10^{-1}	1.95×10^0	5.61×10^1	1.26×10^9	2.66×10^0	0
		标准差	5.94×10^{-3}	9.48×10^{-1}	6.01×10^{-1}	2.14×10^9	1.69×10^{-1}	0
		排名	3	4	5	6	2	**1**
平均排名			3.21	4.5	5.07	4.5	2.71	1.00
最终排名			3	4	5	4	2	**1**

根据表 1.4 中数值结果和排名可知，本书所提出的混合粒子群—布谷鸟算法（PSO—CS）优化求解所得最优值的平均值和标准差要优于其他 5 种算法。对于维度 $D = 500$ 的基准测试函数，混合 PSO—CS 可以求得 Ackley、Rastrigin、Trigonometric、Sphere 等 12 个多峰或者单峰基准函数的全局最优解，求解全局最优比例为 6/7，而其他 5 种优化算法中没有任何一个算法可以获得标准测试函数的最优解。通过数值实验可以得出，PSO—CS 具有优异的全局优化求解能力，同时也说明了 PSO—CS 有效融合了 PSO 和 CS 的优势，显著提高了混合算法发掘全局最优解的效率。PSO—CS 不能求得函数 f_2 和 f_{11} 的最优解，函数 f_2 是多峰优化问题，复杂的多峰区域会影响算法的寻优效果，为最优解的找寻设置了屏障，而在 f_{11} 的求解中，所求解与最优解已经非常接近，只在第 10 位小数以后存在差异，但由于

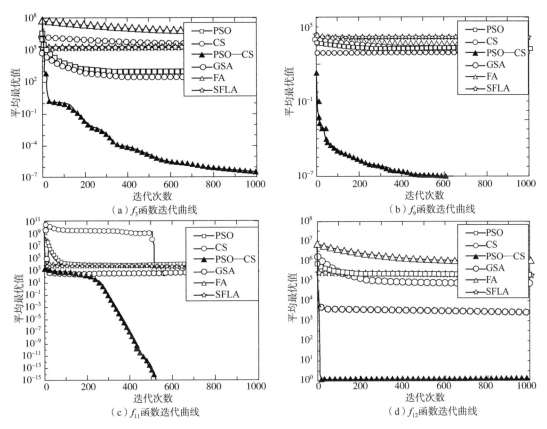

图 1.8 PSO—CS 与其他 5 种算法的平均最优值迭代下降图

目标函数值的拉伸作用，导致优化计算得到的最优值与最优解存在一定偏差。图 1.8 展示了 6 种算法的收敛速度，其中，PSO—CS 计算得到的最优值均值下降速度明显高于其他 5 种算法，呈现出迅速下降的趋势，说明了混合粒子群—布谷鸟算法在求解大规模优化问题时仍然能够保持搜索的高效性，证明了在 PSO—CS 融合两种智能算法并设立莱维飞行速度更新算子等优化算子的正确性，提高了混合智能算法的全局和局部搜索能力。此外，还可以看出，对于求得了标准测试函数最优解的图 1.8(b) 和图 1.8 (d)，标准测试函数可以在 600 次迭代以内获得逼近最优解的优异解，对于求解 f_{12} 更是可以在少于 10 次迭代下获得最优解。因此，可以得出，PSO—CS 对于高维优化问题的求解是有效的，且具有良好的鲁棒性。

　　为了对 PSO—CS 和其他智能算法的求解精确性进行客观比较，对表 1.4 中的最优值的均值进行了 Friedman 非参数检验，Friedman 检验的结果见表 1.6。

　　由表 1.5 中的检验结果可知，最优值的均值的检验 p 值都小于显著性水平 $\alpha = 0.05$，说明 6 种优化算法的求解结果之间存在显著性差异，且 PSO—CS 的检验值最小，说明 PSO—CS 在所有优化算法中性能最优。Friedman 检验只能从整体角度检测所有算法之间是否存在显著差异，而无法具体比较 PSO—CS 与其他每一种算法之间的性能差异，因此，为了更加精确地衡量 PSO—CS 和其他群智能算法之间的性能优劣，基于 Friedman 检验的结果,结合公式(1.37)对 6 种算法进行了 Bonferroni-Dunn 检验,显著性水平分别为 $\alpha = 0.05$ 和 $\alpha = 0.1$ 所对应的临界差的计算值如下所示:

$$CD_{0.05} = 1.95 , CD_{0.1} = 1.8$$

表 1.6 PSO—CS 与其他智能算法的最优值的均值 Friedman 检验结果(最佳排名用粗体标出)

项　目		平均最优值
检验结果	基准函数数量	14
	卡方值	45.67
	p 值	1.06×10^{-8}
Friedman 检验值	**PSO—CS**	**1**
	CS	2.71
	PSO	4.5
	SFLA	5.07
	FA	4.5
	GSA	3.21

结合临界差,绘制 6 种优化算法的柱状图,如图 1.9 所示,其中水平线 3 表示最优算法 Friedman 检验排名数值,水平线 1 表示显著性水平 $\alpha = 0.05$ 下的阈值,水平虚线 2 表示显著性水平 $\alpha = 0.1$ 下的阈值。

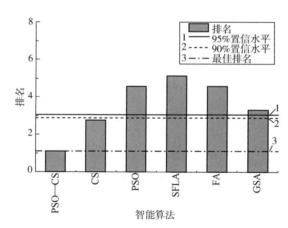

图 1.9 基于表 1.4 的 PSO—CS 和其他智能算法的最优值的
平均值的 Bonferroni-Dunn 检测结果柱状图

根据图 1.9 可知,本书所提出的 PSO—CS 的优化性能在 $\alpha = 0.1$ 和 $\alpha = 0.05$ 显著性水平下都要优于 PSO、SFLA、FA 和 GSA 算法,证明了 PSO—CS 融合两种群智能算法的合理性,同时也说明了算法中所创立的三个优化算子的正确性,反映出 PSO—CS 与其他知名的标准智能优化算法相比,具有非常优异的全局优化求解能力。同时,从图 1.9 中还可以看出,PSO—CS 的最优值均值虽然没有显著性优于 CS,但 PSO—CS 的排名要显著优于 CS,同样说明了 PSO—CS 的各方面性能都要优于 CS。

通过与标准智能优化算法的性能比较,说明了本书所提出的 PSO—CS 在平衡全局探查和局部搜索能力方面的优势，对于标准测试函数 500 维情况下的数值实验求解，证明了该新型的混合智能优化算法具备求解高维优化问题的优异求解能力，与其他知名的智能优化算法相比，PSO—CS 在求解精确性、鲁棒性和收敛速度方面都表现出一定的优势。

2 自适应大型天然气集输系统 障碍布局优化

在我国积极推进"双碳"目标实现和大力推广低碳清洁能源使用的宏观背景下，天然气因其燃烧热值高、产生污染少的优点被广泛应用于生产生活中，各大天然气田都在着力开展增产增效工作，大规模的天然气集输系统需要被规划建设，以满足日益增长的需求。在新增天然气集输系统的规划设计中，首要解决的是集输系统的最优布局方案设计问题。由于集输系统的站场和管道投资占据建设投资的绝对主导地位（一座天然气集输站建设投资可达 3000 万元），通过建立集输系统拓扑布局优化模型及求解方法，获取最优站场位置、最短管道长度的布局方案，可以大幅减少建设投资、节能降耗。

天然气集输系统布局优化问题已被证明是一种特殊的网络拓扑优化问题[15-16]，是一类涵盖了集合划分、设施选址、最小生成树及最短路优化等子问题的 NP-Hard 问题[17-18]。小规模的集输系统布局优化问题已然难以解决，而当问题拓展到大规模天然气集输系统时，决策变量规模成倍数增长，可达数千维，此时的布局优化问题为一类超大型的混合整数非线性规划问题，面临着"维数灾害"的求解瓶颈[19-20]。此外，天然气集输系统由于集输介质和集输工艺的不同，管网形态各异，针对某一管网结构建立的优化模型不具有通用性，加之天然气集输系统中分布着的各种障碍，进行大型天然气集输系统的智能一体化建模与求解难度巨大。构建大型天然气集输系统的一体化布局优化模型，创建自适应的智能优化求解策略，对于高含二氧化碳的天然气田集输系统，在减少建设工程量、提高经济效益的同时，等效提高了系统的可靠度，具有重要的现实和理论意义[21-22]。

2.1 自适应天然气集输系统障碍布局优化

天然气集输系统可以分为枝状管网、辐射—枝状管网、环—枝状管网及枝上枝状管网等，对于天然气集输系统形状各异的管网结构，针对某一种集输管网进行的布局优化设计较难具有通用性，适应于某一种特殊管网结构的布局优化模型及求解方法一般可推广性较弱。针对天然气集输系统布局优化理论通用性差的问题，本书从模型通用性的角度出发，在分析梳理了不同管网结构下集输系统布局优化数学模型的区别与联系的基础上，综合考虑真实障碍对于集气系统管网布局的影响，建立了可应用于枝状、辐射—枝状、环—枝状、枝上—枝状等多种管网形态的自适应障碍布局优化数学模型，创建了可求解该模型的多网络形态自适应智能求解策略，实现天然气集输系统障碍布局优化模型的一体化表征和智能化求解，能够应用于常见的任何一种管网结构的天然气集输系统的最优化布局设计，为天然气集输系统及天然气田的智能化建设提供有力的理论支撑。

2.1.1 天然气集输系统自适应障碍布局优化模型

天然气集输系统的最优布局设计可以有效降低建设投资，使得布局设计更具整体性和紧凑性，一定程度上实现降耗提效。天然气集输系统由于管网形态各异，以往所建立的布局优化理论仅适用于某一种管网结构，在当下面向智能化、一体化设计的趋势下，亟须建立一套更加通用的天然气集输系统布局优化理论。

天然气集输系统布局优化的关键在于构建最优化数学模型和高效求解方法，本节关注自适应的天然气集输系统布局优化模型。想要突破不同管网结构对于布局优化模型的影响，首先要深入分析不同管网结构之间的异同性，枝状、环—枝、辐射—枝状及枝上枝状天然气集输系统都可以归类为一种功能性网络，虽然不同网络结构之间存在差异，但都存在网络的有序性，即网络的低级别节点会以某种形式与高级别节点相连接，一种是低级别节点直接与上一级别节点相连接，另外一种则是低级别节点自身以一定方式相连接后再与其高级别节点相连。因而，天然气集输系统可以表征为一个多级有向图，结合图论中的理论方法，将天然气集输系统表征为图 $G(E, V)$，其中，E 表示图中的边，用以表征集输系统中的管道；V 表示图中的节点，是天然气集输系统中阀组、集气站、集气总站等不同站场节点的统一表征。更进一步地来说，将顶点集合 V 划分为 N 层节点子集，满足 $V = S_0 \cup S_1 \cup \cdots \cup S_N$，其中，$S_0$ 节点子集表示气井，S_1 节点子集表示计量站(集气阀组、干线管汇点)等一级站场节点，同理，S_2，S_3，$\cdots$，S_N 表示 $i(i = 2, \cdots, N)$ 级站场节点，高级别节点对于低级别节点具有生产上的管辖关系。

（1）目标函数。

基于以上对于天然气集输系统的网络化表征，给出天然气集输系统的通用布局优化模型。布局优化模型主要包括目标函数的表征和约束条件的表征两部分，目标函数是描述布局优化追求的可达成目标，表示对于天然气集输系统最优化布局设计后的期望。一般情况下，集输系统布局优化的目标函数被构建为总距离最短和总投资最小两种，本书考虑站场规模大小对于总建设投资的影响，选取总建设投资最少构建该自适应优化模型的目标函数：

$$\min F = f(\boldsymbol{m}, \boldsymbol{U}_x, \boldsymbol{U}_y, \boldsymbol{U}_z, \boldsymbol{\xi}, \boldsymbol{\lambda}) + \sum_{i=1}^{N} \sum_{j=1}^{m_i} \phi_{ij}(\boldsymbol{\xi}, \boldsymbol{\lambda}) \tag{2.1}$$

式中：F 为天然气集输系统的建设投资，即目标函数值；$f()$ 为天然气集输系统各类管道的建设投资；$\boldsymbol{m}$ 为天然气集输系统中各级站场节点的规模向量；$\boldsymbol{U}_x$ 为各级站场节点的横坐标向量；$\boldsymbol{U}_y$ 为各级站场节点的纵坐标向量；$\boldsymbol{U}_z$ 为各级站场节点的高程向量；$\boldsymbol{\xi}$ 为低级别节点与高级别节点之间的隶属关系向量；$\boldsymbol{\lambda}$ 为同级别站场节点之间的连接关系向量；$\phi_{ij}()$ 为第 i 级第 j 个站场节点的建设费用，具体的建设费用与上下级节点的隶属关系和同级节点的连接关系有关；m_i 为第 i 级站场节点的数量，$i = 1, 2, \cdots, N$。

（2）约束条件。

约束条件表征的是天然气集输系统在布局设计时所需要满足的实际限制，根据以上目标函数可知，天然气集输系统的管网结构是由各级节点的规模、站场的几何位置、上下级节点之间的隶属关系及同级节点间的连接关系所决定的，以下给出集输系统自适应障碍布局优化模型的约束条件：

① 隶属关系约束。

天然气集输系统作为一个具有完整生产功能的多级生产系统，是由各级别站场协同配合大型生产网络。考虑天然气从气井产出后进入集输系统的生产流程，天然气的集输、净化由从低到高多级站场共同承担，低级别站场节点一般受高级别节点管辖，因此，无论任何一种管网形态的集输系统都满足隶属关系唯一性的约束，即一个低级别节点仅属于一个邻近高级别节点。

$$G[S_{i-1}, S_i, \boldsymbol{\xi}, \phi(\boldsymbol{\xi}, \boldsymbol{\lambda})] - 1 = 0 \quad i = 1, 2, \cdots, N \tag{2.2}$$

式中：$G(\ )$ 为天然气集输系统的低级别站场节点 S_{i-1} 与邻近高级别站场节点 S_i 之间的隶属关系唯一性函数，对于每一个低级别站场节点 S_{i-1}，仅存在一个邻近高级别站场节点 S_i 与之相连，且唯一隶属关系函数取值为 1；S_i，S_{i-1} 分别为天然气集输系统中第 i 级站场节点集合与第 $i-1$ 级站场节点集合；$\phi(\boldsymbol{\xi}, \boldsymbol{\lambda})$ 为天然气集输系统的管网结构匹配函数，通过该函数的求解能够得到当前集输系统所对应的是辐射—枝状、枝上枝状、环—枝状等管网形态中的哪一种。

② 管道连接关系约束。

对于天然气集输系统而言，除了低级别与高级别节点的隶属及连接之外，还存在同级别节点之间的相互连接，比如枝上枝状集输系统中，同级别的气井节点相互连接成为枝状；辐射—枝状集输系统中，同级别的集气站通过管道相互连接成枝状。所以，可以得出集输系统的管网形态对于同级别站场节点之间的连接关系影响重大，同类站场之间可以连接成环状、枝状，也可不存在连接而为辐射状，即实际敷设的管道数目与节点规模之间存在一定限制。

$$R[S_i, \boldsymbol{\lambda}, \phi(\boldsymbol{\xi}, \boldsymbol{\lambda})] \geqslant 0 \quad i = 0, 1, \cdots, N \tag{2.3}$$

$$R[S_i, \boldsymbol{\lambda}, \phi(\boldsymbol{\xi}, \boldsymbol{\lambda})] - m_i \leqslant 0 \quad i = 0, 1, \cdots, N \tag{2.4}$$

式中：$R(\ )$ 为天然气集输系统同级节点连接关系的量化函数，能够计算得到同级节点之间的管道数量；m_i 为第 i 级站场节点的规模（数量）。

③ 障碍约束。

对于天然气集输系统而言，影响管道布局结构的关键因素为实际存在的各类障碍，在湖泊、山体、村屯等障碍存在的情况下，集输管道可以选择绕障碍敷设或者穿越、跨越障碍敷设，但是为了保障站场的安全平稳运行，除气井外的各类站场节点一般不建设在障碍区域内，因此将障碍进行合理表征，构建障碍约束如下：

$$B_k(\boldsymbol{U}_x, \boldsymbol{U}_y, \boldsymbol{U}_z) \geqslant 0 \quad k = 1, \cdots, n_B \tag{2.5}$$

式中：$B_k(\ )$ 为站场节点是否位于障碍内的判别函数，是基于障碍的多边形逼近表征模型形成的隐函数；n_B 为天然气集输系统中实际存在的障碍数量。

④ 站场几何位置约束。

将各级站场抽象为生产网络中的节点，节点的几何位置要布置在可建站的可行区域内，布置在可行域外的集输站场会导致集输系统总体建设投资大、运行效率低等问题，即集输站场的几何位置向量应该满足一定的取值范围，因而可以得到站场几何位置向量所应该满足的约束条件。

$$U_x - [1 - \chi(U_{x,\,min},\ U_{x,\,max})]\,M \geqslant 0 \tag{2.6}$$

$$U_y - [1 - \chi(U_{y,\,min},\ U_{y,\,max})]\,M \geqslant 0 \tag{2.7}$$

$$U_z - [1 - \chi(U_{z,\,min},\ U_{z,\,max})]\,M \geqslant 0 \tag{2.8}$$

式中：$\chi(\ )$ 为站场节点几何位置向量是否位于取值区间内的判别函数，若是则取值为 1，若否则取值为 0；M 为取值很大的正实数，用于约束站场几何位置的取值范围；$U_{x,\,min}$，$U_{x,\,max}$ 分别为站场横坐标向量的可行取值范围最小值向量和最大值向量；$U_{y,\,min}$，$U_{y,\,max}$ 分别为站场纵坐标向量的可行取值范围最小值向量和最大值向量；$U_{z,\,min}$，$U_{z,\,max}$ 分别为站场高程向量的可行取值范围最小值向量和最大值向量。

⑤ 集输系统网络规模约束。

在天然气集输系统的建设过程中，各级集输站场的建设规模应该在一定范围内，若站场的数量过多，则会造成建设工程量及投资的浪费；若站场的数量过少，则不能完成既定的天然气集输系统集输生产任务，为了保证天然气集输系统的最优化建设，实现节能提效，需要对各级站场节点的规模进行限制。

$$m - m_{min} \geqslant 0 \tag{2.9}$$

$$m - m_{max} \geqslant 0 \tag{2.10}$$

式中：m_{min}，m_{max} 分别为各级站场节点数量的可行取值最小值向量和最大值向量。

(3) 完整优化模型。

为了直观展示自适应天然气集输系统障碍布局优化模型的构成，以下将目标函数和约束条件合并，完整的最优化模型如下所示：

$$\min F = f(m,\ U_x,\ U_y,\ U_z,\ \xi,\ \lambda) + \sum_{i=1}^{N}\sum_{j=1}^{m_i}\phi_{ij}(\xi,\ \lambda)$$

$$\begin{aligned}
\text{s. t.}\quad & G[S_{i-1},\ S_i,\ \xi,\ \phi(\xi,\ \lambda)] - 1 = 0 \quad i = 1, 2, \cdots, N\\
& R[S_i,\ \lambda,\ \phi(\xi,\ \lambda)] \geqslant 0 \quad i = 0, 1, \cdots, N\\
& R[S_i,\ \lambda,\ \phi(\xi,\ \lambda)] - m_i \leqslant 0 \quad i = 0, 1, \cdots, N\\
& B_k(U_x,\ U_y,\ U_z) \geqslant 0 \quad k = 1, \cdots, n_B\\
& U_x - [1 - \chi(U_{x,\,min},\ U_{x,\,max})]M \geqslant 0\\
& U_y - [1 - \chi(U_{y,\,min},\ U_{y,\,max})]M \geqslant 0\\
& U_z - [1 - \chi(U_{z,\,min},\ U_{z,\,max})]M \geqslant 0\\
& m - m_{min} \geqslant 0\\
& m - m_{max} \geqslant 0
\end{aligned}$$

在以上自适应天然气集输系统障碍布局优化模型中，综合考虑了各类管网的拓扑结构、站场的几何位置、站场与障碍之间的关系等因素，同时涵盖了天然气集输系统的管网结构识别函数，使得该布局优化模型可以适用于常见管网结构的任意天然气集输系统的最优布局设计，结合后续的自适应求解策略，可以有效提高布局优化设计的效率与智能化程度。

2.1.2 不规则障碍的逼近表征方法

障碍是气田地面建设中妨碍站场布置和管道走向的村屯、湖泊、山体等。在无障碍的气田集输管网规划中，集输管网最优布局方案可以通过最短路建模和求解得到，但障碍的存在则影响了整体布局的最优性，为了完善布局优化理论并且促进其在现场实际中的应用，开展障碍的表征和越障路径的优化对于障碍条件下集气管网的布局优化具有重要意义。

障碍因其自然属性复杂多变，几何特征也是差异显著，对于气田常见障碍，按照通过障碍的方式划分，在布局规划设计时，通常采取穿越、跨越、绕障三种途径，由于穿越、跨越存在投资费用大、风险因素高、施工难度强等特点，绕障敷设管道的集输工程在气田实际生产建设中被广泛开展。针对不可穿(跨)越障碍进行描述，给出此类障碍的表征方法。对于不可穿(跨)越的障碍，障碍的三维空间特征可以提成为二维平面的几何特征，也就是说在实际描述过程中，可以忽略障碍的海拔高度，直接描述障碍在大地平面内的投影。基于以上分析，这里以多边形逼近的表征方法来表示障碍，即将障碍由一些数量首尾相连的线段进行逼近，并且边数越多，越接近真实障碍形状。以下为不规则障碍的多边形表征数学模型的一般形式：

$$Z = f[r_1(x_1, y_1), r_2(x_2, y_2), \cdots, r_k(x_k, y_k)] \tag{2.11}$$

式中：Z 为障碍多边形函数，是一系列初等函数的叠加；$r_j(x_j, y_j)$ 为第 j 条直线的隐式方程。

在实际障碍的表征中，不能直接将障碍边界离散为若干线段的组合，为保证管道的安全敷设，降低管道在投产之后的运行风险，绕障管道应该敷设在障碍的缓冲区边界处，以湖泊障碍为例，给出障碍表征的示意图，如图 2.1 所示。

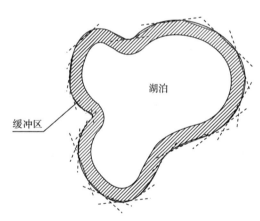

图 2.1　湖泊障碍的多边形逼近表征示意图

对于 n 边形障碍，依次遍历多边形的各边，首先，通过计算相邻两条边的向量积，判断每个顶点所具有的凹凸性。然后，以每一条边表示一个叶子节点，将障碍多边形表征为若干凸包集的集合。之后，通过 R 函数方法将凸包集中边的简单隐函数组合成为复杂的多边形隐函数。分层求凸包法是求取凸包集的主要方法，以图 2.2(a) 中的多边形为例，该多边形可以分为三层，如图 2.2(b) 所示[1]。

对于通过分层求凸包法求得的三层叶子节点，其第 1 层、第 3 层集合中的叶子节点为凸，第 2 层集合中的叶子节点为凹，即奇数层集合中的边为凸而偶数层集合中的边为凹，根据 R 函数的定义，两个凸边的运算为交运算（$\wedge$），两个凹边的运算为并运算（$\vee$）。

$$r_i \wedge r_j = r_i + r_j - \sqrt{r_i^2 + r_j^2} \tag{2.12}$$

$$r_i \vee r_j = r_i + r_j + \sqrt{r_i^2 + r_j^2} \tag{2.13}$$

根据 R 函数法对于凹凸边的运算定义，以 $r_i(i = 1, 2, \cdots, 8)$ 表征对应于各边的隐式直线方程，则图 2.2(a) 示例中的多边形可以表述为如下公式：

$$B(x, y) = r_1 \wedge [r_2 \vee (r_3 \wedge r_4 \wedge r_5) \vee r_6] \wedge r_7 \wedge r_8 \tag{2.14}$$

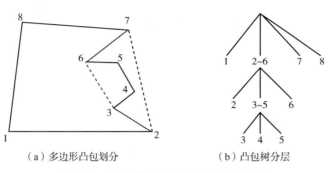

（a）多边形凸包划分　　　　（b）凸包树分层

图2.2　多边形分层求凸包树法示意图

将以上示例中的运算过程推广到任意多边形，寻求标准的多边形表征模型，根据公式(2.12)和公式(2.13)，交、并运算满足交换律，即有

$$r_j \wedge r_i = r_j + r_i - \sqrt{r_j^2 + r_i^2} = r_i \wedge r_j \tag{2.15}$$

$$r_j \vee r_i = r_j + r_i + \sqrt{r_j^2 + r_i^2} = r_i \vee r_j \tag{2.16}$$

则公式(2.12)、公式(2.11)与公式(2.15)、公式(2.16)等价，公式(2.14)可以转化为公式(2.17)：

$$B(x, y) = \left[(r_3 \wedge r_4 \wedge r_5) \vee r_2 \vee r_6 \right] \wedge r_1 \wedge r_7 \wedge r_8 \tag{2.17}$$

根据已求得分层次凸包集，定义低层次凸包集与高层次凸包集之间的集合包含关系 $\beta_i = \{\beta_{i+1}, \cdots, r_j, \cdots, r_k \cdots\}$，$i = 1, 2, \cdots, T_F - 1$，$j < k$，其中 T_F 为障碍多边形的凸包层数，j，k 为属于1到 n 之间的整数，定义运算符。

$$\varphi = \begin{cases} \bigwedge & \text{对奇数层凸包集合内的元素按次序做交运算} \\ \bigvee & \text{对偶数层凸包集合内的元素按次序做并运算} \end{cases} \tag{2.18}$$

则障碍多边形的隐式数学函数按照从高层凸包向低层凸包求交、并运算的法则可以归纳为：

$$B_i(x, y) = \varphi(\beta_j) \quad j = T_F, T_F - 1, \cdots, 1; \ i = 1, 2, \cdots, n_B \tag{2.19}$$

式中：$B_i(x, y)$ 为第 i 个障碍的隐式表征函数；n_B 为布局区域内的总障碍数。

若存在点 (x, y) 使得 $B_i(x, y) = 0$，表明该点在多边形的边上，若使得 $B_i(x, y) < 0$，则表明点在多边形内部，若使得 $B_i(x, y) > 0$，则表明点在多边形外部。在实际求解中，将所有障碍的隐式多边形函数进行构建存储，迭代过程中只需代入坐标点即可确定其与障碍的位置关系，可以有效简化计算。

2.1.3　多网络形态自适应智能求解策略

对于已有的天然气集输系统布局优化理论，其研究对象是明确的，即针对某一种特定管网形态的集输系统，将该集输系统设计成指定的枝状或环—枝状等某种拓扑结构的管网。但在设计之初，决策者一般不会直接指定某种管网形态进行布局优化设计，通常是结合实际情况初选出备选的管网形态，而后通过布局方案比选与对比，从而最终确定天然气集输系统所应该采用的管网结构。这也说明了现有的集输系统布局优化理论仅适用于整个布局设计过程的一个环节，所得到的优化设计方案也不能保证是不限制管网形态下的最优方案。因此，基于本书中所建立的天然气集输系统自适应障碍布局优化模型，寻求适用于该模型的多网络形态自适应智能求解策略，通过自适应决策自主找到最适宜当前新增气井的最优集输系统布局方案，为天然气田的自适应决策和智能化决策奠定理论基础。

2.1.3.1 多网络形态自适应智能求解流程

在进行天然气集输系统优化设计过程中，管网形态是必须要考虑的一个关键决策因素，不同的管网形态决定了集气工艺及集气系统后续的建设。因此，基于以上自适应天然气集输系统障碍布局优化数学模型，从管网形态的自适应决策出发，综合考虑邻近区块的已建天然气集输系统管网形态、天然气集输压力和天然气集输系统的建设投资，研究建立天然气集输系统多网络形态自适应智能求解流程，可以在设计之初优选优异的管网形态，继而基于此种管网形态进行后续布局优化设计，实现天然气集输系统的智能布局设计决策。天然气集输系统的智能决策是在梳理不同管网结构特征的基础上，建立可通用于不同网络形态的自适应天然气集输系统布局优化数学模型，继而建立多网络形态自适应智能求解策略，优选出适用于当前天然气田区块的优异的管网结构，最终确定最优天然气集输系统布局方案，以指导天然气集输系统的规划建设，整个布局设计流程依托布局优化理论和计算机技术，在极少人为干预的情况下，实现智能决策(图2.3)。

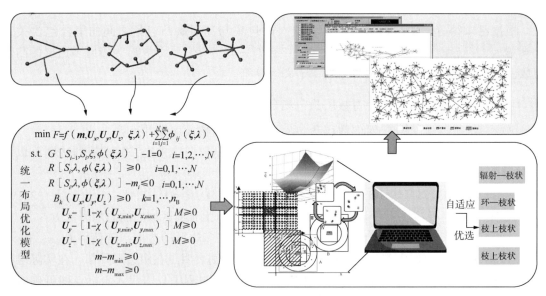

图2.3 天然气集输系统的自适应智能布局设计示意图

在以上智能布局设计中，根据实际情况和决策偏好的多网络形态自适应智能求解流程是实现"智能化"的关键，以下给出多网络形态自适应智能求解流程。

（1）根据天然气井试采和生产数据，获取天然气集输系统的设计压力范围，获取邻近天然气区块已建集输系统管网形态数据，得到天然气田地形数据及其他基础数据，初始化智能求解算法的参数，转步骤（2）。

（2）基于所获得的基础数据，计算不同集输网络形态对应于设计压力决策倾向、参照决策倾向、经济决策倾向的排名值，继而转步骤（3），三种决策倾向排名值的计算如下所示：

① 根据天然气集输系统的设计压力范围，若设计压力小于2MPa，则管网形态依据设计压力的决策倾向排名为枝上枝状>枝状＝辐射—枝状＝环—枝状；否则决策倾向为枝状＝辐射—枝状＝环—枝状>枝上枝状，倾向排名最前的排名值记为1，其他集输网络形态的排名值为1。

② 依据相同或者邻近区块的集输网络形态确定参照决策倾向排名，若同一区块或者邻近区块的某一种网络形态，则该管网结构的参照决策倾向排名最前，其他决策倾向排名相同。例如，已建区块的管网形态为辐射—枝状，则参照决策倾向排名为辐射—枝状>枝上枝状＝枝状＝环—枝状，倾向排名最前的排名值记为1，其他集输网络形态的排名值为1。

③ 在保证计算效率的前提下，预先评估不同集输网络形态的经济性，进行各集输网络形态的经济决策倾向评估，具体的不同集输网络形态的经济性预评价参见下一小节中的内容。通过集输网络形态优选算法得到适宜于该区块的集气系统管网结构决策倾向，经济性决策倾向排名最前的排名值记为1，其他集输网络形态的排名值依次递增。

（3）基于三种决策倾向得到的排名值，综合运用层次分析法和熵权法，采用主观和客观相结合的方式确定三种决策倾向的决策权重，转步骤（4）。

（4）根据决策倾向的权重，将三种决策倾向排名值与决策权重的乘积线性加和，将总排名第1的管网形态作为适应于该气田区块的天然气集输系统建设形态，转步骤（5），进行该优选得到集输网络形态下的集输系统详细布局参数优化设计。

（5）根据自适应智能决策筛选得到的集输网络形态，基于天然气井的井位坐标，进行该集输网络形态下的集输系统布局优化设计，继而转步骤（6），不同集输网络形态对应的布局优化设计理论包括：

① 辐射—枝状天然气集输系统布局优化模型与智能求解方法。

② 枝状天然气集输系统布局优化模型与智能求解方法。

③ 环—枝状天然气集输系统布局优化模型与智能求解方法。

④ 枝上枝状天然气集输系统布局优化模型与智能求解方法。

（6）自适应决策完成，输出最优天然气集输系统布局方案。

在以上天然气集输系统多网络形态自适应智能求解流程中，决策权重的确定采用的是层次分析法和熵权法，以下给出权重确定的方法。

层次分析法（The Analytic Hierarchy Process，AHP）是决策领域中的常见方法，它是将影响决策结果的要素进行相互比较，最终给出决策权重的一种方法。在集输系统网络形态决策的问题中，影响最终决策结果的要素是三种决策倾向，将设计压力决策倾向、参照决策倾向、经济决策倾向作为层次分析的三要素，进而根据以下理论确定权重。

（1）构造判断矩阵。对每一个要素进行两两比较，建立判断矩阵。

$$A = (a_{ij})_{3\times3} \tag{2.20}$$

式中：A 为判断矩阵；a_{ij} 为判断矩阵的标度值，要素 a_i 对 a_j 的重要程度。

a_{ij} 的取值是基于天然气集输系统的实际和决策经验确定的，取值范围见表2.1。

表 2.1　判断矩阵标度值

等　级	1	3	5	7	9
相对重要程度	同等重要	稍微重要	明显重要	强烈重要	极端重要
标度方法	9/9	9/7	9/5	9/3	9/1

（2）依据公式（2.21）求判断矩阵的每行元素的几何平均值。

$$\overline{W}_i = \sqrt[n]{\prod_{j=1}^{n} a_{ij}} \quad i = 1, \cdots, n \tag{2.21}$$

式中：$\overline{W}_i$ 为几何平均值；n 为要素个数，这里 $n = 3$。

（3）对以上几何平均值进行归一化处理，得到要素的权重系数，即

$$W_i = \frac{\overline{W}_i}{\sum_{j=1}^{n} \overline{W}_j} \quad i = 1, \cdots, n \tag{2.22}$$

式中：W_i 为要素的权重。

（4）对所得到的权重系数进行一致性检验，首先计算判断矩阵的最大特征根值，即

$$\lambda_{\max} = \frac{1}{n} \sum_{i=1}^{n} \frac{\sum_{j=1}^{n} a_{ij} W_j}{W_i} \tag{2.23}$$

式中：$\lambda_{\max}$ 为最大特征根值。

进而依据式（2.24）计算一致性检验指标。

$$CI = \frac{\lambda_{\max} - n}{n - 1} \tag{2.24}$$

式中：CI 为一致性检验指标。$CI = 0$，有完全的一致性；CI 接近于 0，有满意的一致性；CI 越大，不一致越严重。

基于以上层次分析法可以得到三种决策倾向的一组权重值，但层次分析法中决策经验是较为重要的影响因素，也导致权重的确定具有一定主观性，为使得权重更加准确，应用熵权法确定另外一组权重值。

熵是系统无序程度的度量，可用于度量已知数据所包含的有效信息量和确定权重。不同集输网络形态对应于三种决策倾向的排名值相差较大时，熵值较小，则对应于优异集输网络形态所提供的有效信息量较大，其权重也应较大；反之，则其权重较小。根据此思想，给出熵权法确定权重的基础理论。令不同集输网络形态对应三种决策倾向的排名值矩阵为评价矩阵 $B = (b_{ij})_{m \times n}$，其中 m 为网络形态数，n 为决策倾向数。

（1）将评价矩阵 B 按照如下规则进行标准化处理，得到标准化的评价矩阵 $B' = (b'_{ij})_{m \times n}$。

$$b'_{ij} = \frac{b_{ij} - b_{j, \min}}{b_{j, \max} - b_{j, \min}} \tag{2.25}$$

式中：b'_{ij} 为标准化评价矩阵的元素值；$b_{j, \min}$ 为第 j 个决策倾向所对应的网络形态排名最小值；$b_{j, \max}$ 为第 j 个决策倾向所对应的网络形态排名最大值。

（2）根据熵的定义，m 个网络形态和 n 个决策倾向，可以确定决策倾向的熵为：

$$H_j = -\ln m \left(\sum_{i=1}^{m} \tau_{ij} \ln \tau_{ij} \right) \quad i = 1, \cdots, m; \ j = 1, \cdots, n \tag{2.26}$$

式中：H_j 为决策倾向的熵；τ_{ij} 为集输形态对决策倾向的有效信息值。

τ_{ij} 的计算如下：

$$\tau_{ij} = \frac{\tau_{ij} + 1}{\sum_{i=1}^{m} (\tau_{ij} + 1)} \tag{2.27}$$

（3）基于得到的熵值，计算得到三个决策倾向的权重值：

$$w_j = \frac{1 - H_j}{n - \sum_{j=1}^{n} H_j} \tag{2.28}$$

式中：w_j 为熵权法确定的第 j 个决策倾向的权重值。

基于层次分析法得到决策倾向的权重为 W_j，继而根据熵权法得到的权重为 w_j，将主观权重与客观权重合理地结合起来，引入熵值变量，则最终的权重值为：

$$\mu_j = H_j W_j + (1 - H_j w_j) \tag{2.29}$$

式中：μ_j 为第 j 个决策倾向的计算权重，$j = 1, \cdots, n$。

为进一步直观地说明天然气集输网络形态的自适应决策过程，以下给出多网络形态自适应智能求解策略的流程图，如图 2.4 所示。

2.1.3.2　集输系统网络形态优选算法

在以上天然气集输系统网络形态自适应优选流程中，网络形态的经济性决策倾向是通过评估不同网络形态的建设经济性给出的决策排名，而网络形态经济性优劣的关键在于管道和站场的建设费用大小。实现不同天然气集输网络形态的管道和站场的经济性对比即需要进行布局方案的优选，然而天然气集输系统的布局优化设计涉及集合划分、最小生成树、最短路等多个 NP 类子问题的协同求解，是计算复杂度极高的一类问题，若采用传统的求解方法对每种网络形态均进行优化设计，进而再比选出建设费用最小的方案求解方式计算耗时长、效率低，无法满足智能决策对于时效性的要求，本书中提出一种多网络形态的高效优选算法，能够以较少的计算复杂度实现集输系统网络形态的优选决策。

天然气集输网络形态优选的重点是在当前客观条件下筛选出一种管道总长度适中、管网建设费用最小的管网结构，即通过比选确定建设费用相对较小的集输网络形态即可，不需要精确地求得最优集输系统的详细布局方案，重点在于对管网形态的"预先优化决策"。因此，从天然气集输系统的管道和站场两部分建设投资出发，着眼于决定建设投资的隶属关系优化和节点之间连接关系优化研究，构建管网形态的优选算法。一般而言，在确定了下级站场节点与上级站场节点之间隶属关系的基础上，集输系统建设投资主要由节点之间的连接关系（管道走向）所决定，通过一定的优化方法确定一套较优异的布局方案，以此对比优选管网形态是可行的。

基于以上分析，将天然气集输系统网络形态优选算法分为井站隶属关系求解、连接关系优化、站场建设费用对比三部分。

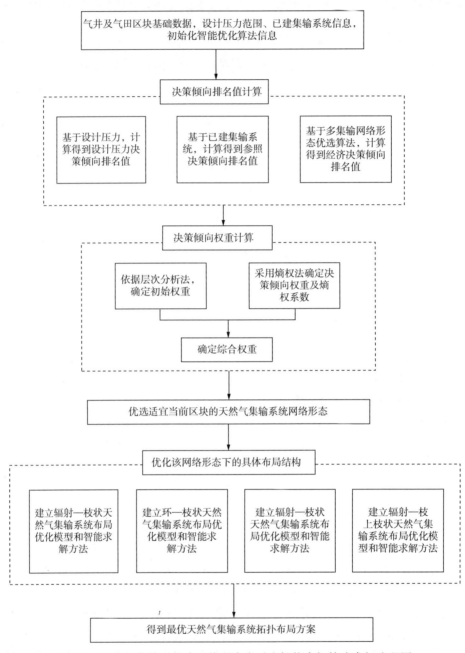

图 2.4　天然气集输系统多网络形态自适应智能求解策略求解流程图

（1）集输系统网络形态优选算法。

井站隶属关系求解。分析天然气集输系统布局优化过程可知，各级节点之间连接关系的确定是求解模型的关键，油气井和其上级站场间的连接关系优化可以提成为集合划分问题，集合划分负责将整体网络系统划分为若干相对独立而又相互联系的网络子图，是节点之间连接关系求解的基础，因此，采用有效的方法将天然气井划分给上级站场节点是优选集输网络形态的基础。然而，因为集合划分问题的 NP 性质，其求解算法往往具有高复杂度、低计算效率的特点，尤其对于大型和超大型天然气集输系统，集合划分计算的效率更加低下，如果采用传统集合划分方法进行天然气集输系统网络子集的求解不能满足求解需求，本书应用格栅剖分集合划分法来获得较为满意的集合划分结果。格栅剖分法是一种以点元素之间空间几何位置关系为基础，以降维规划和模块化思想为准则，将天然气集输网络系统节点集合划分为矩形子集集合的一种集合划分方法。格栅剖分法具有鲁棒性好、易于实现、计算复杂度低等特点，在保证划分质量的前提下高效地完成集合的划分工作。

对于天然气集输系统而言，所有气井坐标构成了平面内几何位置分布相对均匀的点集，如果采用矩形子集的集合覆盖该点集，每个子集都是相对独立的，只与周围相互连接成凸集的子集存在联系，且也已经证明了不相互连通为凸集的两个子集之间的距离要更大一些，所以在管网布局时，只需要按照井位的相对分布，考虑低级别节点对高级别节点隶属关系的集约性进行模块化划分即可得到合理的设计。另一方面，如果两口油井分属于两个子集，它们与站场之间的连线会经过其他子集，在生产实际中会造成过多的管线交叉，也是设计中应该避免的，而且站场的选址要考虑生产管理的集中性和建设成本的经济性，一口气井不可能与它相距较远的气井同属于一个站场[2]。基于以上分析，依据格栅剖分法将天然气井划分成为若干子集，并针对子集进行井站管道走向的优化设计，可以得到优化结果较好的一种辐射状、枝状井站之间管网布局方案，以下给出格栅剖分集合划分法求解井站之间隶属关系的具体步骤：

① 统计得到 n 口天然气井井位坐标沿 x 轴和 y 轴方向的取值区间 $[x_{\min}, x_{\max}]$、$[y_{\min}, y_{\max}]$，将天然气气井节点沿 x 轴等分为 p_1 个子集，并统计每个子集内天然气气井节点的坐标均值 $(x_{i, \text{ave}}, y_{i, \text{ave}})$，$i = 1, 2, \cdots, p_1$。

② 采用线性回归的方式回归得到所有子集坐标均值点的线性方程 $l(x, y)$，采用向量叉乘的形式计算得到 $l(x, y)$ 与 x 轴的夹角 θ，根据夹角 θ 将所有井位坐标进行旋转，使得所有天然气井沿着 x 轴和 y 轴方向相对整齐分布。

③ 令实际集合划分数目为 $m_{r, i}$，根据目标集合划分数目 m_i，计算其平方根 $\sqrt{m_i}$，若 $\sqrt{m_i}$ 可以整除 m_i，则以 $\sqrt{m_i}$ 作为沿 x 轴和 y 轴方向的格栅划分数 $a_i = b_i = \sqrt{m_i}$，$m_{r, i} = m_i$；若 $\sqrt{m_i}$ 不能整除 m_i，m_i 为奇数时向上划归为最邻近偶数，m_i 为偶数时不做处理，然后以 $\sqrt{m_i}$ 为初值，采用动态规划求解所有 a_i、b_i，$m_{r, i} = m_i + 1$。

④ 根据 x 轴和 y 轴方向的格栅划分数目 a_i、b_i，将天然气井节点集合等形状剖分为 $m_{r, i}$ 个子集 $g_{w, 1}, g_{w, 2}, \cdots, g_{w, m_{r, i}}$，根据子集格栅坐标范围计算其面积 $A_{R, i}$。

⑤ 若 $m_{r, i} \geqslant m_i$，统计每个子集内的点元素的坐标范围，计算点集所占的实际面积 $A_{V, 1}, A_{V, 2}, \cdots, A_{V, m_{r, i}}$，采用单元素排序算法计算得到面积占比 $A_{V, i}/A_{R, i}$ 最小的子集 $S_{\min}$，并将 $S_{\min}$ 与邻近的面积占比最小的子集进行合并，完成对集合划分的微调。

⑥ 重复步骤③至步骤⑤，将 $2 \sim N - 1$ 层的节点集合进行划分。

⑦ 判断井站之间管网形态为辐射状还是枝状，若为辐射状，转步骤⑧；若为枝状，则转步骤⑨。

⑧ 计算各子集气井节点坐标的均值坐标 x_i，y_i（$i = 1, 2, \cdots, m_i$），以均值坐标为集

气站坐标，计算气井与集气站坐标的距离作为井站之间管道长度，统计加和各子集内所有管道长度，得到辐射状管网井站之间管道总长度。

⑨ 以各子集内气井为节点，各子集构成独立的赋权无向图 $G_{T,i}(i=1,2,\cdots,m_i)$，应用深度优先搜索计算得到各无向图的最小生成树，依据最小生成树计算得到枝状管网气井之间管道总长度。

（2）站场节点连接关系优化。

将环状管道的转向点视为站场节点，则在求得了气井与上一级节点之间的管道总长度之后，原问题转化为站场节点之间的连接关系优化。针对本书中讨论的几种网络形态，站场节点之间的连接关系优化涉及的是枝状和环状连接关系优化，以下分情况给出枝状及环状集输网络的优化求解算法。

① 枝状集输网络连接关系优化算法。辐射—枝状、枝状、枝上枝状天然气集输系统的管道连接关系求解相对简单，集气站之间、集气阀组之间、汇集气井气量的管道之间的网络结构可以视为以站场节点为根节点的最小生成树。基于站场节点的集合划分结果，以站场节点集合的中心点为根节点，采用广度优先搜索算法进行最小生成树的搜索，即得到枝状集输网络的优化布局。

② 环状集输网络连接关系优化算法。相较于枝状网络结构，环状网络的求解难度更大，是典型的 TSP 问题，基于站场节点的集合划分结果，采用相向广度优先最小环路搜索算法可以得到环状集输网络的最优拓扑结构。相较于深度优先搜索算法（DFS）的递归求解，广度优先搜索算法（BFS）避免了由于网络结构复杂所导致的深层递归求解对于内存的消耗，但由于 BFS 需要遍历每个节点，且在迭代的同时需要更新队列，对于大规模的节点进行寻优计算复杂度高，对于需要进行多次搜索才能确定所有管道最优走向的管网布局优化，计算时效性差。另外，由于 BFS 队列存储的需要，若采用邻接矩阵的方式存储树形结构，可能导致内存占用过高或者溢出，所以需要寻求 BFS 的改进方式，使得在内存可接受的情况下降低计算复杂度，提高最短环路的求解效率。这里提出了相向广度优先最小环路搜索算法，并且采用邻接表的方式降低了算法对于内存的开销。

广度优先搜索算法中对于网络中的节点进行"广撒网"式搜索，会造成搜索到的节点冗余，为了减少冗余搜索次数，在加速求解的同时保证解的最优性，提出采用相向同步执行广度优先搜索的方式进行最优路径搜索。所谓相向同步是指分别以初始节点和目标节点为源点相向搜索，再通过结合 BFS 的全局遍历性达到降维搜索的目的。将划分得到的站场节点集合视为节点集，站场节点之间的潜在连接关系为边，则每一个站场节点集合及节点之间的边可以提成一个无向连通图 G_{tR}，定义由初始节点单元向目标节点单元的搜索为正向搜索，由目标节点单元向初始节点单元的搜索为反向搜索，N_P 为 G_{tR} 的所有节点单元的数量，N_E 为 G_{tR} 的所有边单元的数量，则相向广度优先搜索最小环路搜索算法的主要步骤为：

① 建立 G_{tR} 的邻接链表，最短环路集合 R_{be} 为空。初始化所有节点单元的搜索标记 $V_i^b=0$、$V_i^s=0$，前驱节点单元标记 $s_{f,i}=0$，正向搜索队列集合 $Q_{u,b}$ 和反向搜索队列集合 $Q_{u,e}$ 为空，正向路径点集合 P_b 和反向路径点集合 P_e 为空。

② 选取最邻近的两个站场节点 b_{sj}、$e_{T,j}$ 为起、终点，将 b_{sj} 加入正向搜索队列集合 $Q_{u,b}$，同时将 $e_{T,j}$ 加入反向搜索队列集合 $Q_{u,e}$，置两个节点的搜索标记为 $V_i^b=1$ 和 $V_i^s=1$。

③ 对正向搜索队列中的节点 J_b，读取并判断其邻接节点 v_N^b 是否已被反向搜索，若为已搜索，转步骤⑦，若为未搜索，则将该节点加入正向搜索队列的尾部，标记节点 v_N^b 的前驱节点为 J_b，转步骤④；对于反向搜索队列中的节点 J_e，读取并判断其邻接节点 v_N^e 是否被正向搜索，若为已搜索，转步骤⑦，若为未搜索，则将该节点加入反向搜索队列的尾部，标记节点 v_N^e 的前驱节点为 J_e，转步骤④。

④ 判断正向队列节点 J_b 的所有邻接点是否全部搜索完毕，若是，则将节点 J_b 标记为正向已搜索，然后将节点 J_b 从队列 $Q_{u,b}$ 中移除，转步骤⑤，若否，则更新邻接节点 v_N^b，转步骤③；判断反向队列节点 J_e 的所有邻接点是否全部搜索完毕，若是，则将节点 J_e 标记为反向已搜索，然后将节点 J_e 从队列 $Q_{u,e}$ 中移除，更新节点 J_e，转步骤⑤，若否，则更新邻接节点 v_N^e，转步骤③。

⑤ 判断队列集合 $Q_{u,b}$ 是否为空，若为空，转步骤⑥，若不为空，更新节点 J_b，转步骤③；判断队列集合 $Q_{u,e}$ 是否为空，若为空，转步骤⑥，若不为空，更新节点 J_e，转步骤③。

⑥ 初始节点单元 b_{sj} 和目标节点单元 $e_{T,j}$ 之间没有连通路径存在，转步骤⑨。

⑦ 初始节点单元 b_{sj} 和目标节点单元 $e_{T,j}$ 之间存在最小深度路径，以节点 v_N^b 或 v_N^e 为路径端点，分别基于前驱点标记向初始节点和目标节点方向回溯得到正向路径点集合 P_b 及反向路径点集合 P_e，在回溯的同时，将路径点之间的管道的长度进行统计求和，将回溯得到的所有正向路径、反向路径、以及 v_N^b 和 v_N^e 之间的边单元存储到环路集合 R_{be} 中，转步骤⑧。

⑧ 判断是否 v_N^b 或 v_N^e 所在层次的全部节点均已被标记，若是，则统计环路集合 R_{be} 中最小长度的环路，转步骤⑩；否则，转步骤⑤。

⑨ 计算结束。

⑩ 最小环路搜索完毕，输出最优解，计算结束。

基于以上步骤，即可以得到天然气集输系统中的最小环路管网，由于采取了相向同时搜索的方式，显著减少了计算耗时及对于内存的消耗。

（3）站场节点建设费用对比。

辐射—枝状、枝状、环—枝状、枝上枝状集输系统除了在网络形态上区别明显以外，在集输工艺和站场布置上也各有差异，这导致各种集输网络的站场建设费用存在不同，为了得到天然气集输管网的经济性对比，需要对不同网络结构下站场的建设费用进行对比。

① 辐射—枝状、环—枝状天然气集输系统在气井产气的汇集方面一般采用集气站，即多口天然气井与集气站相连接，集气站再与枝状或者环状的干线集输管道相连接，由于集气站内一般布置有对于天然气分离、干燥的设备，所以集气站的投资较大，一般与其所连接的天然气井数量(或气量)相关。

② 枝上枝状集输系统一般适用于低压天然气集输系统，在非常规天然气的开采中应用广泛，枝上枝状集输系统是通过天然气阀组实现天然气的汇集工艺，其投资与所管辖的天然气井数量有关，投资相较于集气站要小得多。

③ 枝状集输系统在天然气的汇集过程中主要依托管道，支线管道与天然气井相连接，所形成的枝状网络结构再与干线管道相连接，也呈现枝状网络结构，在该网络结构中，一

般不涉及站场的投资，主要为管道投资。

以上各天然气集输网络是相对于同一区块和同一区域的气井而言的，所以集气总站的处理量都是一样的，也即在集气总站的投资方面各形态管网均相同。

（4）复杂度分析。

在以上天然气集输系统网络结构的优选算法中，采用了格栅剖分集合划分法、相向广度优先最小环路搜索法、广度优先搜索算法等，为了论证多集输网络形态优选算法的高效性，需要对该算法的复杂度进行分析。算法的复杂度分析包括时间复杂度和空间复杂度分析两方面，随着计算机技术的不断发展，可调用的运算空间逐渐增大，占用的存储空间问题一般能够得到解决，但求解时间一直是最优化理论研究者关注的核心问题，以下针对时间复杂度对网络形态优选算法进行了分析。

对于天然气集输系统布局优化问题的求解而言，主要的核心难点在于集合的划分和管道连接关系的优化，对于已有的 LPT 等集合划分算法，其计算复杂度为平方阶；对于传统的管道连接关系优化算法，如 Prim 算法、Krusial 算法、Dijkstra 算法等均是平方阶复杂度，即求解计算次数是问题规模的平方阶，也即布局优化问题的传统求解方法的复杂度是很高的。多集输网络形态优选算法本质上也是一种布局优化算法，降低该算法的计算复杂度、实现集输网络形态的高效优选是问题的关键。

以下将多网络形态优选算法的计算复杂度分为隶属关系优化和连接关系优化两部分进行分析。

① 隶属关系优化的复杂度。在划分天然气井与其上级站场节点，以及多级站场节点之间的隶属关系时，采用了格栅剖分集合划分法，格栅剖分集合划分法已被笔者证明了时间复杂度为线性阶，为 $o(2n)$（n 为天然气井的数量）；在天然气井子集的枝状管网优化中，采用了广度优先算法，广度优先算法的时间复杂度为 $o(n+e)$（e 为天然气井之间的潜在边数）。

② 连接关系优化的复杂度。网络形态优选算法的连接关系优化部分包括枝状网络连接关系优化和环状网络连接关系优化两种算法，枝状网络连接关系优化算法的时间复杂度为 $o(n_N + e_N)$（n_N 为站场节点数量，e_N 为站场节点之间的潜在边数）；环状网络连接关系的优化算法为相向广度优先最小环路优化算法。相向广度优先最小环路优化算法反复执行的计算是判断每个节点的所有邻接点是否均已经被标记，定义从队列中读取邻接点、判断邻接点是否已搜索和将邻接点加入队列为一次基本迭代，假设初始节点 b_{sj} 与目标节点 $e_{T,j}$ 之间的路径点数目为 len，每个站场节点均与 n_N 个节点相邻接，则正向搜索和反向搜索过程形成了两颗满 n_N 叉树。以 len 为偶数为例，分析相向广度优先最小环路优化算法的时间复杂度。以下讨论 $n_N \geq 3$ 情况下算法的复杂度，简称相向广度优先最小环路优化算法为 RBFS。

RBFS 求解最小环路的时间复杂度可以表示为：

$$T_R(P_{th}) = 2\sum_{i=1}^{len/2} n_N^{i-1} = \frac{2(n_N^{len/2} - 1)}{n_N - 1} \tag{2.30}$$

式中：$T_R(P_{th})$ 为 RBFS 的时间复杂度。

分析得到式（2.30）中复杂度的上下界为：

$$2n_N^{len/2-1} - 1 \leqslant \frac{2(n_N^{len/2} - 1)}{n_N} < T_B(P_{th}) = \frac{2(n_N^{len/2} - 1)}{n_N - 1} < \frac{2n_N^{len/2}}{n_N - 1} \leqslant n_N^{len/2}$$

相较于朴素广度优先算法的时间复杂度，RBFS 所占的时间复杂度比例为：

$$\frac{T_B(P_{th})}{T_S(P_{th})} = \frac{2(n_N^{len/2} - 1)}{n_N^{len} - 1} = \frac{1}{\frac{1}{2}(n_N^{len/2} + 1)} \qquad n_N \geqslant 3$$

式中：$T_S(P_{th})$ 为朴素广度优先算法的时间复杂度。

因为最小环路节点数 $len \geqslant 3$，若取值整数，则 $len = 4$，相应地，$n_N = 3$，说明相较于朴素 BFS，RBFS 减少超过 4/5 的计算次数，即环状集输网络的时间复杂度为 $\frac{1}{5}o(n_N + e_N)$。

基于以上分析可知，隶属关系优化的时间复杂度最大为 $o(n + e)$，连接关系优化的时间复杂度最大为 $o(n_N + e_N)$，因为天然气集输系统多网络形态优选算法是串行执行计算的，且天然气井的数量要大于站场节点的数量，所以，该优选算法的时间复杂度为 $o(n + e)$，即该算法是线性阶时间复杂度的一种高效算法。

2.1.3.3　管线绕障最短路由优化

管道的路由可以表示为由若干走向点(路径点)控制的一系列管段的集合，所以，确定走向点合理的几何位置成为管道路由优化的关键。根据气田集输管网的实际建设需求，站场的几何位置及各条管道走向点的位置均应位于障碍外，而判断几何位置是否位于障碍内，可以提成点与多边形的位置关系来研究，本书中采用射线法来判断点与多边形的位置关系。设 $Z(x, y)$ 是判断点是否位于障碍内的判断函数，则有

$$Z(x, y) = \begin{cases} 1 & 点(x, y) 位于障碍外 \\ 0 & 点(x, y) 位于障碍内 \end{cases} \qquad (2.31)$$

射线法的一般步骤可以描述为：

(1) 初始化射线正向交点数目为 $Tick_{po} = 0$，负向交点数目为 $Tick_{ne} = 0$。

(2) 以测试点为源点向 x 轴正无穷和负无穷方向做射线。

(3) 依次遍历障碍多边形的每一条边，如果与正向射线相交，且交点在边上，则 $Tick_{po} = Tick_{po} + 1$。

(4) 依次遍历障碍多边形的每一条边，如果与负向射线相交，且交点在边上，则 $Tick_{ne} = Tick_{ne} + 1$。

(5) 遍历结束后，判断 $Tick_{po}$ 和 $Tick_{ne}$ 是否均为奇数，如果是，则返回 $Z(x, y) = 0$；如果否，则返回 $Z(x, y) = 1$。

图 2.5 给出射线法判断点与多边形位置关系的方法示意图，正向射线与障碍交点数量为 3 个，负向射线与障碍交点数量为 5 个，

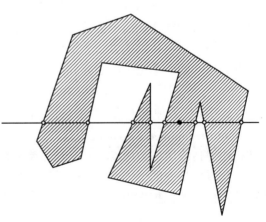

图 2.5　射线法判断点与多边形位置关系示意图

所以判定该测试点位于障碍内。

（1）优化模型建立。

绕障最短路优化问题从拓扑学角度可以描述为一定数量的点和线在规避障碍的前提下的平面布置问题，同时也是一种投资优化问题。对于单根管道而言，管径及壁厚的规格通常不发生变化，即投资最小化问题简化为最短路径优化问题。以管道走向点的数量和几何位置为决策变量，以管道总长度最小为目标函数，建立绕障管道最短路优化数学模型：

$$Fs(M, X, Y) = \sum_{i=1}^{M-1} \sqrt{(x_i - x_{i+1})^2 + (y_i - y_{i+1})^2} \tag{2.32}$$

$$\text{s. t.} \qquad B(x, y) > 0 \tag{2.33}$$

$$M_{min} \leq M \leq M_{max} \tag{2.34}$$

$$(X, Y) \subset (D_x, D_y) \tag{2.35}$$

式中：M 为管道走向点的数量；X，Y 分别为管道走向点的横坐标和纵坐标向量；M_{min}，M_{max} 分别为管道走向点的最小值和最大值；D_x，D_y 分别为管道走向点横坐标和纵坐标的可行域。

公式（2.33）为障碍约束，表示障碍的走向点不应在障碍内；公式（2.34）为走向点数目约束，表示走向点的数量应该兼顾管道敷设的经济性和可行性；公式（2.35）为取值范围约束。上述模型中，目标函数值即为管道的等效长度。

（2）优化模型求解。

上述绕障路径优化模型为有约束的非线性最优化数学模型，其优化的对象为离散变量走向点的数量 M 和连续变量 X、Y，考虑到模型中存在着混合类型的决策变量，这里采用稳定、高效的遗传算法来获取管道的最优路由规划方案。遗传算法是基于基因学的模仿生物进化过程的一种群体智能优化算法，遗传算法因其无需目标函数信息、实现简单、具有全局搜索性等优点被广泛应用在路径寻优的研究中。适应度函数构造、选择复制、交叉、变异等操作是遗传算法的核心，以下给出障碍条件下管道路由优化的遗传求解算法（图2.6、图2.7）。

① 初始群体创建。对于智能优化算法而言，迭代的初值对于优化结果的影响是显著的。本书中为了加速算法收敛、提升求解效果，采用 Dijkstra 算法初步计算绕障碍的最短路径，并应用样条插值的方法获得 M 个管道走向点的几何坐标，然后将几何坐标赋值给染色体。对于染色体编码方式，这里采用实数编码，其中，管道的 M 个走向点中包含管道起点和终点，所以染色体的表达式如下：

$$c^i = (x_1^i, y_1^i; x_2^i, y_2^i; \cdots; x_{M-2}^i, y_{M-2}^i) \tag{2.36}$$

式中：c^i 为种群中第 i 个染色体；x_j^i，y_j^i 为第 i 个染色体中第 j 个走向点。

② 适应度函数。适应度函数即评价染色体质量的评价标准。这里，基于指数函数形式构建遗传算法的适应度函数，通过指数形式的拉伸作用，可以使得种群在进化初期保留一定数量质量差的个体参与后续计算，从而增大了群体多样性，同时实现了对进化后期优秀的染色体的保护作用，加速了收敛。其适应度函数表示如下：

$$G_s(c^i) = \exp[(Fs_{min} - Fs_i)/Fs_{max}] \tag{2.37}$$

式中：Fs_{min}，Fs_{max} 分别为种群中目标函数值的最小值和最大值。

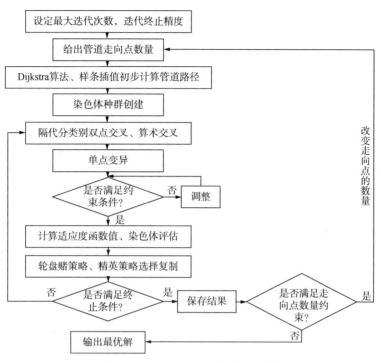

图 2.6　绕障路由优化算法流程图

③ 交叉。交叉操作是实现染色体之间基因信息沟通交换的主要手段，这里采用隔代两点交叉和算术交叉交替的方式。因为染色体中含有横坐标和纵坐标两类信息，所以，在实际计算时，应该分类进行操作。

④ 变异。变异操作是辅助交叉操作更新种群基因的一种有效方法，可以增强算法的局部搜索能力。这里，采用单点变异的操作方式进行优化计算。

⑤ 选择复制。选择复制操作可以将上一代的遗传信息选择性地传递到下一代的染色体中，这里，采用轮盘赌和精英策略相结合的选择复制方式，即最优染色体直接进入下一代，其他染色体则有轮盘赌策略进行选择复制。

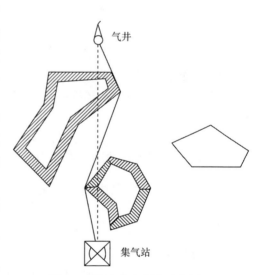

图 2.7　绕障路由优化示意图

⑥ 终止条件。为保证算法有效计算，设置最大迭代次数控制和精度控制的终止条件。

⑦ 可行性调整。对于路径点布置在障碍内部的染色体进行调整，以距离该路径点最近的缓冲区边界的点代替该不可行路径点。

2.2 辐射—枝状天然气集输系统障碍布局优化

2.2.1 辐射—枝状天然气集输系统的网络定义

　　辐射—枝状网络是天然气田常用的地面集输网络结构，可以实现天然气的有效集输和处理。在辐射—枝状集输网络中，天然气井与集气站之间呈现辐射状，一座集气站与多口天然气井相连接，气井之间不存在连接。各集气站之间可以串接在一起，并与集气总站相连，呈现"树枝状"。定义天然气井与集气站之间的管道为集气支线，集气站之间及集气站与集气总站之间的管道为集气支干线，与多个集气站相连接并汇聚集气站气量的大口径管道为集气干线，集气站连接到集气干线的交点为集气干线接口，则辐射—枝状天然气集输系统的拓扑结构示意图如图 2.8 所示。

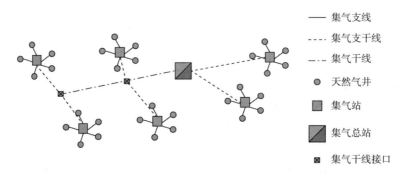

图 2.8　辐射—枝状天然气集输系统拓扑结构示意图

　　由前面研究可知，天然气集输系统可以用图论理论进行表征，考虑天然气集输系统的生产工艺具有方向性，则辐射—枝状天然气集输系统可以表征为赋权有向图 $G(V, E)$，可表示为：

$$G(V, E) = B(V_0, V_1; E_1) \cup S(V_S, E_S)$$

则称 $G(V, E)$ 所表示的网络系统为多级辐射—枝状网络。其中：

（1） $V = \bigcup_{i=0}^{N} V_i$，其中 N 为网络的级数，$N \geqslant 1$。

（2） $V_S = \bigcup_{i=1}^{N} V_i$。

（3） $E = E_1 \cup E_S$。

（4） $S(V_0, V_1; E_1)$ 为以 V_0 和 V_1 为顶集，E_1 为边集的二分子图。

（5） $E_1 \cap E_S = \Phi$。

（6） $V_i \cap V_j = \Phi$ （ $i \neq j$; $i, j \in \{0, 1, 2, \cdots, N\}$ ）。

（7） $|V_i| < |V_j|$ （ $i > j$; $i, j \in \{0, 1, 2, \cdots, N\}$ ）。

（8） $S(V_S, E_S)$ 为以 V_S 为顶集，E_S 为边集的一棵树。

（9） $ST = V_1$，其中 ST 为 $S(V_S, E_S)$ 的悬挂点集合。

（10） $d^-(v) = 0$，$\forall v \in V_0$。

(11) $d^-(v) \geqslant 1, \quad \forall v \in \bigcup\limits_{i=1}^{N} V_i$。

(12) $d^+(v) = 1, \quad \forall v \in \bigcup\limits_{i=0}^{N} V_i$。

(13) $d^+(v) = 0, \quad \forall v \in V_N$。

2.2.2　辐射—枝状天然气集输系统障碍布局优化模型

在天然气集输系统布局优化中，最优化模型是进行布局优化设计的基础，是优化问题的数学描述，根据辐射—枝状集输系统的网络结构特征与实际约束，研究建立辐射—枝状天然气集输系统障碍布局优化目标函数集约束条件。

2.2.2.1　布局优化模型目标函数建立

集输系统布局优化目标函数是开展布局优化研究的主要对象和目标，也是优化决策的导向。布局优化的目标函数可以表征为与管道长度或者建设投资相关的函数，以总管长最小的目标函数直接以管道长度为决策变量，理论意义直观，理论方法成熟，可参考最短路问题进行建模和求解，但这种建模方式没有考虑集气站费用对整体布局方案的影响，以此为优化目标的拓扑布局方案不能保证最优性。以建设投资最小为目标函数可以涵盖集气站和管道的建设费用因素，是近几年来集输管网布局优化的主要建模方式，这里考虑管道规格和集气站场规模对于集气管网布局方案的影响，根据不同管道与站场类别建立总投资最小化目标函数。

为建立集输系统布局优化数学模型的目标函数，需要厘清各变量之间的数学关系，确定决策变量，经分析可知，集气站、集气总站、集气干线接口、集气干线走向点的几何位置、节点单元之间的隶属关系及不同节点单元之间的拓扑连接关系是天然气集输系统障碍布局优化数学模型的决策变量。

基于已确定的决策变量，结合天然气田的集输流程和辐射—枝状管网连通图的特性，将集输系统的总建设投资划分为五部分，具体如下：

$$\min F_{ST} = F_1 + F_2 + F_3 + F_4 + F_5 \tag{2.38}$$

式中：F_{ST} 为管网总建设费用；F_1 为集气总站的总建设费用；F_2 为集气站总建设费用；F_3 为集气支线管道总建设费用；F_4 为集气支干线管道总建设费用；F_5 为集气干线管道总建设费用。

（1）集气总站建设费用。

集气总站在气田地面集输管网中主要负责脱除天然气中的气体杂质，是集气系统中最大规模的集输站场。集气总站的数量在整个气田地面站场中占比很小，一般一个区块内至多只有一座集气总站。集气总站的建设投资主要包括场地的基础建设费用、人员管理费用及处理设备费用，集气总站的建设费用可以由式（2.39）表示：

$$F_1 = \sum_{i=1}^{M_P} \phi(a_{P,i}, \boldsymbol{\lambda}) \tag{2.39}$$

式中：M_P 为集气总站的数量；$a_{P,i}$ 为第 i 个集气总站基于同类站场的投资费用拟合系数；$\boldsymbol{\lambda}$ 为集气站之间、集气站与集气总站、集气站与集气干线接口之间的连接关系设计向量。

（2）集气站建设费用。

集气站在天然气集输管网中具有重要地位，天然气中大量的水分是在集气站中脱除的，集气站中的主要处理设备包括三甘醇脱水装置、加热炉、气液分离器，设备的规模与集气站所连接的天然气井的数量有关，因而集气站的总建设投资为：

$$F_2 = \sum_{i=1}^{M_g} (a_{g,i}, \boldsymbol{\xi}) \tag{2.40}$$

式中：M_g 为集气站的数量；$a_{g,i}$ 为第 i 个集气站基于同类站场的投资费用拟合系数；$\boldsymbol{\xi}$ 为集气站与所辖天然气井之间的隶属关系设计向量。

（3）集气支线管道建设费用。

集气支线管道是负责将气井采出气输运到集气站的集输管道，在拓扑布局优化中，集气支线管道的建设投资只是实际费用的近似估计，主要决定于采气管道单位长度成本和管道长度。集气支线管道的长度由井站相对位置及井站之间是否被障碍所阻隔所共同决定，在实际计算中，应该由前述的管道最小绕障等效长度来代替，则集气支线管道的总建设投资表征如下：

$$F_3 = \sum_{i=1}^{N} \sum_{i=1}^{M_g} \xi_{i,j}^{CQ} \eta_{CQ,i,j} l_{CQ,i,j} \tag{2.41}$$

式中：N 为气井的数量；$\xi_{i,j}^{CQ}$ 为气井 i 与集气站 j 之间的隶属关系变量，如果相连，则取值为 1，否则取值为 0；$\eta_{CQ,i,j}$ 为气井 i 与集气站 j 相连接时，该管道的单位长度费用；$l_{CQ,i,j}$ 为气井 i 与集气站 j 相连接时，该管道的等效长度。

（4）集气支干线管道建设费用。

集气支干线管道作为连接集气站与集气站或者集气总站的集输管道，在一定区域内发挥着集输主管道的作用。集气站之间、集气站与集气干线接口之间及集气站与集气总站之间由集气管道连接成枝状，则可以得到集气支干线管道的总建设费用为：

$$F_4 = \sum_{i=1}^{M_g} \sum_{j=i}^{M_g+M_V+M_P} \lambda_{i,j}^{JQ} \eta_{JQ,i,j} l_{JQ,i,j} \tag{2.42}$$

式中：M_V 为集气干线接口的数量；$\lambda_{i,j}^{JQ}$ 为集气站 i 与集气站、集气干线接口或者集气总站 j 之间的连接关系变量，如果相连，则取值为 1，否则取值为 0；$\eta_{JQ,i,j}$ 为集气站 i 与集气站、集气干线接口或者集气总站 j 相连接时，该管道的单位长度费用；$l_{JQ,i,j}$ 为集气站 i 与集气站、集气干线接口或者集气总站 j 相连接时，该管道的等效长度。

（5）集气干线管道总建设费用。

集气干线管道作为气田地面集输管网的"动脉"，承担着气田大范围内天然气的输运，通常为大管径管道。集气干线管道的长度主要由集气干线走向点决定，考虑单位集气干线管道长度费用，建立集气干线管道的总建设投资费用项为：

$$F_5 = \sum_{i=1}^{S} \sum_{j=1}^{M_{i,s}-1} \mu_i l_{GX,i,j,j+1} \tag{2.43}$$

式中：S 为集气干线的数目；$M_{i,s}$ 为第 i 条集气干线的走向点数目；μ_i 为第 i 条集气干线管道单位长度费用；$l_{GX,i,j,j+1}$ 为第 i 条集气干线管道第 $<j, j+1>$ 管段的等效长度。

基于以上分析，可以得到障碍条件下天然气集输系统布局优化数学模型的目标函数为：

$$\min F_{\mathrm{ST}}(\boldsymbol{M}, \boldsymbol{\xi}, \boldsymbol{\lambda}, \boldsymbol{X}, \boldsymbol{Y}) = \sum_{i=1}^{M_{\mathrm{P}}} (a_{\mathrm{P}, i}, \boldsymbol{\lambda}) + \sum_{i=1}^{M_{\mathrm{g}}} (a_{\mathrm{g}, i}, \boldsymbol{\xi}) + \sum_{i=1}^{N} \sum_{j=1}^{M_{\mathrm{g}}} \xi_{i, j}^{\mathrm{CQ}} \eta_{\mathrm{CQ}, i, j} l_{\mathrm{CQ}, i, j}$$

$$+ \sum_{i=1}^{M_{\mathrm{g}}} \sum_{j=1}^{M_{\mathrm{g}}+M_{\mathrm{V}}+M_{\mathrm{P}}} \lambda_{i, j}^{\mathrm{JQ}} \eta_{\mathrm{JQ}, i, j} l_{\mathrm{JQ}, i, j} + \sum_{i=1}^{S} \sum_{j=1}^{M_{i, S}-1} \mu_i l_{\mathrm{GX}, i, j, j+1} \quad (2.44)$$

2.2.2.2 布局优化模型约束条件的建立

为了保证设计方案能够满足实际生产要求，必须要求设计变量和节点参数在允许的范围之内，即满足一定的约束。

（1）站场可行布局约束。

集气站、集气总站的几何位置决定了集气系统的布局方案和建设投资。为保证这些待优化的管网单元布置在可行区域，避免优化计算后布置在障碍区域内，集气站、集气总站的几何位置应该满足非障碍区域布局约束。

$$B(\boldsymbol{X}^{\mathrm{g}, \mathrm{P}}, \boldsymbol{Y}^{\mathrm{g}, \mathrm{P}}) > 0 \quad (2.45)$$

$$(\boldsymbol{X}^{\mathrm{g}, \mathrm{P}}, \boldsymbol{Y}^{\mathrm{g}, \mathrm{P}}) \subset ([U_{x, \min}^{\mathrm{g}, \mathrm{P}}, U_{x, \max}^{\mathrm{g}, \mathrm{P}}], [U_{y, \min}^{\mathrm{g}, \mathrm{P}}, U_{y, \max}^{\mathrm{g}, \mathrm{P}}]) \quad (2.46)$$

式中：$B(\ )$ 为表征节点是否位于障碍多边形内的判断函数；$\boldsymbol{X}^{\mathrm{g}, \mathrm{P}}$，$\boldsymbol{Y}^{\mathrm{g}, \mathrm{P}}$ 分别为集气站、集气总站的几何位置构成的几何位置向量；$U_{x, \min}^{\mathrm{g}, \mathrm{P}}$，$U_{x, \max}^{\mathrm{g}, \mathrm{P}}$ 分别为集气站、集气总站几何位置横坐标可行取值范围；$U_{y, \min}^{\mathrm{g}, \mathrm{P}}$，$U_{y, \max}^{\mathrm{g}, \mathrm{P}}$ 分别为集气站、集气总站几何位置纵坐标可行取值范围。

（2）管道路由可行布局约束。

对于集输管道而言，在敷设过程中遇到不可穿（跨）越障碍，管道只能绕障敷设，也即集气干线走向点、集气干线接口、集气干线管道走向点、集气支干线及集气支线管道的走向点均不能布置于障碍内，所以有如下约束：

$$B(\boldsymbol{X}^{\mathrm{S}, \mathrm{V}, \xi, \lambda}, \boldsymbol{Y}^{\mathrm{S}, \mathrm{V}, \xi, \lambda}) > 0 \quad (2.47)$$

$$(\boldsymbol{X}^{\mathrm{S}, \mathrm{V}, \xi, \lambda}, \boldsymbol{Y}^{\mathrm{S}, \mathrm{V}, \xi, \lambda}) \subset ([U_{x, \min}^{\mathrm{S}, \mathrm{V}, \xi, \lambda}, U_{x, \max}^{\mathrm{S}, \mathrm{V}, \xi, \lambda}], [U_{y, \min}^{\mathrm{S}, \mathrm{V}, \xi, \lambda}, U_{y, \max}^{\mathrm{S}, \mathrm{V}, \xi, \lambda}])$$

$$(2.48)$$

式中：$\boldsymbol{X}^{\mathrm{S}, \mathrm{V}, \xi, \lambda}$，$\boldsymbol{Y}^{\mathrm{S}, \mathrm{V}, \xi, \lambda}$ 分别为集气干线走向点、集气干线接口、集气干线管道走向点、集气支干线及集气支线管道走向点的几何位置构成的几何位置向量；$U_{x, \min}^{\mathrm{S}, \mathrm{V}, \xi, \lambda}$，$U_{x, \max}^{\mathrm{S}, \mathrm{V}, \xi, \lambda}$ 分别为集气干线走向点、集气干线接口、集气干线管道走向点、集气支干线及集气支线管道走向点的几何位置横坐标可行取值范围；$U_{y, \min}^{\mathrm{S}, \mathrm{V}, \xi, \lambda}$，$U_{y, \max}^{\mathrm{S}, \mathrm{V}, \xi, \lambda}$ 分别为集气干线走向点、集气干线接口、集气干线管道走向点、集气支干线及集气支线管道走向点的几何位置纵坐标可行取值范围。

（3）集输半径限制。

为了保证天然气的安全集输和有效集中管理，集气支线管道的长度应该小于规定的集输半径，即集气支线管道应该位于以集气站为中心划定的集输区域内，以此保证入站压力达到最小进站压力。

$$\xi_{i, j}^{CQ} l_{CQ, i, j} \leq R \quad i = 1, 2, \cdots, N; \ j = 1, 2, \cdots, M_g \tag{2.49}$$

式中：R 为天然气集输半径。

（4）"井站"隶属唯一性约束。

气井和集气站之间的连接形式满足辐射状网络特性，即一口气井只能与管辖它的集气站相连，且具有唯一隶属性。

$$\sum_{j=1}^{M_g} \xi_{i, j}^{CQ} = 1 \quad i = 1, 2, \cdots, N \tag{2.50}$$

（5）"站间"连接关系唯一性。

对于每一座集气站而言，集气站只能与集气站、集气干线接口和集气总站相连接，且一座集气站能唯一连接其中一个节点，其连接方式满足枝状结构特征，则有如下约束：

$$\sum_{i=1}^{M_g} \sum_{j=i+1}^{M_g + M_V + M_P} \lambda_{i, j}^{JQ} = M_g \tag{2.51}$$

（6）干线与集气总站连接关系约束。

集气站处理后的天然气要输送到集气总站进行统一深度处理，每一条集气干线连接且只能连接一座集气总站，集气干线与集气总站之间存在隶属唯一性关系。

$$\sum_{j=1}^{S} \lambda_{i, j}^{GX} = 1 \quad i = 1, 2, \cdots, M_P \tag{2.52}$$

式中：$\lambda_{i, j}^{GX}$ 为集气干线 j 与集气总站 i 之间的连接关系变量，如果相连，则取值为 1，否则取值为 0。

（7）站场数量约束。

集气站与集气总站的建设费用在集气系统的总投资中占有重要比例，其数量的多少直接影响着地面集输管网的整体布局，为防止集气站场数量过多所导致的总投资过大，同时避免站场数量较少所引起的设备处理负担过大、运行效率降低，需要限定集气站场的数量在一定范围内。

$$M_{g, min} \leq M_g \leq M_{g, max} \tag{2.53}$$

$$M_{P, min} \leq M_P \leq M_{P, max} \tag{2.54}$$

式中：$M_{g, min}$，$M_{g, max}$ 为集气站的可行数量的最小值和最大值；$M_{P, min}$，$M_{P, max}$ 分别为集气总站的可行数量的最小值和最大值。

2.2.2.3 布局优化完整模型

为了直观展示辐射—枝状集输系统布局优化模型，将目标函数和约束条件合写在一起给出整体优化模型。

$$\min F_{ST}(\boldsymbol{M}, \boldsymbol{\xi}, \boldsymbol{\lambda}, \boldsymbol{X}, \boldsymbol{Y}) = \sum_{i=1}^{M_P} (a_{P, i}, \boldsymbol{\lambda}) + \sum_{i=1}^{M_g} (a_{g, i}, \boldsymbol{\xi}) + \sum_{i=1}^{N} \sum_{j=1}^{M_g} \xi_{i, j}^{CQ} \eta_{CQ, i, j} l_{CQ, i, j}$$

$$+ \sum_{i=1}^{M_g} \sum_{j=i+1}^{M_g + M_V + M_P} \lambda_{i, j}^{JQ} \eta_{JQ, i, j} l_{JQ, i, j} + \sum_{i=1}^{S} \sum_{j=1}^{M_{i, s} - 1} \mu_i l_{GX, i, j, j+1}$$

$$\text{s. t.} \quad B(\boldsymbol{X}^{g, P}, \boldsymbol{Y}^{g, P}) > 0$$

$$(\boldsymbol{X}^{g, P}, \boldsymbol{Y}^{g, P}) \subset ([U_{x, min}^{g, P}, \ U_{x, max}^{g, P}], \ [U_{y, min}^{g, P}, \ U_{y, max}^{g, P}])$$

$$B(X^{S, V, \xi, \lambda}, \ Y^{S, V, \xi, \lambda}) > 0$$

$$(X^{S, V, \xi, \lambda}, \ Y^{S, V, \xi, \lambda}) \subset ([U_{x, min}^{S, V, \xi, \lambda}, \ U_{x, max}^{S, V, \xi, \lambda}], \ [U_{y, min}^{S, V, \xi, \lambda}, \ U_{y, max}^{S, V, \xi, \lambda}])$$

$$\xi_{i, j}^{CQ} l_{CQ, i, j} \leqslant R \quad i = 1, 2, \cdots, N; j = 1, 2, \cdots, M_g$$

$$\sum_{j=1}^{M_g} \xi_{i, j}^{CQ} = 1 \quad i = 1, 2, \cdots, N$$

$$\sum_{i=1}^{M_g} \sum_{j=i+1}^{M_g + M_V + M_P} \lambda_{i, j}^{JQ} = M_g$$

$$\sum_{j=1}^{S} \lambda_{i, j}^{GX} = 1 \quad i = 1, 2, \cdots, M_P$$

$$M_{g, min} \leqslant M_g \leqslant M_{g, max}$$

$$M_{P, min} \leqslant M_P \leqslant M_{P, max}$$

2.2.3　基于混合蛙跳—烟花算法的模型求解

在上述障碍条件下天然气集输系统布局优化数学模型中，同时存在着集气站数量等整数变量、拓扑连接关系 0-1 等状态变量、集气总站几何位置等连续变量，是一类多尺度、多决策变量、复杂非线性的最优化问题。在传统的求解中，一般采取具有遍历属性的方法，如 Prim 算法、Kruscial 算法和 Dijkstra 算法等，这类算法犹如前面所交代的，其为平方阶甚至更高时间复杂度的算法，这些算法虽然在求解小规模问题时表现出一定的稳定性，但对于大型天然气集输系统中包含气井、站场数量较多的情况会表现出求解效率低、计算耗时长等问题。为了高效、精准地获得辐射—枝状天然气集输系统的最优布局，需要构建一种新型的优化求解方法。

分级优化算法求解效率高、求解稳定，但受方法本身约束，只能得到局部最优解。本书所提出的混合蛙跳—烟花算法具有较强的全局优化求解能力，但若仅依靠混合蛙跳—烟花算法求解多变量优化问题，会导致算法在求解过程中因为决策变量过多而导致求解效率降低。将分级优化和混合蛙跳—烟花算法进行优势结合，提出了一种混合分级—蛙跳—烟花优化求解方法，可实现对障碍条件下集输系统布局优化数学模型的全局优化求解。

在混合分级—蛙跳—烟花优化求解方法中，将分级优化方法作为算法执行的主要框架，然后对于各层级的优化对象采用混合蛙跳—烟花算法进行求解，并且相互迭代、协同优化，该方法可以在简化求解复杂度的基础上有效获得优化问题的全局最优解。采用混合分级—蛙跳—烟花优化求解方法解决拓扑布局优化问题的主要思想是将含障碍的天然气集输系统布局优化数学模型提成几何位置级和布局分配级两个优化子问题，并分别应用混合蛙跳—烟花算法进行求解，进而通过迭代实现全局寻优，以下给出混合分级—蛙跳—烟花优化求解方法中的主控参数及求解流程。

（1）简化和假设。

为了提高混合求解方法的计算效率，在实际求解集输系统布局优化模型时，将集气干线接口的数量等同于集气站的数量，集气干线接口的几何位置不作为优化求解的对象，对于迭代过程中接口几何位置的计算采用如下步骤：

① 在已知集气站和集气干线走向点几何位置的基础上，计算集气站与其最近距离的

集气干线的垂足。

② 如果垂足在集气干线上，则将垂足坐标进行赋值存储；如果计算的垂足不在集气干线上，则选取距离集气站最近的集气干线的端点作为集气干线接口位置。

在优化求解后，需要去掉多余的集气干线接口，即可确定最终的集气干线接口几何位置。

另外，因为集气站、集气干线、集气总站的数量在混合蛙跳—烟花算法的进化中不便操作，同时为了提高计算的有效性，集气站、集气干线、集气总站的数量设置为宏观变量，通过在求解程序中调整变量的数值来改变个体的编码长度。

(2) 主控参数。

① 群体创建。

为进行协同优化，需要创建几何位置级和布局分配级两个优化群体。对于几何位置级优化子问题，几何位置级优化旨在确定各级站场、干线走向点和干线接口的几何位置坐标，鉴于干线接口位置采用上文所述的方法进行确定，在构建几何位置级优化群体时，主要采用实数编码进行各级站场和干线走向点几何位置的表征；对于布局分配级优化子问题，其关键在于确定气井、集气站、集气总站之间的连接关系，考虑到连接关系变量为0-1变量，这里将各级节点顺序编码后用整数编码进行表示，有效转化0-1变量为更加灵活的标记编号。

此外，为了保证初始群体的有效性，需要对群体中所有个体的可行性进行检验，如果随机产生的个体中包含了站场节点布置于障碍内的情况，则采用距离该布置点最近的障碍缓冲区边界的点代替。群体的规模也是影响求解效果的重要因素，一般而言，群体规模越大，求解效果越好，但求解时间就越长，这里设群体规模为 C，则有如下表达式：

布局优化几何位置子问题群体 Pop_A 的个体 i 为：

$$\gamma_A^i = [(x_{g,1}^i, y_{g,1}^i; x_{g,2}^i, y_{g,2}^i; \cdots; x_{g,M_g}^i, y_{g,M_g}^i);$$
$$(x_{L,1,1}^i, y_{L,1,1}^i; x_{L,1,2}^i, y_{L,1,2}^i; \cdots; x_{L,1,M_L}^i, y_{L,1,M_L}^i); \cdots;$$
$$(x_{L,L,1}^i, y_{L,L,1}^i; x_{L,L,2}^i, y_{L,L,2}^i; \cdots; x_{L,L,M_L}^i, y_{L,L,M_L}^i);$$
$$(x_{P,1}^i, y_{P,1}^i; x_{P,2}^i, y_{P,2}^i; \cdots; x_{P,M_P}^i, y_{P,M_P}^i)] \quad i = 1, 2, \cdots, C \quad (2.55)$$

式中：$x_{g,j}^i$、$y_{g,j}^i$ 分别为第 i 个粒子中第 j 个集气站的横坐标和纵坐标；$x_{L,k,j}^i$、$y_{L,k,j}^i$ 分别为第 i 个粒子中第 k 条集气干线第 j 个走向点的横坐标和纵坐标；$x_{P,j}^i$、$y_{P,j}^i$ 分别为第 i 个粒子中第 j 个集气总站的横坐标和纵坐标。

布局优化布局分配子问题群体 Pop_B 的粒子 i 为：

$$\gamma_B^i = [(JZ_1^i, JZ_2^i, \cdots, JZ_N^i); (ZZ_1^i, ZZ_2^i, \cdots, ZZ_{M_g+M_V+M_P}^i);$$
$$(GC_1^i, GC_2^i, \cdots, GC_L^i)] \quad i = 1, 2, \cdots, C \quad (2.56)$$

式中：JZ_j^i 为第 i 口气井所连接的集气站编号；ZZ_j^i 为第 i 座集气站所连接的集气站、集气干线接口或者集气总站的编号；GC_j^i 为第 i 条集气干线所连接的集气总站编号。

② 适应度函数。

适应度函数是个体质量的评价标准，这里考虑将指数函数与迭代时间相结合，创建自适应群体优化进程的适应度函数，该适应度函数可以保证在搜索初期尽量保留个体的多样性，使得个体在解空间中搜索更充分，同时在搜索后期，通过指数形式放大个体之间的差异，加速算法收敛。

需要特别指出的是，为了计算每个个体的适应度函数，需要得到气田集输系统中所有管道长度。而由于混合蛙跳—烟花算法的随机性，所产生的集气总站和管道走向点与其他管网单元之间的连接管道可能与障碍相交，如果管道与障碍相交，则采用绕障优化算法计算每条管道的等效长度；如果管道与障碍不相交，则计算二者之间的欧式距离。以下为所设计的适应度函数：

$$G_{ST}(x) = \exp[-F_{ST}(x)/t] \tag{2.57}$$

式中：$G_{ST}(x)$ 为个体的适应度函数，x 为拓扑布局优化模型中的变量；$F_{ST}(x)$ 为参数模型中目标函数。

③ 求解参数设置。

应用混合蛙跳—烟花算法进行两个优化子问题的求解，需要对算法的控制参数进行设置，对于算法中的改进爆炸算子、改进变异算子和镜像搜索算子的参数设置与第 1 章中的参数保持一致。

另外，为了兼顾算法的计算效率及计算精度，混合蛙跳算法个体并不是全部执行烟花算法算子，而是选取其中的部分个体参与烟花算子运算，这里选取质量排在后 30% 的个体执行烟花算子，在执行完成烟花算子之后，采用轮盘赌的方式选取等数量的烟花个体进行群体补充。

再者，变异算子在执行过程中也并不针对个体所有维度全部进行变异，而是随机选取其中的 25% 的维度进行变异操作，灵活的求解参数设置可以有效保障算法的求解性能。

④ 不可行解调整。

智能算法在求解复杂优化问题的过程中需要有效解决不可行解的问题，对于本书中的拓扑布局优化问题，同样需要解决此类问题。由于混合蛙跳—烟花算法具有随机性，容易在迭代过程中出现一些不可行解，举例来说，本书中分析的集气管网是辐射—枝状的，而在布局分配级个体形成过程中，容易因为连接关系的错误形成环状管网，针对此类个体，则采用破圈法随机调整个体编码来生成新的个体；对于管网单元过度连接和孤岛现象，以连接均匀的节点和管线为基础，进行过度连接单元的移除及孤岛单元的新增调整，以此保证管网的连接均衡性。

⑤ 终止条件。

设置最大稳定搜索次数 K，即如果连续 K 次搜索，所找到的全局极小值不发生改变时终止算法。同时，设置最大迭代次数 $Time_{max}$，以防止无法收敛的情况。

（3）求解步骤。

① 初始化最大迭代次数 I_{max}、混合蛙跳—烟花算法中三项关键算子的主控参数、迭代终止精度等控制参数。

② 确定集气站、集气总站和集气干线的数量规模，初始给定三类变量的数量。

③ 执行几何位置级子问题求解程序：

a. 生成几何位置级子问题群体 Pop_A。

b. 将站场位置信息传递给布局分配级求解程序，基于返回的结果计算个体适应度函数值，判断是否满足终止条件，若是，则转步骤 h；若否，则转步骤 c。

  c. 更新当前全局最优蛙和模因组最优蛙。转步骤 d。

  d. 基于蛙跳算子更新青蛙个体，转步骤 e。

  e. 选取部分质量较差的青蛙个体，执行改进的爆炸算子，转步骤 f。

  f. 随机选择若干质量相对较好的爆炸火花进行变异操作，转步骤 g。

  g. 对当前最优蛙执行镜像搜索算子，转步骤 b。

  h. 保存当前参数下的最优解。

  ④ 执行布局分配级子问题求解程序：

  a. 接收几何位置级群体参数，生成布局分配级子问题群体 Pop_B。

  b. 计算个体适应度函数值，判断是否满足终止条件，若是，则转步骤 h；若否，则转步骤 c。

  c. 更新当前全局最优蛙和模因组最优蛙。转步骤 d。

  d. 基于蛙跳算子更新青蛙个体，转步骤 e。

  e. 选取部分质量较差的青蛙个体，执行改进的爆炸算子，转步骤 f。

  f. 随机选择若干质量相对较好的爆炸火花进行变异操作，转步骤 g。

  g. 对当前最优蛙执行镜像搜索算子，转步骤 b。

  g. 将拓扑连接关系结果返回给几何位置级子问题优化计算程序。

  ⑤ 判断是否所有的站场数量组合均已遍历，若是，则转步骤⑥；若否，则更新站场数量并继续执行迭代，转步骤③。

  ⑥ 求得集气管网最优拓扑布局方案，输出最优解，计算结束。

  为了更直观地阐述以上求解步骤，根据求解步骤绘制了混合分级—蛙跳—烟花求解方法的优化计算流程图，如图 2.9 所示。

2.3 枝状天然气集输系统障碍布局优化

2.3.1 枝状天然气集输系统的网络定义

  枝状天然气集输系统是带状气藏区块常用的一种集输网络，主要采用枝状结构的天然气管道与气井连接，以实现天然气的高效集输与处理。与辐射—枝状天然气集输系统不同，枝状集输系统气井与集气站之间的连接关系为枝状结构，气井通过集气支线与集气站相连接，集气站通过集气支干线与集气干线相连接，集气干线汇聚所连接所有集气站的气量，并与集气总站相连接，其中集气站与集气干线之间的交点为集气干线接口，枝状天然气集输系统的拓扑结构示意图如图 2.10 所示。

  应用图论理论对天然气集输系统进行表征，则枝状天然气集输系统可以表征为赋权有向图 $G(V, E)$，$G(V, E)$ 具体表示为：

$$G(V, E) = S(V_0, V_1; E_1) \cup S(V_S, E_S)$$

则称 $G(V, E)$ 所表示的网络系统为多级枝状网络。其中：

（1）$V = \bigcup_{i=0}^{N} V_i$，其中 N 为网络的级数，$N \geq 1$。

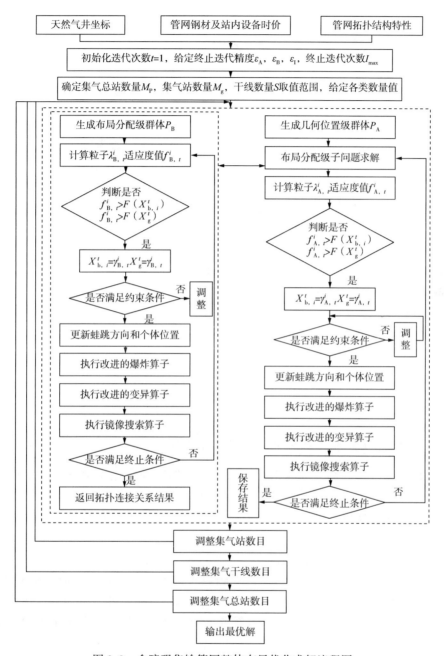

图 2.9　含障碍集输管网整体布局优化求解流程图

（2）$V_S = \bigcup\limits_{i=1}^{N} V_i$。

（3）$E = E_1 \cup E_S$。

（4）$S(V_0, V_1; E_1)$ 为以 V_0 和 V_1 为顶集，E_1 为边集的多棵树。

（5）$SE = V_0$，其中 SE 为 $S(V_0, V_1; E_1)$ 的悬挂点集合。

（6）$E_1 \cap E_S = \Phi$。

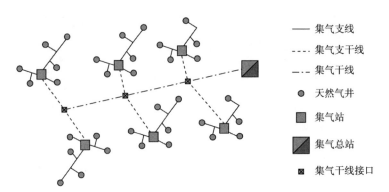

图 2.10　枝状天然气集输系统拓扑结构示意图

(7) $V_i \cap V_j = \Phi$　$(i \neq j; \; i, \; j \in \{0, \; 1, \; 2, \; \cdots, \; N\})$。

(8) $|V_i| < |V_j| (i > j; \; i, \; j \in \{0, \; 1, \; 2, \; \cdots, \; N\})$。

(9) $S(V_S, \; E_S)$ 为以 V_S 为顶集，E_S 为边集的一棵树。

(10) $ST = V_1$，其中 ST 为 $S(V_S, \; E_S)$ 的悬挂点集合。

(11) $d^-(v) = 0$，$\forall v \in V_0$。

(12) $d^-(v) \geqslant 1$，$\forall v \in \bigcup\limits_{i=1}^{N} V_i$。

(13) $d^+(v) = 1$，$\forall v \in \bigcup\limits_{i=0}^{N} V_i$。

(14) $d^+(v) = 0$，$\forall v \in V_N$。

2.3.2　枝状天然气集输系统障碍布局优化模型

相较于辐射—枝状天然气集输系统，枝状网络的布局优化模型更加难以建立，气井与集气站之间的连接不再是简单的直接连接，而是包含了气井挂接于集气支线的情况，考虑以上区别和生产实际，研究建立枝状天然气集输系统障碍布局优化目标函数集约束条件。

2.3.2.1　布局优化模型目标函数的建立

对于集输系统布局优化模型而言，目标函数表达了决策者对于集输系统的建设预期，一般关注总管道长度的最小化和总建设费用的最小化。由前面分析可知，总建设费用最小能够更加贴近天然气田实际，因而枝状天然气集输系统的目标函数考虑站场和管道费用的最小化。

针对枝状天然气集输系统的结构特征，通过深入分析影响集输系统总建设投资的关键因素，确定枝状天然气集输系统障碍布局优化模型的决策变量。在影响集输系统布局优化模型的主要因素中，集气站、集气总站、集气干线接口、集气干线走向点、集气支线接口的几何位置，节点单元之间的隶属关系及不同节点单元之间的拓扑连接关系对于天然气集输系统布局方案的总投资具有决定性作用，因而被确定为优化数学模型的决策变量。

基于优化模型的决策变量，结合枝状天然气集输系统的集输流程和枝状网络结构特征，将集输系统的总建设投资划分为五部分，具体如下：

$$\min F_T = F_1 + F_2 + F_3 + F_4 + F_5 \tag{2.58}$$

式中：F_T 为管网总建设费用；F_1 为集气总站的总建设费用；F_2 为集气站总建设费用；F_3 为集气支线管道总建设费用；F_4 为集气支干线管道总建设费用；F_5 为集气干线管道总建设费用。

（1）集气总站建设费用。

集气总站是天然气集输系统中的核心站场，承担着天然气的深度达标处理等任务，其数量一般较少，中等规模的天然气田区块仅有一座集气总站。集气总站的建设投资由前述可知，包括场地的基础建设费用、人员管理费用以及处理设备费用，集气总站的建设费用表示为式（2.59）：

$$F_1 = \sum_{i=1}^{M_P} \phi(a_{P,i}, \boldsymbol{\lambda}) \tag{2.59}$$

式中：M_P 为集气总站的数量；$a_{P,i}$ 为第 i 个集气总站基于同类站场的投资费用拟合系数；$\boldsymbol{\lambda}$ 为集气站之间、集气站与集气总站、集气站与集气干线接口之间的连接关系设计向量。

（2）集气站建设费用。

集气站是天然气集输系统中的中转站场，承担着分离、脱水、加热等任务，总投资比重在整个天然气集输系统中也较大，集气站的投资主要为基础建设和站内设备的投资，而其投资费用的大小则与集气站所连接的天然气井的数量有关，因而集气站的总建设投资为：

$$F_2 = \sum_{i=1}^{M_g} (a_{g,i}, \boldsymbol{\xi}) \tag{2.60}$$

式中：M_g 为集气站的数量；$a_{g,i}$ 为第 i 个集气站基于同类站场的投资费用拟合系数；$\boldsymbol{\xi}$ 为集气站与所辖天然气井之间的隶属关系设计向量。

（3）集气支线管道建设费用。

集气支线管道是各类集输管道中占比最大的一种管道，承担着将天然气从气井井口运输到集气站的任务，不同集气支线管道及气井、集气站之间相互连接形成了枝状网络结构。集气支线管道的费用与管道长度密切相关，管道的计算长度由前述最小绕障路径优化方法求得。在枝状天然气集输系统中有两种集气支线：一种是气井直接与集气站相连接的无分支集气支线；另外一种是串接了其他集气支线管道的有分支集气支线。针对无分支集气支线和有分支集气支线管道，分别构建它们的建设费用投资表达式并加和得到式（2.61）：

$$F_3 = \sum_{i=1}^{N} \sum_{j=1}^{M_g+M_v} \xi_{i,j}^{CQ} \eta_{CQ,i,j} l_{CQ,i,j} + \sum_{i=1}^{M_v} \sum_{j=1}^{M_v} \xi_{i,j}^{v} \eta_{v,i,j} l_{v,i,j} \tag{2.61}$$

式中：N 为气井的数量；$\xi_{i,j}^{CQ}$ 为气井 i 与集气站或者集气支线接口 j 之间的连接关系变量，如果相连，则取值为 1，否则取值为 0；$\eta_{CQ,i,j}$ 为气井 i 与集气站或者集气支线接口 j 相连接时，该管道的单位长度费用；$l_{CQ,i,j}$ 为气井 i 与集气站或者集气支线接口 j 相连接时，该管道的等效长度；$\xi_{i,j}^{v}$ 为集气支线接口 i 与 j 之间的连接关系变量，如果相连，则取值为 1，否则取值为 0；$\eta_{v,i,j}$ 为集气支线接口 i 与 j 相连接时，该管道的单位长度费用；$l_{v,i,j}$ 为集气支线接口 i 与 j 相连接时，该管道的等效长度。

（4）集气支干线管道建设费用。

集气支干线管道作为连接集气站与集气站或者集气总站的集输管道，负责将集气站集输处理后的天然气输运到集气干线，或者直接输运到集气总站进行后续处理，集气站之间、集气站与集气干线接口之间及集气站与集气总站之间由集气管道呈枝状分布，则集气支干线管道的总建设费用可以表示为：

$$F_4 = \sum_{i=1}^{M_g} \sum_{j=1}^{M_g+M_V+M_P} \lambda_{i,j}^{JQ} \eta_{JQ,i,j} l_{JQ,i,j} \tag{2.62}$$

式中：M_V 为集气干线接口的数量；$\lambda_{i,j}^{JQ}$ 为集气站 i 与集气站、集气干线接口或者集气总站 j 之间的连接关系变量，如果相连，则取值为 1，否则取值为 0；$\eta_{JQ,i,j}$ 为集气站 i 与集气站、集气干线接口或者集气总站 j 相连接时，该管道的单位长度费用；$l_{JQ,i,j}$ 为集气站 i 与集气站、集气干线接口或者集气总站 j 相连接时，该管道的等效长度。

（5）集气干线管道总建设费用。

在枝状天然气集输系统中，集气干线管道一般为负责运输主要气量天然气的"主管道"，在集输系统的整体投资中占据一定比重。考虑集气干线管道的走向点和单位集气干线管道长度费用，建立集气干线管道的总建设投资费用表达式为：

$$F_5 = \sum_{i=1}^{S} \sum_{j=1}^{M_{i,s}-1} \mu_i l_{GX,i,j,j+1} \tag{2.63}$$

式中：S 为集气干线的数目；$M_{i,s}$ 为第 i 条集气干线的走向点数目；μ_i 为第 i 条集气干线管道单位长度费用；$l_{GX,i,j,j+1}$ 为第 i 条集气干线管道第 $<j,j+1>$ 管段的等效长度。

基于以上分析，可以得到障碍条件下枝状天然气集输系统布局优化数学模型的目标函数为：

$$\min F_T(\boldsymbol{M}, \boldsymbol{\xi}, \boldsymbol{\lambda}, \boldsymbol{X}, \boldsymbol{Y}) = \sum_{i=1}^{M_P}(a_{P,i}, \boldsymbol{\lambda}) + \sum_{i=1}^{M_g}(a_{g,i}, \boldsymbol{\xi}) +$$
$$\sum_{i=1}^{N} \sum_{j=1}^{M_g+M_V} \xi_{i,j}^{CQ} \eta_{CQ,i,j} l_{CQ,i,j} + \sum_{i=1}^{M_V} \sum_{j=1}^{M_V} \xi_{i,j}^{v} \eta_{v,i,j} l_{v,i,j}$$
$$+ \sum_{i=1}^{M_g} \sum_{j=1}^{M_g+M_V+M_P} \lambda_{i,j}^{JQ} \eta_{JQ,i,j} l_{JQ,i,j} + \sum_{i=1}^{S} \sum_{j=1}^{M_{i,s}-1} \mu_i l_{GX,i,j,j+1}$$

$$\tag{2.64}$$

2.3.2.2 布局优化模型约束条件的建立

枝状天然气集输系统是满足枝状网络结构约束的生产系统，考虑集输系统布局中所实际涉及的障碍、站场数量、站场布局区域等限制，构建枝状天然气集输系统布局优化模型的约束条件。

（1）站场可行布局约束。

与辐射—枝状天然气集输系统相同，集气站、集气总站同样不能布置在障碍内，需要对站场的几何位置进行限制，以避免优化计算后得到不可行方案，因而可以得到集气站、集气总站对于障碍区域布局的约束条件为：

$$B(X^{g, P}, Y^{g, P}) > 0 \tag{2.65}$$

$$(X^{g, P}, Y^{g, P}) \subset ([U_{x, \min}^{g, P}, U_{x, \max}^{g, P}], [U_{y, \min}^{g, P}, U_{y, \max}^{g, P}]) \tag{2.66}$$

式中：$B(\ )$ 为表征节点是否位于障碍多边形内的判断函数；$X^{g, P}$，$Y^{g, P}$ 分别为集气站、集气总站的几何位置构成的几何位置向量；$U_{x, \min}^{g, P}$，$U_{x, \max}^{g, P}$ 分别为集气站、集气总站几何位置横坐标可行取值范围；$U_{y, \min}^{g, P}$，$U_{y, \max}^{g, P}$ 分别为集气站、集气总站几何位置纵坐标可行取值范围。

（2）管道路由可行布局约束。

天然气集输系统中包含集气支线、支干线、干线三类管道，所有管道均不能位于障碍中，即集气干线走向点、集气干线接口、集气支线管道接口、集气支干线及集气支线管道的走向点均不能布置于障碍内，所以有如下约束：

$$B(X^{S, V, \xi, \lambda}, Y^{S, V, \xi, \lambda}) > 0 \tag{2.67}$$

$$(X^{S, V, \xi, \lambda}, Y^{S, V, \xi, \lambda}) \subset ([U_{x, \min}^{S, V, \xi, \lambda}, U_{x, \max}^{S, V, \xi, \lambda}], [U_{y, \min}^{S, V, \xi, \lambda}, U_{y, \max}^{S, V, \xi, \lambda}]) \tag{2.68}$$

式中：$X^{S, V, \xi, \lambda}$，$Y^{S, V, \xi, \lambda}$ 分别为集气干线走向点、集气干线接口、集气支线管道接口、集气支干线及集气支线管道走向点的几何位置构成的几何位置向量；$U_{x, \min}^{S, V, \xi, \lambda}$，$U_{x, \max}^{S, V, \xi, \lambda}$ 分别为集气干线走向点、集气干线接口、集气支线管道接口、集气支干线及集气支线管道走向点的几何位置横坐标可行取值范围；$U_{y, \min}^{S, V, \xi, \lambda}$，$U_{y, \max}^{S, V, \xi, \lambda}$ 分别为集气干线走向点、集气干线接口、集气支线管道接口、集气支干线及集气支线管道走向点的几何位置纵坐标可行取值范围。

（3）集输半径限制。

为了确保天然气经过集气支线的管输过程，进站压力大于最小进站压力，一般要求集气支线的管道长度小于集输半径，包括与集气站直接相连的无分支管道和经由集气支线接口的有分支管道，因此可以得到集输半径的约束条件表达式如下：

$$\xi_{i, j}^{CQ} l_{CQ, i, j} \leqslant R \quad i = 1, 2, \cdots, N; j = 1, 2, \cdots, M_g \tag{2.69}$$

$$l_{\max, i, j}(\xi_{i, j}^{CQ}, \xi_{i, j}^{v}) \leqslant R \quad i = 1, 2, \cdots, N; j = 1, 2, \cdots, M_g \tag{2.70}$$

式中：R 为天然气集输半径；$l_{\max, i, j}(\ )$ 为集气站与其所辖气井之间的最大管道长度，包括集气站经由集气支线接口到天然气井的长度。

（4）"井站"隶属唯一性约束。

气井作为天然气集输网络的最低级节点，是整个网络的悬挂点，一口气井仅隶属于一个集气站，即一口天然气井一定会与一根集气支线管道相连接，气井与集气站或者集气干线接口之间的连接关系唯一性可以表示为：

$$\sum_{j=1}^{M_g + M_v} \xi_{i, j}^{CQ} = 1 \quad i = 1, 2, \cdots, N \tag{2.71}$$

（5）"井站"连接关系结构特征约束。

对于有分支管道，天然气井通过有分支集气支线管道与集气站相连接，将天然气井、集气支线接口、集气站作为有向图中的节点，则节点之间的网络结构呈枝状，即满足如下拓扑结构特征约束：

$$\sum_{i=1}^{N} \sum_{j=1}^{M_g + M_v} \xi_{i, j}^{CQ} = M_g + M_v - 1 \tag{2.72}$$

（6）"站间"连接关系结构特征约束。

对于每一座集气站而言，集气站只能与集气站、集气干线接口和集气总站相连接，且一座集气站能唯一连接其中一个节点，其连接方式满足枝状结构特征，则有如下约束：

$$\sum_{i=1}^{M_g} \sum_{j=i+1}^{M_g+M_V+M_P} \lambda_{i,j}^{JQ} = M_g \tag{2.73}$$

（7）干线与集气总站连接关系约束。

与辐射—枝状天然气集输系统相似，枝状天然气集输系统中的集气干线与集气总站之间也存在连接关系约束，即每一条集气干线连接且只能连接一座集气总站，集气干线与集气总站之间存在隶属唯一性关系。

$$\sum_{j=1}^{S} \lambda_{i,j}^{GX} = 1 \qquad i = 1, 2, \cdots, M_P \tag{2.74}$$

式中：$\lambda_{i,j}^{GX}$ 为集气干线 j 与集气总站 i 之间的连接关系变量，如果相连，则取值为 1，否则，取值为 0。

（8）站场数量约束。

集气站与集气总站的建设费用在集气系统的总投资中占有重要比重，其数量的多少直接影响着地面集输管网的整体布局，为防止集气站场数量过多所导致的总投资过大，同时避免站场数量较少所引起的设备处理负担过大、运行效率降低，需要限定集气站场的数量在一定范围内。

$$M_{g,\min} \leqslant M_g \leqslant M_{g,\max} \tag{2.75}$$

$$M_{P,\min} \leqslant M_P \leqslant M_{P,\max} \tag{2.76}$$

式中：$M_{g,\min}$，$M_{g,\max}$ 分别为集气站的可行数量的最小值和最大值；$M_{P,\min}$，$M_{P,\max}$ 分别为集气总站的可行数量的最小值和最大值。

2.3.2.3 布局优化完整模型

为了直观展示枝状集输系统布局优化模型，将目标函数和约束条件合写在一起给出整体优化模型。

$$\min F_T(\boldsymbol{M}, \boldsymbol{\xi}, \boldsymbol{\lambda}, \boldsymbol{X}, \boldsymbol{Y}) = \sum_{i=1}^{M_P}(a_{P,i}, \boldsymbol{\lambda}) + \sum_{i=1}^{M_g}(a_{g,i}, \boldsymbol{\xi})$$
$$+ \sum_{i=1}^{N} \sum_{j=1}^{M_g+M_V} \xi_{i,j}^{CQ} \eta_{CQ,i,j} l_{CQ,i,j} + \sum_{i=1}^{M_v} \sum_{j=1}^{M_v} \xi_{i,j}^{v} \eta_{v,i,j} l_{v,i,j}$$
$$+ \sum_{i=1}^{M_g} \sum_{j=1}^{M_g+M_V+M_P} \lambda_{i,j}^{JQ} \eta_{JQ,i,j} l_{JQ,i,j} + \sum_{i=1}^{S} \sum_{j=1}^{M_{i,s}-1} \mu_i l_{GX,i,j+1}$$

s. t.
$$B(\boldsymbol{X}^{g,P}, \boldsymbol{Y}^{g,P}) > 0$$
$$(\boldsymbol{X}^{g,P}, \boldsymbol{Y}^{g,P}) \subset ([U_{x,\min}^{g,P}, U_{x,\max}^{g,P}], [U_{y,\min}^{g,P}, U_{y,\max}^{g,P}])$$
$$B(\boldsymbol{X}^{S,V,\xi,\lambda}, \boldsymbol{Y}^{S,V,\xi,\lambda}) > 0$$
$$(\boldsymbol{X}^{S,V,\xi,\lambda}, \boldsymbol{Y}^{S,V,\xi,\lambda}) \subset ([U_{x,\min}^{S,V,\xi,\lambda}, U_{x,\max}^{S,V,\xi,\lambda}], [U_{y,\min}^{S,V,\xi,\lambda}, U_{y,\max}^{S,V,\xi,\lambda}])$$
$$\xi_{i,j}^{CQ} l_{CQ,i,j} \leqslant R \quad i = 1, 2, \cdots, N; j = 1, 2, \cdots, M_g$$
$$l_{\max,i,j}(\xi_{i,j}^{CQ}, \xi_{i,j}^{v}) \leqslant R \quad i = 1, 2, \cdots, N; j = 1, 2, \cdots, M_g$$

$$\sum_{j=1}^{M_g+M_v} \xi_{i,j}^{CQ} = 1 \quad i = 1, 2, \cdots, N$$

$$\sum_{i=1}^{N} \sum_{j=1}^{M_g+M_v} \xi_{i,j}^{CQ} = M_g + M_v - 1$$

$$\sum_{i=1}^{M_g} \sum_{j=i+1}^{M_g+M_v+M_P} \lambda_{i,j}^{JQ} = M_g$$

$$\sum_{j=1}^{S} \lambda_{i,j}^{GX} = 1 \quad i = 1, 2, \cdots, M_P$$

$$M_{g, min} \leq M_g \leq M_{g, max}$$

$$M_{P, min} \leq M_P \leq M_{P, max}$$

2.3.3　优化模型的混合智能求解方法

由以上枝状天然气集输系统可知，该模型是多决策变量、多约束条件、高度非线性的复杂最优化模型，即存在着集气站、集气总站、集气干线接口数量和拓扑连接关系 0-1 变量等整数变量，也存在着集气站、集气总站几何位置等连续变量，其高效、精准求解难度极大。由于 Prim 算法、Kruscial 算法和 Dijkstra 算法等传统优化算法计算复杂度高、效率低，在面向大规模天然气集输系统的布局优化设计时不能满足智能决策、高效决策的需求，这里需要基于模型的基本结构，构建一种有效的优化模型求解方法。

在辐射—枝状集输系统布局优化模型的求解中，已结合分级优化方法和智能求解算法形成了混合求解方法，实现了优化模型的有效求解。在枝状集输系统的优化求解中，依然引入分级优化方法，进而结合所提出的混合蛙跳—烟花算法，将分级优化方法的高效性和智能求解方法的全局性有机结合，形成一种混合分级—蛙跳—烟花优化求解方法，可实现对障碍条件下枝状集输系统布局优化数学模型的有效求解。

在混合分级—蛙跳—烟花优化求解方法中，以分级优化方法为求解方法的主框架，将原有优化问题分解为几何位置级和布局分配级两个优化子问题，分别采用混合蛙跳—烟花算法进行求解，然后将各子问题的解进行综合分析、协调迭代，逐步实现优化模型的有效求解。这种分级协调迭代求解的方式不仅可以原有的复杂枝状优化问题进行分解降维，还可以灵活地加入对于"井站"之间枝状集气支线网络的优化求解方法，使得求解方法更具包容性和鲁棒性，最终实现优化模型的高效、高精度求解，以下给出混合分级—蛙跳—烟花优化求解方法中的主控参数及求解流程：

（1）简化和假设。

与辐射—枝状天然气集输系统的布局优化问题的求解过程相似，需要对布局优化模型的决策变量进行适当假设与简化，以提高混合求解方法的计算效率。在实际求解枝状集输系统布局优化模型时，需要对集气干线接口和集气支线接口的求解加以简化，主要假设和简化过程如下所示：

对于集气干线接口而言，将集气干线接口的数量等同于集气站的数量，集气干线接口的几何位置不作为优化求解的对象，对于迭代过程中接口几何位置的计算采用如下步骤：

① 在已知集气站和集气干线走向点几何位置的基础上，计算集气站与其最近距离的

集气干线的垂足。

② 如果垂足在集气干线上，则将垂足坐标进行赋值存储；如果计算的垂足不在集气干线上，则选取距离集气站最近的集气干线的端点作为集气干线接口位置。

③ 在优化求解后需要去掉多余的集气干线接口即可确定最终的集气干线接口几何位置。

对于集气支线接口的优化设计同样无须考虑接口数量，初始将其设置为与气井数量相同的数量，并通过迭代求解确定最终的接口位置，其步骤如下：

① 在通过混合蛙跳—烟花算法计算得到与集气站呈现有分支连接的气井编号的基础上，依次遍历判断其他气井是否与该集气支线的接口相连，判断方式即为计算气井与集气站和集气支线接口管道长度的大小，若直接连接到集气站距离更短，则连接到集气站；若连接到集气支线的接口距离更短，则与集气支线接口相连接。

②对于集气支线接口位置的计算采用计算垂足的方式，如果垂足在集气支线上，则将垂足坐标进行赋值存储；如果计算的所有垂足均不在集气支线上，则直接与集气站相连。

另外，因为集气站、集气干线、集气总站的数量在混合蛙跳—烟花算法的进化中不便操作，同时为了提高计算的有效性，集气站、集气干线、集气总站的数量设置为宏观变量，通过在求解程序中调整变量的数值来改变个体的编码长度。

（2）主控参数。

① 群体创建。

为进行协同优化，需要创建几何位置级和布局分配级两个优化群体。对于几何位置级优化子问题，几何位置级优化旨在确定各级站场、干线走向点和干线接口的几何位置坐标，鉴于干线接口位置采用上文所述的方法进行确定，在构建几何位置级优化群体时，主要采用实数编码进行各级站场和干线走向点几何位置的表征；对于布局分配级优化子问题，其关键在于确定气井、集气站、集气总站之间的连接关系，考虑到连接关系变量为0-1变量，这里将各级节点顺序编码后用整数编码进行表示，有效转化0-1变量为更加灵活的标记编号。

此外，为了保证初始群体的有效性，需要对群体中所有个体的可行性进行检验，如果随机产生的个体中包含了站场节点布置于障碍内的情况，采用距离该布置点最近的障碍缓冲区边界的点代替。群体的规模也是影响求解效果的重要因素，一般而言，群体规模越大，求解效果越好，但求解时间就越长，则可以得到如下主控参数的表达式为：

布局优化几何位置子问题群体 Pop_A 的个体 i 为：

$$\sigma_A^i = \big[(x_{g,1}^i, y_{g,1}^i; x_{g,2}^i, y_{g,2}^i; \cdots; x_{g,M_g}^i, y_{g,M_g}^i);$$
$$(x_{L,1,1}^i, y_{L,1,1}^i; x_{L,1,2}^i, y_{L,1,2}^i; \cdots; x_{L,1,M_L}^i, y_{L,1,M_L}^i); \cdots;$$
$$(x_{L,L,1}^i, y_{L,L,1}^i; x_{L,L,2}^i, y_{L,L,2}^i; \cdots; x_{L,L,M_L}^i, y_{L,L,M_L}^i);$$
$$(x_{P,1}^i, y_{P,1}^i; x_{P,2}^i, y_{P,2}^i; \cdots; x_{P,M_P}^i, y_{P,M_P}^i) \big] \quad i = 1, 2, \cdots, P_A \quad (2.77)$$

式中：P_A 为几何位置级子问题的智能算法群体规模；$x_{g,j}^i$、$y_{g,j}^i$ 分别为第 i 个粒子中第 j 个集气站的横坐标和纵坐标；$x_{L,k,j}^i$、$y_{L,k,j}^i$ 分别为第 i 个粒子中第 k 条集气干线第 j 个走向点的横坐标和纵坐标；$x_{P,j}^i$、$y_{P,j}^i$ 分别为第 i 个粒子中第 j 个集气总站的横坐标和纵坐标。

布局优化布局分配子问题群体 Pop_B 的粒子 i 为:

$$\sigma_B^i = \left[\, (JZ_1^i, \ JZ_2^i, \ \cdots, \ JZ_N^i) \, ; \ (ZZ_1^i, \ ZZ_2^i, \ \cdots, \ ZZ_{M_g+M_V+M_P}^i) \, ; \right.$$
$$\left. (GC_1^i, \ GC_2^i, \ \cdots, \ GC_L^i) \, ; \ (QF_1^i, \ QF_2^i, \ \cdots, \ QF_N^i) \, \right] \quad i = 1, 2, \cdots, P_B \quad (2.78)$$

式中: P_B 为布局分配级子问题的智能算法群体规模; JZ_j^i 为第 j 口气井所连接的集气站编号; ZZ_j^i 为第 j 座集气站所连接的集气站、集气干线接口或者集气总站的编号; GC_j^i 为第 j 条集气干线所连接的集气总站编号; QF_j^i 为第 j 口气井所连接的集气站编号且与集气站之间存在分支集气管道,若不存在分支集气支线管道,则对应维度信息取值为 0。

② 适应度函数。

适应度函数是个体质量的评价标准,这里考虑将指数函数与迭代时间相结合,创建自适应群体优化进程的适应度函数,该适应度函数可以保证在搜索初期尽量保留个体的多样性,使得个体在解空间中搜索更充分,同时在搜索后期,通过指数形式放大个体之间的差异,加速算法收敛。

与辐射—枝状天然气集输系统布局优化模型的求解相似,需要对适应度函数进行适当拉伸调整。为了计算每个个体的适应度函数,需要得到气田集输系统中所有管道长度。而由于混合蛙跳—烟花算法的随机性,所产生的集气总站和管道走向点与其他管网单元之间的连接管道可能与障碍相交,如果管道与障碍相交,则采用绕障优化算法计算每条管道的等效长度;如果管道与障碍不相交,则计算二者之间的欧式距离。以下为所设计的适应度函数:

$$G_T(x) = \exp\left[\, -F_T(x)/t \,\right] \quad (2.79)$$

式中: $G_T(x)$ 为个体的适应度函数; x 为拓扑布局优化模型中的变量; $F_T(x)$ 为参数模型中目标函数。

③ 求解参数设置。

应用混合蛙跳—烟花算法进行两个优化子问题的求解,需要对算法的控制参数进行设置,对于算法中的改进爆炸算子、改进变异算子和镜像搜索算子的参数设置与第 1 章中的参数保持一致。

另外,为了兼顾算法的计算效率及计算精度,混合蛙跳算法个体并不是全部执行烟花算法算子,而是选取其中的部分个体参与烟花算子运算,这里选取质量排在后 30% 的个体执行烟花算子,在执行完成烟花算子之后,采用轮盘赌的方式选取等数量的烟花个体进行群体补充。

再者,变异算子在执行过程中也并不针对个体所有维度全部进行变异,而是随机选取其中的 25% 的维度进行变异操作,灵活的求解参数设置可以有效保障算法的求解性能。

④ 不可行解调整。

智能算法在求解复杂优化问题的过程中,需要有效解决不可行解的问题,对于本书中的拓扑布局优化问题,同样需要解决此类问题。由于混合蛙跳—烟花算法具有随机性,容易在迭代过程中出现一些不可行解,举例来说,本书中分析的集气管网是枝状的,而在布局分配级个体形成过程中,容易因为连接关系的错误形成环状管网,针对此类个体,则采用破圈法随机调整个体编码来生成新的个体;对于管网单元过度连接和孤岛现象,以连接均匀的节点和管线为基础,进行过度连接单元的移除及孤岛单元的新增调整,以此保证管网的连接均衡性。

⑤ 终止条件。

设置最大稳定搜索次数 K，即如果连续 K 次搜索，所找到的全局极小值不发生改变时终止算法。同时，设置最大迭代次数 $Time_{max}$，以防止无法收敛的情况。

（3）求解步骤。

在以上主控参数给定的基础上，为进一步直观地说明枝状天然气集输系统的布局优化问题求解步骤，以下对求解步骤作进一步的详细说明。

① 初始化最大迭代次数 I_{max}：混合蛙跳—烟花算法中三项关键算子的主控参数、迭代终止精度等控制参数。

② 确定集气站、集气总站和集气干线的数量规模，初始给定三类变量的数量。

③ 执行几何位置级子问题求解程序：

a. 生成几何位置级子问题群体 Pop_A。

b. 计算集气干线和集气支线接口的几何位置，即将站场位置信息传递给布局分配级求解程序，基于返回的结果计算个体适应度函数值，判断是否满足终止条件，若是，则转步骤 h；若否，则转步骤 c。

c. 更新当前全局最优蛙和模因组最优蛙。转步骤 d。

d. 基于蛙跳算子更新青蛙个体，转步骤 e。

e. 选取部分质量较差的青蛙个体，执行改进的爆炸算子，转步骤 f。

f. 随机选择若干质量相对较好的爆炸火花进行变异操作，转步骤 g。

g. 对当前最优蛙执行镜像搜索算子，转步骤 b。

h. 保存当前参数下的最优解。

④ 执行布局分配级子问题求解程序：

a. 接收几何位置级群体参数，生成布局分配级子问题群体 Pop_B。

b. 计算个体适应度函数值，判断是否满足终止条件，若是，则转步骤 h；若否，则转步骤 c。

c. 更新当前全局最优蛙和模因组最优蛙。转步骤 d。

d. 基于蛙跳算子更新青蛙个体，转步骤 e。

e. 选取部分质量较差的青蛙个体，执行改进的爆炸算子，转步骤 f。

f. 随机选择若干质量相对较好的爆炸火花进行变异操作，转步骤 g。

g. 对当前最优蛙执行镜像搜索算子，转步骤 b。

h. 将拓扑连接关系结果返回给几何位置级子问题优化计算程序。

⑤ 判断是否所有的站场数量组合均已遍历，若是，则转步骤⑥；若否，则更新站场数量并继续执行迭代，转步骤③。

⑥ 求得集气管网最优拓扑布局方案，输出最优解，计算结束。

基于以上求解步骤即可得到枝状天然气集输系统的最优布局方案，在以上求解步骤中，主控参数及求解流程已经包含其中，由于之前已经详细给予了介绍，在以上求解步骤中不再进行赘述，所涉及的求解过程即按照主控参数设置部分所提出的要求执行操作。

2.4 辐射—环状天然气集输系统障碍布局优化

2.4.1 辐射—环状天然气集输系统的网络定义

辐射—环状天然气集输系统是气藏资源分布较为均匀的区块中常用的一种集输网络，将集输干线设计并建设成为环路，以保证天然气集输的可靠性，减少能量损失，实现天然气的安全、高效集输。在辐射—环状天然气集输系统中，天然气井与集气站呈辐射状连接，采用多井集气工艺，一座集气站管辖多口天然气井，天然气井之间不存在连接，气井与集气站之间的管线为集气支线。在该集输系统中，另外一类集输管道是集气干线管道，集气干线管道首尾相连，形成了环形管路，所采集的天然气经集气站汇集后输入集气干线管道中，进而输送到集气总站中进行进一步加工处理，其中集气站与集气干线之间的连接通过集气干线接口来实现，集气总站一般位于干线环路上或者环路中间，基于以上描述绘制辐射—枝状天然气集输系统的拓扑结构示意图，如图2.11所示。

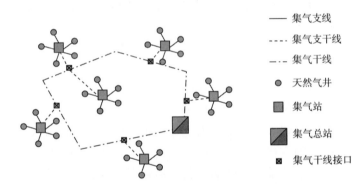

图 2.11　辐射—环状天然气集输系统拓扑结构示意图

应用图论理论对天然气集输系统进行表征，则辐射—枝状天然气集输系统可以表征为赋权有向图 $G(V, E)$，$G(V, E)$ 具体表示为：

$$G(V, E) = B(V_0, V_1; E_1) \cup R(V_S, E_S)$$

则称 $G(V, E)$ 所表示的网络系统为多级枝状网络。其中：

（1）$V = \bigcup_{i=0}^{N} V_i$，其中 N 为网络的级数，$N \geqslant 1$。

（2）$V_S = \bigcup_{i=2}^{N} V_i$。

（3）$E = E_1 \cup E_S$。

（4）$B(V_0, V_1; E_1)$ 为以 V_0 和 V_1 为顶集，E_1 为边集的二分树。

（5）$E_1 \cap E_S = \Phi$。

（6）$V_i \cap V_j = \Phi$（$i \neq j$；$i, j \in \{0, 1, 2, \cdots, N\}$）。

（7）$|V_i| < |V_j|$（$i > j$；$i, j \in \{0, 1, 2, \cdots, N\}$）。

（8）$S(V_S, E_S)$ 为以 V_S 为顶集，E_S 为边集的环路。

（9）$ST = V_1$，其中 ST 为 $S(V_S，E_S)$ 的悬挂点集合。

（10）$d^-(v) = 0$，$\forall v \in V_0$。

（11）$d^-(v) \geqslant 1$，$\forall v \in V_1$。

（12）$d^+(v) = 1$，$\forall v \in \bigcup_{i=2}^{N} V_i$。

（13）$d^+(v) = 1$，$\forall v \in \bigcup_{i=2}^{N} V_i$。

2.4.2 辐射—环状天然气集输系统障碍布局优化模型

辐射—环状集输系统的网络结构中含有环状结构，其建模和求解难度更大。相较于辐射—枝状天然气集输系统，集气干线不再是枝状连接，而是首尾相互连接成更加复杂的环状网络，考虑到天然气集输系统的实际情况和与其他集输网络之间的区别，研究建立辐射—环状天然气集输系统障碍布局优化目标函数集约束条件。

2.4.2.1 布局优化模型目标函数的建立

天然气集输系统的布局优化旨在通过建立优化模型和求解方法，以从理论结合实际的层面实现集输系统的最优化布局，包括集输站场的数量与几何位置、各级节点单元之间的隶属关系及节点单元之间的连接关系。基于辐射—环状集输系统的集输流程特异性，以集输系统总建设投资最小化为目标，研究建立贴合天然气集输系统实际的布局优化模型目标函数，可为完整布局优化模型的建立及集输系统布局优化设计奠定理论基础。

针对辐射—环状天然气集输系统的结构特征，通过深入分析影响集输系统总建设投资的关键因素，确定辐射—环状天然气集输系统障碍布局优化模型的决策变量。通过厘清影响集输系统布局优化模型的主要因素，选取集气站、集气总站、集气干线接口、集气干线走向点的几何位置，以及节点单元之间的隶属关系和不同节点单元之间的拓扑连接关系为决策变量。

基于优化模型的决策变量，结合辐射—环状天然气集输系统的集输流程和枝状网络结构特征，将集输系统的总建设投资划分为五部分，具体如下：

$$\min F_{SR} = F_1 + F_2 + F_3 + F_4 + F_5 \tag{2.80}$$

式中：F_{SR} 为管网总建设费用；F_1 为集气总站的总建设费用；F_2 为集气站总建设费用；F_3 为集气支线管道总建设费用；F_4 为集气支干线管道总建设费用；F_5 为集气干线管道总建设费用。

（1）集气总站建设费用。

集气总站作为天然气集输系统中的"枢纽"，其承担着天然气的深度处理、外输等重要任务，是所有站场中最少的一类大型站场，中等规模的天然气田区块仅有一座集气总站。集气总站的建设投资包括场地的基础建设费用、人员管理费用及处理设备费用，集气总站的建设费用表示为式（2.81）：

$$F_1 = \sum_{i=1}^{M_P} \phi(a_{P,i}，\boldsymbol{\lambda}) \tag{2.81}$$

式中：M_P 为集气总站的数量；$a_{P,i}$ 为第 i 个集气总站基于同类站场的投资费用拟合系数；$\boldsymbol{\lambda}$ 为集气站之间、集气站与集气总站、集气站与集气干线接口之间的连接关系设计向量。

（2）集气站建设费用。

集气站是天然气集输系统中的中转站场，与枝状和辐射—枝状天然气集输系统中的站场功能相似，同样承担着分离、脱水、加热等任务，总投资占整个天然气集输系统的投资比重较大，其投资费用的大小则与集气站所连接的天然气井的数量有关，因而集气站的总建设投资为：

$$F_2 = \sum_{i=1}^{M_g} (a_{g,i}, \boldsymbol{\xi}) \tag{2.82}$$

式中：M_g 为集气站的数量；$a_{g,i}$ 为第 i 个集气站基于同类站场的投资费用拟合系数；$\boldsymbol{\xi}$ 为集气站与所辖天然气井之间的隶属关系设计向量。

（3）集气支线管道建设投资。

与其他两种网络形态的集输网络相同，集气支线管道同样是各类集输管道中占比最大的一种管道，承担着将天然气从气井井口运输到集气站的任务。在辐射—环状集输网络系统中，集气支线两端分别连接天然气井和集气站，多井集气的工艺使得集气站的入度大于出度，但气井的出度仅为 1，基于以上分析，得到集气支线管道的建设费用投资表达式为：

$$F_3 = \sum_{i=1}^{N} \sum_{j=1}^{M_g} \xi_{i,j}^{CQ} \eta_{CQ,i,j} l_{CQ,i,j} \tag{2.83}$$

式中：N 为气井的数量；$\xi_{i,j}^{CQ}$ 为气井 i 与集气站 j 之间的连接关系变量，如果相连，则取值为 1，否则，取值为 0；$\eta_{CQ,i,j}$ 为气井 i 与集气站 j 相连接时，该管道的单位长度费用；$l_{CQ,i,j}$ 为气井 i 与集气站 j 相连接时，该管道的等效长度。

（4）集气支干线管道建设费用。

在辐射—环状集输管网中，集气支干线管道作为连接集气站与集气干线的集输管道，负责将集气站集输处理后的天然气输运到集气干线，集气站与集气干线接口之间的集气管道呈放射状分布，即多个集气站可能与同一个集气干线接口相连接，则集气支干线管道的总建设费用可以表示为：

$$F_4 = \sum_{i=1}^{M_g} \sum_{j=1}^{M_V} \lambda_{i,j}^{JQ} \eta_{JQ,i,j} l_{JQ,i,j} \tag{2.84}$$

式中：M_V 为集气干线接口的数量；$\lambda_{i,j}^{JQ}$ 为集气站 i 与集气干线接口 j 之间的连接关系变量，如果相连，则取值为 1，否则，取值为 0；$\eta_{JQ,i,j}$ 为集气站 i 与集气干线接口 j 相连接时，该管道的单位长度费用；$l_{JQ,i,j}$ 为集气站 i 与集气干线接口 j 相连接时，该管道的等效长度。

（5）集气干线管道总建设费用。

在辐射—环状天然气集输系统中，集气干线管道一般负责将汇集的天然气输运到集气总站进行深度处理，是运输主要气量的天然气集输系统"主管道"，在集输系统的整体投资中占据一定比重。考虑到集气干线管道的成环特征，建立集气干线管道的总建设投资费用表达式为：

$$F_5 = \sum_{i=1}^{M_T} \sum_{j=i+1}^{M_T+M_P} \lambda_{i,j}^{GX} \eta_{i,j}^{GX} l_{GX,i,j} \qquad (2.85)$$

式中：M_T 为集气干线走向点的数目；$\lambda_{i,j}^{GX}$ 为集气干线走向点 i 与集气干线走向点或者集气总站 j 之间的连接关系变量，如果相连，则取值为 1，否则，取值为 0；$\eta_{GX,i,j}$ 为集气站 i 与集气干线走向点或者集气总站 j 相连接时，该管道的单位长度费用；$l_{GX,i,j}$ 为集气站 i 与集气干线走向点或者集气总站 j 相连接时，该管道的等效长度。

基于以上分析，可以得到障碍条件下辐射—环状天然气集输系统布局优化数学模型的目标函数为：

$$\min F_{SR}(\boldsymbol{M}, \boldsymbol{\xi}, \boldsymbol{\lambda}, \boldsymbol{X}, \boldsymbol{Y}) = \sum_{i=1}^{M_P}(a_{P,i}, \boldsymbol{\lambda}) + \sum_{i=1}^{M_g}(a_{g,i}, \boldsymbol{\xi}) + \sum_{i=1}^{N}\sum_{j=1}^{M_g}\xi_{i,j}^{CQ}\eta_{CQ,i,j}l_{CQ,i,j}$$
$$+ \sum_{i=1}^{M_g}\sum_{j=1}^{M_V}\lambda_{i,j}^{JQ}\eta_{JQ,i,j}l_{JQ,i,j} + \sum_{i=1}^{M_T}\sum_{j=i+1}^{M_T+M_P}\lambda_{i,j}^{GX}\eta_{i,j}^{GX}l_{GX,i,j}$$

$$(2.86)$$

2.4.2.2 布局优化模型约束条件的建立

辐射—环状天然气集输系统是涵盖了辐射状和环状两种结构的混合集输系统，针对集输系统布局中所实际涉及的障碍、站场数量、站场布局区域等限制，构建辐射—环状天然气集输系统布局优化模型的约束条件。

（1）站场可行布局约束。

与辐射—环状天然气集输系统相同，需要对站场的可行布局范围进行限制，也即集气站、集气总站同样不能布置在障碍内，以避免优化计算后得到与实际不符的无效方案，因而，可以得到集气站、集气总站对于障碍区域布局的约束条件为：

$$B(X^{g,P}, Y^{g,P}) > 0 \qquad (2.87)$$
$$(X^{g,P}, Y^{g,P}) \subset ([U_{x,\min}^{g,P}, U_{x,\max}^{g,P}], [U_{y,\min}^{g,P}, U_{y,\max}^{g,P}]) \qquad (2.88)$$

式中：$B( )$ 为表征节点是否位于障碍多边形内的判断函数；$X^{g,P}$，$Y^{g,P}$ 分别为集气站、集气总站的几何位置构成的几何位置向量；$U_{x,\min}^{g,P}$，$U_{x,\max}^{g,P}$ 分别为集气站、集气总站几何位置横坐标可行取值范围；$U_{y,\min}^{g,P}$，$U_{y,\max}^{g,P}$ 分别为集气站、集气总站几何位置纵坐标可行取值范围。

（2）管道路由可行布局约束。

辐射—环状天然气集输系统中包含集气支线、支干线、干线三类管道，根据实际建设需求，所有管道均不能位于障碍中，即集气干线走向点、集气干线接口、集气支干线及集气支线管道的走向点均不能布置于障碍内，所以有如下约束：

$$B(X^{S,V,\xi,\lambda}, Y^{S,V,\xi,\lambda}) > 0 \qquad (2.89)$$
$$(X^{S,V,\xi,\lambda}, Y^{S,V,\xi,\lambda}) \subset ([U_{x,\min}^{S,V,\xi,\lambda}, U_{x,\max}^{S,V,\xi,\lambda}], [U_{y,\min}^{S,V,\xi,\lambda}, U_{y,\max}^{S,V,\xi,\lambda}])$$

$$(2.90)$$

式中：$X^{S,V,\xi,\lambda}$，$Y^{S,V,\xi,\lambda}$ 分别为集气干线走向点、集气干线接口、集气支干线及集气支线管道走向点的几何位置构成的几何位置向量；$U_{x,\min}^{S,V,\xi,\lambda}$，$U_{x,\max}^{S,V,\xi,\lambda}$ 分别为集气干线走向点、集气干线接口、集气支干线及集气支线管道走向点的几何位置横坐标可行取值范围；$U_{y,\,min}^{s,\,v,\,\xi,\,\lambda}$，$U_{y,\,max}^{s,\,v,\,\xi,\,\lambda}$ 分别为集气干线走向点、集气干线接口、集气支干线及集气支线管道走向点的几何位置纵坐标可行取值范围。

（3）集输半径限制。

为了天然气集输系统的集中管理和高效集输，确保天然气经过集气支线的管输后的进站压力大于最小进站压力，一般要求集气支线的管道长度小于集输半径，因此可以得到满足集输半径约束的约束条件，如下所示：

$$\xi_{i,\,j}^{CQ} l_{CQ,\,i,\,j} \leqslant R \quad i = 1,\ 2,\ \cdots,\ N;\ j = 1,\ 2,\ \cdots,\ M_g \tag{2.91}$$

式中：R 为天然气集输半径。

（4）"井站"隶属唯一性约束。

在辐射—环状天然气集输系统中，气井作为整个天然气集输网络中的最低级别节点，需要满足多井集气工艺的限制及辐射状网络结构特征的约束，即一口气井仅隶属于一个集气站，气井与集气站之间的隶属（连接）关系唯一性可以表示为：

$$\sum_{j=1}^{M_g + M_v} \xi_{i,\,j}^{CQ} = 1 \quad i = 1,\ 2,\ \cdots,\ N \tag{2.92}$$

（5）支干线连接关系约束。

对于辐射—环状天然气集输系统，连接集气站和集气干线接口的支干线管道呈现辐射状连接，一方面，一座集气站只能与一个集气干线接口相连接，另一方面，多座集气站可以共同连接到一个集气干线接口，基于此网络结构特征，建立支干线连接关系约束条件如下：

$$\sum_{i=1}^{M_g} \sum_{j=1}^{M_v} \lambda_{i,\,j}^{JQ} = 1 \tag{2.93}$$

（6）干线连接关系约束。

在辐射—环状天然气集输系统中，集气干线作为集输系统的"主动脉"，呈环状布置于气田区块内，也即集气干线走向点和集气总站之间相互连接成为环状，从环状管道的特征出发，得到集气干线的结构特征约束条件为：

$$\sum_{i=1}^{M_T} \sum_{j=i+1}^{M_T + M_P} \lambda_{i,\,j}^{GX} = M_T + M_P \tag{2.94}$$

（7）集气干线转向角约束。

在环状天然气集输管道的埋地敷设过程中，为了保证管道的强度要求及清管球通过的需求，环路中的相邻管段之间的夹角应该大于最小许用角度，以确保天然气集输系统安全、平稳运行，因而可以得到集气干线转向角的约束条件为：

$$\theta(\lambda_{i,\,j}^{GX},\ \lambda_{i,\,j+1}^{GX}) > \theta_{min} \quad i = 1,\ 2,\ \cdots,\ M_T;\ j = 1,\ 2,\ \cdots,\ M_T \tag{2.95}$$

式中：$\theta(\ )$ 为相邻两根集气干线管段之间的夹角函数；θ_{min} 为天然气集输管道埋地敷设所许用的最小管道夹角。

（8）站场数量约束。

集气站与集气总站的建设费用在集气系统的总投资中占有重要比例，其数量的多少直接影响着地面集输管网的整体布局，为防止集气站场数量过多所导致的总投资过大，同时避免站场数量较少所引起的设备处理负担过大、运行效率降低，需要限定集气站场的数量在一定范围内。

$$M_{g, \min} \leqslant M_g \leqslant M_{g, \max} \tag{2.96}$$

$$M_{P, \min} \leqslant M_P \leqslant M_{P, \max} \tag{2.97}$$

式中：$M_{g, \min}$，$M_{g, \max}$ 分别为集气站的可行数量的最小值和最大值；$M_{P, \min}$，$M_{P, \max}$ 分别为集气总站的可行数量的最小值和最大值。

2.4.2.3　布局优化完整模型

为了直观地展示辐射—环状集输系统布局优化模型，将目标函数和约束条件合写在一起给出整体优化模型。

$$\min F_{SR}(\boldsymbol{M}, \boldsymbol{\xi}, \boldsymbol{\lambda}, \boldsymbol{X}, \boldsymbol{Y}) = \sum_{i=1}^{M_P}(a_{P, i}, \boldsymbol{\lambda}) + \sum_{i=1}^{M_g}(a_{g, i}, \boldsymbol{\xi}) + \sum_{i=1}^{N}\sum_{j=1}^{M_g}\xi_{i, j}^{CQ}\eta_{CQ, i, j}l_{CQ, i, j}$$

$$+ \sum_{i=1}^{M_g}\sum_{j=1}^{M_V}\lambda_{i, j}^{JQ}\eta_{JQ, i, j}l_{JQ, i, j} + \sum_{i=1}^{M_T}\sum_{j=i+1}^{M_T+M_P}\lambda_{i, j}^{GX}\eta_{i, j}^{GX}l_{GX, i, j}$$

$$\text{s. t.} \quad B(\boldsymbol{X}^{g, P}, \boldsymbol{Y}^{g, P}) > 0$$

$$(\boldsymbol{X}^{g, P}, \boldsymbol{Y}^{g, P}) \subset ([U_{x, \min}^{g, P}, U_{x, \max}^{g, P}], [U_{y, \min}^{g, P}, U_{y, \max}^{g, P}])$$

$$B(\boldsymbol{X}^{S, V, \xi, \lambda}, \boldsymbol{Y}^{S, V, \xi, \lambda}) > 0$$

$$(\boldsymbol{X}^{S, V, \xi, \lambda}, \boldsymbol{Y}^{S, V, \xi, \lambda}) \subset ([U_{x, \min}^{S, V, \xi, \lambda}, U_{x, \max}^{S, V, \xi, \lambda}], [U_{y, \min}^{S, V, \xi, \lambda}, U_{y, \max}^{S, V, \xi, \lambda}])$$

$$\xi_{i, j}^{CQ}l_{CQ, i, j} \leqslant R \quad i = 1, 2, \cdots, N; j = 1, 2, \cdots, M_g$$

$$\sum_{j=1}^{M_g+M_V}\xi_{i, j}^{CQ} = 1 \quad i = 1, 2, \cdots, N$$

$$\sum_{i=1}^{M_g}\sum_{j=1}^{M_V}\lambda_{i, j}^{JQ} = 1$$

$$\sum_{i=1}^{M_T}\sum_{j=i+1}^{M_T+M_P}\lambda_{i, j}^{GX} = M_T + M_P$$

$$\theta(\lambda_{i, j}^{GX}, \lambda_{j, j+1}^{GX}) > \theta_{\min} \quad i = 1, 2, \cdots, M_T; j = 1, 2, \cdots, M_T$$

$$M_{g, \min} \leqslant M_g \leqslant M_{g, \max}$$

$$M_{P, \min} \leqslant M_P \leqslant M_{P, \max}$$

2.4.3　基于相向广度优先最小环路算法的模型求解

分析以上辐射—环状天然气集输系统布局优化模型可知，该布局优化问题是耦合集合划分问题和广义 TSP（旅行商）子问题的一类复杂最优化问题，通过分析以上障碍布局优化模型的决策变量可知，该模型中既存在集气站等数量的整数变量，也存在拓扑连接关系 0-1 变量及集气站、集气总站的几何位置等连续变量，是连续离散变量耦合的最优化模型。针对传统局部优化方法计算复杂度高、效率低等问题，亟须构建适用于辐射—环状天然气集输系统布局优化模型的求解方法，以实现辐射—环状网络的最优化布局设计。

在辐射—枝状集输系统布局优化模型的求解中，求解难点在于各级节点之间的隶属关系、集气干线环路的寻优及集气站和集气总站的几何位置确定等子问题的解决。借鉴辐射—枝状和枝状集输系统布局优化模型采用混合方法有效求解的经验，这里仍然基于分级优化思想，将原问题分解为几何位置级和布局分配级两个层级子问题，继而协同求解两个层级优化子问题，以逐步逼近最优的全局最优解。

将分级优化方法、混合蛙跳—烟花算法、相向广度优先最小环路算法和格栅剖分集合划分法有机结合，形成混合分级智能优化求解方法。在混合分级智能优化求解方法中，采用混合蛙跳—烟花算法求解几何位置级优化子问题，进而在给定了各级站场几何位置的基础上，采用格栅剖分方法得到气井与集气站之间的隶属关系，并采用相向广度优先最小环路方法计算集气干线走向点和集气总站之间的最短环路，在此基础上基于格栅剖分法得到的集气站与集气干线走向点、集气总站站场栅格子集，以距离最近的方式确定集气干线接口及其所连接的集气站。以下给出混合分级智能优化求解方法中的主控参数及求解流程：

（1）宏观变量的调整。

为了提高辐射—环状天然气集输系统布局优化模型的求解效率，在分级优化协调迭代求解过程中，将影响求解进程的站场及走向点数量变量设置为宏观变量。通过分析模型结构特征可知，集气站、集气干线、集气总站的数量在混合蛙跳—烟花算法的进化中不便操作，因而将集气站、集气干线、集气总站的数量设置为宏观变量，通过在求解程序中调整变量的数值来改变个体的编码长度。

（2）"井站"隶属关系的求解。

与辐射—枝状及枝状天然气集输系统对于布局分配子问题的求解不同，辐射—环状天然气集输系统中"井站"隶属关系的求解采用格栅剖分法，将天然气井划分为若干天然气井栅格子集，基于已知的集气站位置，将天然气井划分给本栅格子集中的集气站或者邻近子集中的集气站，完成"井站"连接关系的求解。此外，继续采用格栅剖分法，将集气站划分为若干站场栅格子集，以备集气干线接口位置和最小集气干线环路的求解。

（3）集气干线接口位置的求解。

对于集气干线接口而言，将集气干线接口的数量等同于集气站的数量，集气干线接口的几何位置不作为优化求解的对象，对于迭代过程中接口几何位置的计算采用如下步骤：

① 在已知站场栅格子集的基础上，识别得到与集气站在同一或者邻近站场栅格子集的集气干线走向点。

② 结合集气干线走向点和集气站的几何位置，计算集气站与其最近距离的集气干线管段的垂足。

③ 如果垂足在集气干线上，则将垂足坐标进行赋值存储；如果计算的垂足不在集气干线上，则选取距离集气站最近的集气干线的端点作为集气干线接口位置。

④ 在优化求解后，需要去掉多余的集气干线接口，即可确定最终的集气干线接口几何位置。

（4）集气干线最小环路优化。

① 基于划分得到的站场栅格子集，将同属于一个子集及邻近子集的集气干线走向点作为无向图的顶点集 $G_R(V, E)$。

② 采用相向广度优先环路搜索算法求解得到与集气总站相连接的最短干线环路。

（5）几何位置级子问题求解的主控参数。

① 群体创建。

为进行协同优化，需要创建几何位置级智能优化群体。几何位置级优化旨在确定各级站场、干线走向点和干线接口的几何位置坐标，鉴于干线接口位置采用上文所述的方法进行确定，在构建几何位置级优化群体时，主要采用实数编码进行各级站场和干线走向点几何位置的表征。

为了保证初始群体的有效性，需要对群体中所有个体的可行性进行检验，如果随机产生的个体中包含了站场节点布置于障碍内的情况，采用距离该布置点最近的障碍缓冲区边界的点代替。考虑群体规模的适宜性，则可以得到布局优化几何位置子问题群体的个体 i 为：

$$\omega^i = \big[(x^i_{g,1}, y^i_{g,1}; x^i_{g,2}, y^i_{g,2}; \cdots; x^i_{g,M_g}, y^i_{g,M_g});$$
$$(x^i_{L,1,1}, y^i_{L,1,1}; x^i_{L,1,2}, y^i_{L,1,2}; \cdots; x^i_{L,1,M_L}, y^i_{L,1,M_L}); \cdots;$$
$$(x^i_{L,L,1}, y^i_{L,L,1}; x^i_{L,L,2}, y^i_{L,L,2}; \cdots; x^i_{L,L,M_L}, y^i_{L,L,M_L});$$
$$(x^i_{P,1}, y^i_{P,1}; x^i_{P,2}, y^i_{P,2}; \cdots; x^i_{P,M_P}, y^i_{P,M_P}) \big] \quad i=1,2,\cdots,P_\omega \tag{2.98}$$

式中：P_ω 为辐射—环状集输系统布局优化几何位置级子问题的智能算法群体规模；$x^i_{g,j}$、$y^i_{g,j}$ 分别为第 i 个粒子中第 j 个集气站的横坐标和纵坐标；$x^i_{L,k,j}$、$y^i_{L,k,j}$ 分别为第 i 个粒子中第 k 条集气干线第 j 个走向点的横坐标和纵坐标；$x^i_{P,j}$、$y^i_{P,j}$ 分别为第 i 个粒子中第 j 个集气总站的横坐标和纵坐标。

② 适应度函数。

与前述其他天然气集输系统的优化求解相同，需要对适应度函数进行适当地拉伸与变换。适应度函数是个体质量的评价标准，这里考虑将指数函数与迭代时间相结合，创建自适应群体优化进程的适应度函数，该适应度函数可以保证在搜索初期尽量保留个体的多样性，使得个体在解空间中搜索更充分，同时在搜索后期，通过指数形式放大个体之间的差异，加速算法收敛。

基于以上分析，在计算集输系统中管道长度时应该考虑障碍的影响。由于混合蛙跳—烟花算法的随机性，所产生的集气总站和管道走向点与其他管网单元之间的连接管道可能与障碍相交，如果管道与障碍相交，则采用绕障优化算法计算每条管道的等效长度；如果管道与障碍不相交，则计算二者之间的欧式距离。以下为所设计的适应度函数：

$$G_{SR}(x) = \exp[-F_{SR}(x)/t] \tag{2.99}$$

式中：$G_{SR}(x)$ 为个体的适应度函数；x 为拓扑布局优化模型中的变量；$F_{SR}(x)$ 为参数模型中目标函数。

③ 求解参数设置。

应用混合蛙跳—烟花算法进行几何位置子问题的求解，需要对算法的控制参数进行设置，对于算法中的改进爆炸算子、改进变异算子和镜像搜索算子的参数设置与第1章中的参数保持一致。另外，对于混合蛙跳—烟花算法在执行烟花算子的群体规模及变异算子的操作维度等参数设置与辐射—枝状及枝状集输系统的求解中保持一致。

④ 不可行解调整。

智能算法在求解复杂优化问题的过程中需要有效解决不可行解的问题，对于辐射—环状集输网络的拓扑布局优化问题，同样需要制定不可行解调整方案，以应对由于混合蛙跳—烟花算法具有随机性所导致迭代过程中出现的一些不可行解。本书中分析的集气管网是辐射—环状的，而在布局分配级个体形成过程中容易因为连接关系的错误形成环状管网，针对此类个体则采用破圈法随机调整个体编码来生成新的个体；对于管网单元过度连接和孤岛现象，以连接均匀的节点和管线为基础，进行过度连接单元的移除及孤岛单元的新增调整，以此保证管网的连接均衡性。

⑤ 终止条件。

设置最大稳定搜索次数 K，即如果连续 K 次搜索，所找到的全局极小值不发生改变时终止算法。同时，设置最大迭代次数 $Time_{max}$，以防止无法收敛的情况。

（6）求解步骤。

为进一步直观地说明辐射—环状天然气集输系统的布局优化问题求解步骤，给出详细的求解步骤，如下所示：

① 初始化最大迭代次数 I_{max}、SFL—FW 中三项关键算子的主控参数、迭代终止精度等控制参数。

② 确定集气站、集气总站和集气干线的数量规模，初始给定三类变量的数量。

③ 执行几何位置级子问题求解程序：

a. 生成几何位置级子问题群体。

b. 计算集气干线和集气支线接口的几何位置，将站场位置信息传递给布局分配级求解程序，基于返回的结果，计算个体适应度函数值，判断是否满足终止条件，若是，则转步骤 h；若否，则转步骤 c。

c. 更新当前全局最优蛙和模因组最优蛙。转步骤 d。

d. 基于蛙跳算子更新青蛙个体，转步骤 e。

e. 选取部分质量较差的青蛙个体，执行改进的爆炸算子，转步骤 f。

f. 随机选择若干质量相对较好的爆炸火花进行变异操作，转步骤 g。

g. 对当前最优蛙执行镜像搜索算子，转步骤 b。

h. 保存当前参数下的最优解。

④ 执行布局分配级子问题求解程序：

a. 接收集气站、集气总站、集气干线走向点的几何位置信息，采用格栅剖分法将天然气井划分为天然气井栅格子集，并将集气站、集气干线走向点、集气总站划分为站场栅格子集。

b. 识别与气井属于同一个天然气井栅格子集或者邻近栅格子集的集气站，将所有天然气井依次建立与集气站的连接关系。

c. 根据划分得到的站场栅格子集，识别得到与集气站属于同一站场栅格子集或者邻近栅格子集的集气干线走向点，计算集气站与其最近距离的集气干线管段的垂足，得到集气干线接口位置和数量。

d. 将同属于一个站场栅格子集或者属于邻近站场栅格子集的集气干线走向点及集气总站节点识别出来，将这些节点作为无向图 $G_R(V, E)$ 中的顶点，转步骤 e。

e. 应用相向广度优先最小环路算法计算得到集气干线的最短环路，转步骤 f。

f. 将拓扑连接关系结果返回给几何位置级子问题优化计算程序。

⑤ 判断是否所有的站场数量组合均已遍历，若是，则转步骤⑥；若否，则更新站场数量并继续执行迭代，转步骤③。

⑥ 求得集气管网最优拓扑布局方案，输出最优解，计算结束。

基于以上求解步骤即可得到辐射—环状天然气集输系统的最优布局方案，在以上求解步骤中，主控参数及求解流程已经包含其中，由于之前已经详细给予了介绍，在以上求解步骤中不再进行展开，所涉及的求解过程即按照主控参数设置部分所提出的要求执行操作。基于以上求解步骤绘制如下求解流程图，如图2.12所示。

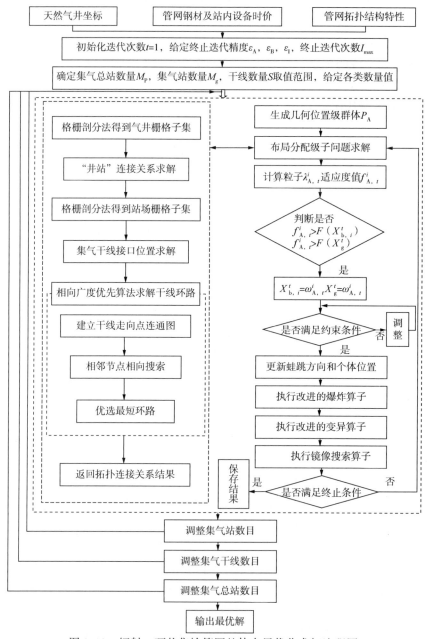

图 2.12　辐射—环状集输管网整体布局优化求解流程图

2.5　枝上枝状天然气集输系统障碍布局优化

2.5.1　枝上枝状天然气集输系统的网络定义

枝上枝状天然气集输系统是随着煤层气等非常规天然气的规模开采而广泛应用的一种天然气集输网络，在枝上枝状集输网络中，集气干线呈现枝状敷设于气藏区块的地表上，而比较特殊的地方是该集输网络中天然气井之间可以串接在一起，天然气井之间形成的枝状结构与干线的枝状结构形成了"枝上有枝"的网络结构。在枝上枝状天然气集输系统中的集输工艺相较于其他几种集输系统存在一定差异，该集输系统主要针对低压气田，天然气从气井中产出后经过多井串接气量逐渐增大，进而通过天然气自压力汇集到集气阀组中，集气阀组将天然气汇聚并输送至集气干线，最终输送到集气站进行集输与处理。由于枝上枝状天然气集输系统的集输半径一般较大，所以集气总站一般根据生产需求和实际情况而定，可能存在没有集气总站的情况，因而此部分内容关注的站场为集气站，枝上枝状天然气集输系统的拓扑结构示意图如图2.13所示。

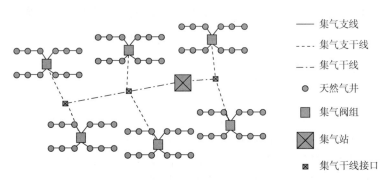

图例：
—— 集气支线
---- 集气支干线
—·— 集气干线
● 天然气井
■ 集气阀组
⊠ 集气站
▣ 集气干线接口

图 2.13　枝上枝状天然气集输系统拓扑结构示意图

应用图论理论对天然气集输系统进行表征，则枝上枝状天然气集输系统可以表征为赋权有向图 $G(V, E)$，$G(V, E)$ 具体表示为：

$$G(V, E) = T(V_0, V_1; E_1) \cup S(V_S, E_S)$$

则称 $G(V, E)$ 所表示的网络系统为多级枝上枝状网络。其中：

（1）$V = \bigcup_{i=0}^{N} V_i$，其中 N 为网络的级数，$N \geq 1$。

（2）$V_S = \bigcup_{i=1}^{N} V_i$。

（3）$E = E_1 \cup E_S$。

（4）$T(V_0, V_1; E_1)$ 为以 V_0 和 V_1 为顶集，E_1 为边集的多棵树。

（5）$TE = V_0$，其中 TE 为 $T(V_0, V_1; E_1)$ 的悬挂点集合。

（6）$E_1 \cap E_S = \Phi$。

（7）$V_i \cap V_j = \Phi (i \neq j; i, j \in \{0, 1, 2, \cdots, N\})$。

（8）$|V_i| < |V_j| (i > j; i, j \in \{0, 1, 2, \cdots, N\})$。

(9) $S(V_S, E_S)$ 为以 V_S 为顶集，E_S 为边集的一棵树。

(10) $ST = V_1$，其中 ST 为 $S(V_S, E_S)$ 的悬挂点集合。

(11) $d^-(v) \in \{0, 1\}$，$\forall v \in V_0$。

(12) $d^-(v) \geqslant 1$，$\forall v \in \bigcup_{i=1}^{N} V_i$。

(13) $d^+(v) = 1$，$\forall v \in \bigcup_{i=0}^{N} V_i$。

(14) $d^+(v) = 0$，$\forall v \in V_N$。

2.5.2　枝上枝状天然气集输系统障碍布局优化模型

目前，鲜见枝上枝状天然气集输系统相关的研究报道，其数学模型的构建需要考虑枝上枝状集输网络的结构特征，且需要满足气田集输系统建设的各项实际约束，以下分别从目标函数、约束条件两方面介绍集输系统障碍布局优化模型的建立过程。

2.5.2.1　布局优化模型目标函数的建立

枝上枝状天然气集输系统布局优化旨在通过优化建模及求解优选出最适宜的布局方案，其关键在于建立准确的优化模型目标函数和约束条件，其中目标函数对于模型的建立和最优方案的求解具有导向作用。考虑到集气站场的建设费用对于总体建设费用具有较大影响，这里以总建设投资最小为目标建立目标函数。

在枝上枝状天然气集输系统的优化模型目标函数建立中，需要对影响该系统布局方案的主要因素进行梳理，以确定优化模型的决策变量。通过深入分析枝上枝状集输网络的结构特征，确定了集气站、集气总站、集气干线接口、集气干线走向点的几何位置，各级节点之间的隶属关系和节点单元之间的连接关系为决策变量。

基于以上分析得到的优化模型决策变量，结合枝上枝状天然气集输系统的集输流程和枝上枝状网络结构特征，将集输系统的总建设投资划分为五部分，具体如下：

$$\min F_{TT} = F_1 + F_2 + F_3 + F_4 + F_5 \tag{2.100}$$

式中：F_{TT} 为管网总建设费用；F_1 为集气站总建设费用；F_2 为集气阀组总建设费用；F_3 为集气支线管道总建设费用；F_4 为集气支干线管道总建设费用；F_5 为集气干线管道总建设费用。

（1）集气站建设费用。

作为枝上枝状天然气集输系统的中心站场，集气站的数量一般较少，但总体投资仍然占据着集输系统的较大比重。通过分析集气站的建设投资可知，集气站的投资费用包括基础建设费用和处理设备费用，据此可以得到集气总站的建设费用，如式（2.101）：

$$F_1 = \sum_{i=1}^{M_P} \phi(a_{P,i}, \boldsymbol{\lambda}) \tag{2.101}$$

式中：M_P 为集气站的数量；$a_{P,i}$ 为第 i 个集气站基于同类站场的投资费用拟合系数；$\boldsymbol{\lambda}$ 为集气阀组之间、集气阀组与集气站之间的连接关系设计向量。

（2）集气阀组建设费用。

相较于辐射—枝状天然气集输系统，集气阀组的功能性要比集气站单一一些，其主要用于天然气的汇集，集气阀组的投资主要与其所管辖的天然气井数量有关，因而可以得到集气阀组总建设费用的表达式如下所示：

$$F_2 = \sum_{i=1}^{M_g} (a_{g,i}, \boldsymbol{\xi}) \tag{2.102}$$

式中：M_g 为集气阀组的数量；$a_{g,i}$ 为第 i 个集气阀组基于同类站场的投资费用拟合系数；$\boldsymbol{\xi}$ 为集气阀组与所辖天然气井之间的隶属关系设计向量。

（3）集气支线管道建设费用。

在枝上枝状天然气集输系统中，集气支线管道依然是各类集输管道中占比最大的一种管道，承担着将天然气从气井井口运输到集气阀组的任务，不同集气支线管道及气井、集气阀组之间相互连接形成了枝状网络结构。考虑气井与集气阀组之间的隶属关系，建立集气支线的管道总建设投资如下所示：

$$F_3 = \sum_{i=1}^{N} \sum_{j=i+1}^{N+M_g} \xi_{i,j}^{CQ} \eta_{CQ,i,j} l_{CQ,i,j} \tag{2.103}$$

式中：N 为气井的数量；$\xi_{i,j}^{CQ}$ 为气井 i 与气井或者集气阀组 j 之间的连接关系变量，如果相连，则取值为 1，否则，取值为 0；$\eta_{CQ,i,j}$ 为气井 i 与气井或者集气阀组 j 相连接时，该管道的单位长度费用；$l_{CQ,i,j}$ 为气井 i 与气井或者集气阀组 j 相连接时，该管道的等效长度。

（4）集气支干线管道建设费用。

集气支干线管道是集气阀组之间、集气阀组与集气干线之间的集输管道，负责将集气阀组集输汇集后的天然气输运到集气干线，集气阀组、集气干线接口及集气支干线之间连接成辐射状，则集气支干线管道的总建设费用可以表示为：

$$F_4 = \sum_{i=1}^{M_g} \sum_{j=1}^{M_g+M_V} \lambda_{i,j}^{JQ} \eta_{JQ,i,j} l_{JQ,i,j} \tag{2.104}$$

式中：M_V 为集气干线接口的数量；$\lambda_{i,j}^{JQ}$ 为集气阀组 i 与集气阀组或者集气干线接口 j 之间的连接关系变量，如果相连，则取值为 1，否则，取值为 0；$\eta_{JQ,i,j}$ 为集气阀组 i 与集气阀组或者集气干线接口 j 相连接时，该管道的单位长度费用；$l_{JQ,i,j}$ 为集气阀组 i 与集气阀组或者集气干线接口 j 相连接时，该管道的等效长度。

（5）集气干线管道总建设费用。

在枝上枝状天然气集输系统中，集气干线管道一般是贯穿于气田区块的大口径管道，负责运输主要天然气气量。考虑集气干线管道的走向点和单位集气干线管道长度费用，建立集气干线管道的总建设投资费用表达式为：

$$F_5 = \sum_{i=1}^{S} \sum_{j=1}^{M_{i,s}-1} \mu_i l_{GX,i,j,j+1} \tag{2.105}$$

式中：S 为集气干线的数目；$M_{i,s}$ 为第 i 条集气干线的走向点数目；μ_i 为第 i 条集气干线管道单位长度费用；$l_{GX,i,j,j+1}$ 为第 i 条集气干线管道第 $<j, j+1>$ 管段的等效长度。

基于以上分析，可以得到障碍条件下枝上枝状天然气集输系统布局优化数学模型的目标函数为：

$$\min F_{TT}(\boldsymbol{M}, \boldsymbol{\xi}, \boldsymbol{\lambda}, \boldsymbol{X}, \boldsymbol{Y}) = \sum_{i=1}^{M_P} (a_{P,i}, \boldsymbol{\lambda}) + \sum_{i=1}^{M_g} (a_{g,i}, \boldsymbol{\xi}) + \sum_{i=1}^{N} \sum_{j=1}^{N+M_g} \xi_{i,j}^{CQ} \eta_{CQ,i,j} l_{CQ,i,j}$$

$$+ \sum_{i=1}^{N} \sum_{j=i+1}^{N+M_g} \xi_{i,j}^{CQ} \eta_{CQ,i,j} l_{CQ,i,j} + \sum_{i=1}^{S} \sum_{j=1}^{M_{i,s}-1} \mu_i l_{GX,i,j,j+1} \qquad (2.106)$$

2.5.2.2 布局优化模型约束条件的建立

枝上枝状天然气集输系统是满足枝上枝状网络结构特征约束的生产系统，考虑到集输系统布局中所实际涉及的障碍、站场数量、站场布局区域等限制，构建枝上枝状天然气集输系统布局优化模型的约束条件。

（1）站场可行布局约束。

在枝上枝状天然气集输系统中，集气阀组、集气站不能布置在障碍内，进而需要对站场的几何位置进行限制，以避免优化计算后得到不可行方案，则集气阀组、集气站对于障碍区域布局的约束条件为：

$$B(\boldsymbol{X}^{g,P}, \boldsymbol{Y}^{g,P}) > 0 \qquad (2.107)$$

$$(\boldsymbol{X}^{g,P}, \boldsymbol{Y}^{g,P}) \subset ([U_{x,\min}^{g,P}, U_{x,\max}^{g,P}], [U_{y,\min}^{g,P}, U_{y,\max}^{g,P}]) \qquad (2.108)$$

式中：$B()$ 为表征节点是否位于障碍多边形内的判断函数；$\boldsymbol{X}^{g,P}$，$\boldsymbol{Y}^{g,P}$ 分别为集气阀组、集气站的几何位置构成的几何位置向量；$U_{x,\min}^{g,P}$，$U_{x,\max}^{g,P}$ 分别为集气阀组、集气站几何位置横坐标可行取值范围；$U_{y,\min}^{g,P}$，$U_{y,\max}^{g,P}$ 分别为集气阀组、集气站几何位置纵坐标可行取值范围。

（2）管道路由可行布局约束。

与前述的三种天然气集输系统相似，枝上枝状天然气集输系统中包含集气支线、支干线、干线三类管道，所有管道均不能位于障碍中，即集气干线走向点、集气干线接口、集气支干线及集气支线管道的走向点均不能布置于障碍内，所以有如下约束：

$$B(\boldsymbol{X}^{S,V,\xi,\lambda}, \boldsymbol{Y}^{S,V,\xi,\lambda}) > 0 \qquad (2.109)$$

$$(\boldsymbol{X}^{S,V,\xi,\lambda}, \boldsymbol{Y}^{S,V,\xi,\lambda}) \subset ([U_{x,\min}^{S,V,\xi,\lambda}, U_{x,\max}^{S,V,\xi,\lambda}], [U_{y,\min}^{S,V,\xi,\lambda}, U_{y,\max}^{S,V,\xi,\lambda}])$$

$$(2.110)$$

式中：$\boldsymbol{X}^{S,V,\xi,\lambda}$，$\boldsymbol{Y}^{S,V,\xi,\lambda}$ 分别为集气干线走向点、集气干线接口、集气支干线及集气支线管道的走向点的几何位置构成的几何位置向量；$U_{x,\min}^{S,V,\xi,\lambda}$，$U_{x,\max}^{S,V,\xi,\lambda}$ 分别为集气干线走向点、集气干线接口、集气支干线及集气支线管道的走向点的几何位置横坐标可行取值范围；$U_{y,\min}^{S,V,\xi,\lambda}$，$U_{y,\max}^{S,V,\xi,\lambda}$ 分别为集气干线走向点、集气干线接口、集气支干线及集气支线管道的走向点的几何位置纵坐标可行取值范围。

（3）集输半径限制。

对于枝上枝状天然气集输系统而言，由于采用了天然气井串联的方式，使得集输范围得到了有效增大，但为了确保天然气经过集气管道的管输过程中进集气站的压力大于最小进站压力，一般要求从气井到集气阀组之间的集输管道长度小于集输半径，因而可以得到如下表达式：

$$l_{\max,i,j}(\xi_{i,j}^{CQ}) \leqslant R \quad i = 1, 2, \cdots, N; j = 1, 2, \cdots, N+M_g \qquad (2.111)$$

式中：R 为天然气集输半径；$l_{\max, i, j}(\ )$ 为集气阀组与其所辖气井之间的最大管道长度，包括集气阀组经由集气支线串联到天然气井的长度。

（4）集气支线连接关系约束。

与枝状和辐射—枝状天然气集输系统不同的是，枝上枝状天然气集输系统中的集气支线两端既可以是气井和气井，也可以是气井和集气阀组，因而集气支线形成的网络实质上是以集气阀组为根节点的一棵树，因而可以得到集气支线连接关系的约束条件为：

$$\sum_{i=1}^{N} \sum_{j=i+1}^{N+M_g} \xi_{i,j}^{CQ} = M_g + N - 1 \qquad (2.112)$$

（5）集气支干线连接关系约束。

作为连接集气阀组与集气阀组、集气阀组与集气干线的支干线管道，其单位建设费用相较于集气支线要大，且集气支干线与管线两端的端点形成了枝状连接结构，即可以视为以集气干线接口为根节点的树。

$$\sum_{i=1}^{M_g} \sum_{j=i}^{M_g+M_V} \lambda_{i,j}^{JQ} = M_g + M_V - 1 \qquad (2.113)$$

（6）干线与集气总站连接关系约束。

与辐射—枝状天然气集输系统相似，枝上枝状天然气集输系统中的集气干线与集气站之间也存在连接关系约束，即每一条集气干线连接且只能连接一座集气站，集气干线与集气站之间存在隶属唯一性关系。

$$\sum_{j=1}^{S} \lambda_{i,j}^{GX} = 1 \qquad i = 1, 2, \cdots, M_P \qquad (2.114)$$

式中：$\lambda_{i,j}^{GX}$ 为集气干线 j 与集气站 i 之间的连接关系变量，如果相连，则取值为 1，否则，取值为 0。

（7）站场数量约束。

集气阀组与集气站的建设费用在集气系统的总投资中占有重要比例，其数量的多少直接影响着地面集输管网的整体布局，为防止集气站场数量过多所导致的总投资过大，同时避免站场数量较少所引起的设备处理负担过大、运行效率降低，需要限定集气站场的数量在一定范围内。

$$M_{g, \min} \leqslant M_g \leqslant M_{g, \max} \qquad (2.115)$$

$$M_{P, \min} \leqslant M_P \leqslant M_{P, \max} \qquad (2.116)$$

式中：$M_{g, \min}$，$M_{g, \max}$ 分别为集气阀组的可行数量的最小值和最大值；$M_{P, \min}$，$M_{P, \max}$ 分别为集气站的可行数量的最小值和最大值。

2.5.2.3 布局优化完整模型

为了直观地展示枝上枝状集输系统布局优化模型，将目标函数和约束条件合写在一起给出整体优化模型。

$$\min F_{\mathrm{TT}}(\boldsymbol{M},\ \boldsymbol{\xi},\ \boldsymbol{\lambda},\ \boldsymbol{X},\ \boldsymbol{Y}) = \sum_{i=1}^{M_{\mathrm{P}}}(a_{\mathrm{P},\,i},\ \boldsymbol{\lambda}) + \sum_{i=1}^{M_{\mathrm{g}}}(a_{\mathrm{g},\,i},\ \boldsymbol{\xi}) + \sum_{i=1}^{N}\sum_{j=1}^{N+M_{\mathrm{g}}}\xi_{i,\,j}^{\mathrm{CQ}}\eta_{\mathrm{CQ},\,i,\,j}l_{\mathrm{CQ},\,i,\,j}$$

$$+ \sum_{i=1}^{N}\sum_{j=i+1}^{N+M_{\mathrm{g}}}\xi_{i,\,j}^{\mathrm{CQ}}\eta_{\mathrm{CQ},\,i,\,j}l_{\mathrm{CQ},\,i,\,j} + \sum_{i=1}^{S}\sum_{j=1}^{M_{i,\,S}-1}\mu_{i}l_{\mathrm{GX},\,i,\,j,\,j+1}$$

$$\mathrm{s.\,t.} \qquad B(\boldsymbol{X}^{\mathrm{g},\,\mathrm{P}},\ \boldsymbol{Y}^{\mathrm{g},\,\mathrm{P}}) > 0$$

$$(\boldsymbol{X}^{\mathrm{g},\,\mathrm{P}},\ \boldsymbol{Y}^{\mathrm{g},\,\mathrm{P}}) \subset ([U_{x,\,\min}^{\mathrm{g},\,\mathrm{P}},\ U_{x,\,\max}^{\mathrm{g},\,\mathrm{P}}],\ [U_{y,\,\min}^{\mathrm{g},\,\mathrm{P}},\ U_{y,\,\max}^{\mathrm{g},\,\mathrm{P}}])$$

$$B(\boldsymbol{X}^{\mathrm{S},\,\mathrm{V},\,\xi,\,\lambda},\ \boldsymbol{Y}^{\mathrm{S},\,\mathrm{V},\,\xi,\,\lambda}) > 0$$

$$(\boldsymbol{X}^{\mathrm{S},\,\mathrm{V},\,\xi,\,\lambda},\ \boldsymbol{Y}^{\mathrm{S},\,\mathrm{V},\,\xi,\,\lambda}) \subset ([U_{x,\,\min}^{\mathrm{S},\,\mathrm{V},\,\xi,\,\lambda},\ U_{x,\,\max}^{\mathrm{S},\,\mathrm{V},\,\xi,\,\lambda}],\ [U_{y,\,\min}^{\mathrm{S},\,\mathrm{V},\,\xi,\,\lambda},\ U_{y,\,\max}^{\mathrm{S},\,\mathrm{V},\,\xi,\,\lambda}])$$

$$l_{\max,\,i,\,j}(\xi_{i,\,j}^{\mathrm{CQ}}) \leqslant R \quad i = 1,\ 2,\ \cdots,\ N;\ j = 1,\ 2,\ \cdots,\ N+M_{\mathrm{g}}$$

$$\sum_{i=1}^{N}\sum_{j=i+1}^{N+M_{\mathrm{g}}}\xi_{i,\,j}^{\mathrm{CQ}} = M_{\mathrm{g}} + N - 1$$

$$\sum_{i=1}^{M_{\mathrm{g}}}\sum_{j=i}^{M_{\mathrm{g}}+M_{\mathrm{V}}}\lambda_{i,\,j}^{\mathrm{JQ}} = M_{\mathrm{g}} + M_{\mathrm{V}} - 1$$

$$\sum_{j=1}^{S}\lambda_{i,\,j}^{\mathrm{GX}} = 1 \quad i = 1,\ 2,\ \cdots,\ M_{\mathrm{P}}$$

$$M_{\mathrm{g},\,\min} \leqslant M_{\mathrm{g}} \leqslant M_{\mathrm{g},\,\max}$$

$$M_{\mathrm{P},\,\min} \leqslant M_{\mathrm{P}} \leqslant M_{\mathrm{P},\,\max}$$

2.5.3 混合分级智能优化求解方法

分析以上枝上枝状天然气集输系统布局优化模型可知,与其他集输网络相比,该模型中集气支线的连接关系更为复杂,存在天然气井之间的串联结构,因而需要针对该模型进行求解方法的设计,以形成一种高效的求解方法。此外,通过分析以上障碍布局优化模型的决策变量可知,该模型中既存在集气站等数量的整数变量,也存在拓扑连接关系0-1变量及集气阀组、集气总站、集气干线接口及走向点的几何位置等连续变量,是连续离散变量耦合的最优化模型。此模型的求解需要寻求鲁棒性更强、求解效果更佳的优化方法。

在枝上枝状集输系统布局优化模型的求解中,求解难点在于各级节点之间的隶属关系、集气支线布局结构优化及集气阀组和集气站的几何位置确定等子问题的解决。基于分级优化方法在求解离散变量优化问题的优异性能,采用分级优化方法和混合蛙跳—烟花算法相结合的方式,将原问题分解为几何位置级和布局分配级两个层级子问题,继而协同求解两个层级优化子问题,以逐步逼近最优的全局最优解。

将分级优化方法、混合蛙跳—烟花算法、广度优先算法和格栅剖分集合划分法有机结合,形成混合分级智能优化求解方法。在混合分级智能优化求解方法中,采用混合蛙跳—烟花算法求解几何位置级优化子问题,进而在给定了各级站场几何位置的基础上,采用格栅剖分方法得到气井与集气阀组之间及集气阀组与集气站之间的隶属关系,继而采用广度优先搜索算法计算集气支线之间的连接关系,并基于得到的集气阀组栅格子集求解得到集气支干线的连接关系,最后采用广度优先算法求解集气干线的布局走向。以下给出混合分级智能优化求解方法中的主控参数及求解流程：

（1）宏观变量的调整。

为了提高枝上枝状天然气集输系统布局优化模型的求解效率，在分级优化协调迭代求解过程中，将影响求解进程的站场及走向点数量变量设置为宏观变量。通过分析模型结构特征可知，集气阀组、集气干线、集气站的数量在混合蛙跳—烟花算法的进化中不便操作，因而将集气阀组、集气干线、集气站的数量设置为宏观变量，通过在求解程序中调整变量的数值来改变个体的编码长度。

（2）集气支线连接关系的求解。

与辐射—枝状及枝状天然气集输系统对于布局分配子问题的求解不同，枝上枝状天然气集输系统中天然气井与集气阀组之间隶属关系的求解采用格栅剖分法，进而得到集气支线的连接关系求解步骤：

① 采用之前介绍的格栅剖分法，将天然气井划分为若干天然气井栅格子集。

② 基于已知的集气阀组位置，将与集气阀组同属于一个气井栅格子集的气井，以及邻近栅格子集中的气井与集气阀组构成无向连通图。

③ 以集气阀组为初始节点，采用广度优先搜索算法，求解得到气井之间、气井与集气阀组之间的集气支线连接关系。

（3）集气干线接口位置的求解。

对于集气干线接口而言，将集气干线接口的数量等同于集气站的数量，集气干线接口的几何位置不作为优化求解的对象，对于迭代过程中接口几何位置的计算采用如下步骤：

① 在已知站场栅格子集的基础上，识别得到与集气阀组在同一或者邻近站场栅格子集的集气干线走向点。

② 结合集气干线走向点和集气阀组的几何位置，计算集气阀组与其最近距离的集气干线管段的垂足。

③ 如果垂足在集气干线上，则将垂足坐标进行赋值存储；如果计算的垂足不在集气干线上，则选取距离集气阀组最近的集气干线的端点作为集气干线接口位置。

④ 在优化求解后，需要去掉多余的集气干线接口即可确定最终的集气干线接口几何位置。

（4）集气干线最短路径优化。

① 基于划分得到的站场栅格子集，将同属于一个子集及周围邻近子集的集气干线走向点和集气站作为无向图的顶点集 $G_T(V, E)$。

② 采用相向广度优先搜索算法求解得到与集气站相连接的最短干线路径。

（5）几何位置级子问题求解的主控参数。

① 群体创建。

为进行协同优化，需要创建几何位置级智能优化群体。几何位置级优化旨在确定各级站场、干线走向点和干线接口的几何位置坐标，鉴于干线接口位置采用上文所述的方法进行确定，在构建几何位置级优化群体时，主要采用实数编码进行各级站场和干线走向点几何位置的表征。

为了保证初始群体的有效性，需要对群体中所有个体的可行性进行检验，如果随机产生的个体中包含了站场节点布置于障碍内的情况，采用距离该布置点最近的障碍缓冲区边界的点代替。考虑群体规模的适宜性，则可以得到布局优化几何位置子问题群体的个体 i 为：

$$\beta^i = \big[\ (x^i_{g,1},\ y^i_{g,1};\ x^i_{g,2},\ y^i_{g,2};\ \cdots;\ x^i_{g,M_g},\ y^i_{g,M_g});$$

$$(x^i_{L,1,1},\ y^i_{L,1,1};\ x^i_{L,1,2},\ y^i_{L,1,2};\ \cdots;\ x^i_{L,1,M_L},\ y^i_{L,1,M_L});\ \cdots;$$

$$(x^i_{L,L,1},\ y^i_{L,L,1};\ x^i_{L,L,2},\ y^i_{L,L,2};\ \cdots;\ x^i_{L,L,M_L},\ y^i_{L,L,M_L});$$

$$(x^i_{P,1},\ y^i_{P,1};\ x^i_{P,2},\ y^i_{P,2};\ \cdots;\ x^i_{P,M_P},\ y^i_{P,M_P})\big]\quad i = 1,\ 2,\ \cdots,\ P_\beta \tag{2.117}$$

式中：P_β 为枝上枝状集输系统布局优化几何位置级子问题的智能算法群体规模；$x^i_{g,j}$，$y^i_{g,j}$ 分别为第 i 个粒子中第 j 个集气阀组的横坐标和纵坐标；$x^i_{L,k,j}$，$y^i_{L,k,j}$ 分别为第 i 个粒子中第 k 条集气干线第 j 个走向点的横坐标和纵坐标；$x^i_{P,j}$、$y^i_{P,j}$ 分别为第 i 个粒子中第 j 个集气站的横坐标和纵坐标。

② 适应度函数。

与前述其他天然气集输系统的优化求解相同，需要对适应度函数进行适当地拉伸与变换。适应度函数是个体质量的评价标准，这里考虑将指数函数与迭代时间相结合，创建自适应群体优化进程的适应度函数，该适应度函数可以保证在搜索初期尽量保留个体的多样性，使得个体在解空间中搜索更充分，同时在搜索后期，通过指数形式放大个体之间的差异，加速算法收敛。

基于以上分析，考虑其他天然气集输网络系统在求解过程中采用的适应度函数值效果良好，求解枝上枝状网络时，依然采用该形式的适应度函数：

$$G_{TT}(x) = \exp\big[-F_{TT}(x)/t\big] \tag{2.118}$$

式中：$G_{TT}(x)$ 为个体的适应度函数；x 为拓扑布局优化模型中的变量；$F_{TT}(x)$ 为参数模型中目标函数。

③ 求解参数设置。

应用混合蛙跳—烟花算法进行几何位置子问题的求解，需要对算法的控制参数进行设置，对于算法中的改进爆炸算子、改进变异算子和镜像搜索算子的参数设置与第 1 章中的参数保持一致。另外，对于混合蛙跳—烟花算法在执行烟花算子的群体规模及变异算子的操作维度等参数设置与辐射—枝状及枝状集输系统的求解中保持一致。

④ 不可行解调整。

智能算法在求解复杂优化问题的过程中需要有效解决不可行解的问题，对于辐射—环状集输网络的拓扑布局优化问题，同样需要制定不可行解调整方案，以应对由于混合蛙跳—烟花算法具有随机性所导致迭代过程中出现的一些不可行解。这里讨论的集气管网是枝上枝状的，而在布局分配级个体形成过程中容易因为连接关系的错误形成环状管网，针对此类个体则采用破圈法随机调整个体编码来生成新的个体；对于管网单元过度连接和孤岛现象，以连接均匀的节点和管线为基础进行过度连接单元的移除及孤岛单元的新增调整，以此保证管网的连接均衡性。

⑤ 终止条件。

设置最大稳定搜索次数 K，即如果连续 K 次搜索，所找到的全局极小值不发生改变时终止算法。同时，设置最大迭代次数 $Time_{max}$，以防止无法收敛的情况。

（6）求解步骤。

为进一步直观地说明辐射—环状天然气集输系统的布局优化问题求解步骤，给出详细的求解步骤，如下所示：

① 初始化最大迭代次数 I_{max}、SFL—FW 中三项关键算子的主控参数、迭代终止精度等控制参数。

② 确定集气阀组、集气站和集气干线的数量规模，初始给定三类变量的数量。

③ 执行几何位置级子问题求解程序：

a. 生成几何位置级子问题群体。

b. 将站场位置信息传递给布局分配级求解程序，基于返回的结果，计算个体适应度函数值，判断是否满足终止条件，若是，则转步骤 h；若否，则转步骤 c。

c. 更新当前全局最优蛙和模因组最优蛙，转步骤 d。

d 基于蛙跳算子更新青蛙个体，转步骤 e。

e. 选取部分质量较差的青蛙个体，执行改进的爆炸算子，转步骤 f。

f. 随机选择若干质量相对较好的爆炸火花进行变异操作，转步骤 g。

g. 对当前最优蛙执行镜像搜索算子，转步骤 b。

h. 保存当前参数下的最优解。

④ 执行布局分配级子问题求解程序：

a. 接收集气阀组、集气站、集气干线走向点的几何位置信息，采用格栅剖分法将天然气井划分为天然气井栅格子集，并且将集气阀组、集气干线走向点、集气站划分为站场栅格子集。

b. 识别与气井属于同一个天然气井栅格子集或者邻近栅格子集的集气阀组，采用广度优先搜索算法求得集气支线的连接关系。

c. 根据划分得到的站场栅格子集，识别得到与集气阀组属于同一站场栅格子集或者邻近栅格子集的集气干线走向点，计算集气阀组与其最近距离的集气干线管段的垂足，得到集气干线接口位置和数量。

d. 以集气干线接口位置为初始节点，采用广度优先搜索算法求解得到集气支干线的连接关系。

e. 将同属于一个站场栅格子集或者属于邻近站场栅格子集的集气干线走向点及集气站节点识别出来，将这些节点作为无向图 $G_T(V, E)$ 中的顶点，转步骤 f。

f. 应用广度优先搜索算法求解得到集气干线的最短路径及布局走向，转步骤 g。

g. 将拓扑连接关系结果返回给几何位置级子问题优化计算程序。

⑤ 判断是否所有的站场数量组合均已遍历，若是，则转步骤⑥；若否，则更新站场数量并继续执行迭代，转步骤③。

⑥ 求得集气管网最优拓扑布局方案，输出最优解，计算结束。

基于以上求解步骤即可得到枝上枝状天然气集输系统的最优布局方案，在以上求解步骤中，主控参数及求解流程已经包含其中，由于之前已经详细给予了介绍，在以上求解步骤中不再进行展开，所涉及的求解过程即按照主控参数设置部分所提出的要求执行操作。

基于以上求解步骤绘制如下求解流程图，如图2.14所示。

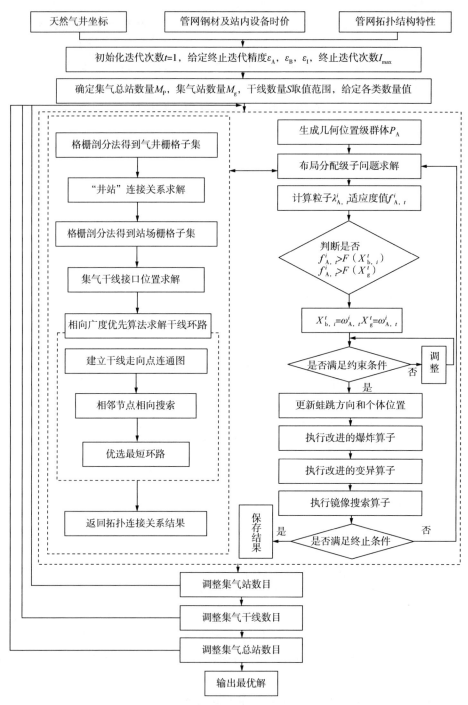

图 2.14　枝上枝状集输管网整体布局优化求解流程图

2.6 布局优化理论方法应用

2.6.1 布局区域基础信息

应用辐射—枝状天然气集输系统障碍布局优化数学模型及求解方法进行实际天然气田集输系统的布局优化设计,以验证和说明该理论方法的有效性。

XS 气田某区块于 2004 年投入试采开发,基建气井 42 口,建成产能 $8.07 \times 10^8 m^3/a$。为了实现气田的滚动开发,近年来,该区块新建投产气井 12 口,其中水平井 2 口,直井 10 口,该 12 口气井初期日产气量为 $140.9 \times 10^4 m^3$,日产水量 $36.5 m^3$,详细参数见表 2.2。该区块位于黑龙江省内,周边障碍主要有地任子等村屯 9 处,12 口气井的井位分布、集气干线走向、障碍分布的拓扑布局如图 2.15 所示。本区块内欲新建多井集气站 1~3 座,单座集气站处理量为 $50 \times 10^4 \sim 150 \times 10^4 m^3/d$,不新建集气总站,所生产的天然气经 XS1 集气站进入高压集气干线。

表 2.2 新建产能区块 12 口气井井口参数表

井号	正常开井压力(MPa)	稳定日产气($10^4 m^3$)	日产水(m^3)
XS1-平 4	29.0	20	5.5
XS 6-301	26.0	15	4.5
XS 6-303	29.2	15	5.5
XS 6-302	28.0	10	1.6
XS 6-304	28.0	10	1.6
XS 6-305	27.0	5.0	1.3
XS 6-306	30.0	11.2	2.8
XS 6-307	29.0	8.9	2.2
XS 6-308	30.0	13.4	3.4
XS 6-309	30.0	12.3	3.1
XS 6-310	29.0	10.1	2.5
XS 6-平 2	24.0	10.0	2.5
合计		140.9	36.5

2.6.2 含障碍集气管网拓扑布局优化设计

基于本书中所提出的障碍条件下集气管网拓扑布局优化理论方法和所编制的软件程序,对该区块进行拓扑布局优化设计。首先,根据现场实际要求,新建集气站,但不建设集气总站,则集气总站的数量 $M_P = 0$ 和新建集气干线的数量 $S = 0$。其次,考虑将徐深 1 集气站简化为集气干线接口,并且依据区块内所有产出气均由徐深 1 集气站输入已建集气干线,则接口数量 $M_V = 1$。然后,将集气站的处理气量范围和建设数量赋值给相应的约束变量参数。最后,采用人机交互的方式将考虑缓冲区的障碍多边形进行建模和信息存储,在此基础上,采用混合分级—蛙跳—烟花求解算法进行优化模型的求解。

在确定了布局优化数学模型的目标函数和约束条件的主控参数以后,针对混合蛙跳—烟花优化算法和绕障路由优化遗传算法的主控参数给出了其参数设置。在混合蛙跳—烟花

图 2.15　布局区域基础拓扑结构示意图

算法中，几何位置级和布局分配级群体的 Pop_A、Pop_B 的规模均设置为 50，最大迭代次数 $Time_{max} = 1000$，最大稳定迭代次数设置为 20，爆炸半径的上限和下限控制参数分别为 $A_{max} = 50$、$A_{min} = 10^{-10}$，无限混沌映射控制参数 $a = 50$、$b = 1$，最大和最小偏移距离分别为 $R_{max} = 50$、$R_{min} = 1$，几何位置子问题和布局分配子问题的收敛精度为 $\varepsilon_A = \varepsilon_B = 10^{-7}$。对于求解绕障路径优化的遗传算法，其用于求解的种群规模设置为 50，最大迭代进化代数为 1000，收敛精度为 10^{-5}，交叉概率为 0.95，变异概率为 0.05。

　　基于以上主控参数，对该区块新建产能井的管网布局进行优化设计，基于所编制的求解程序对模型进行了 10 次求解，10 次求解全部收敛，平均终止迭代次数为 384 次，10 次迭代求解的建设投资结果最大只相差 2.6 万元，体现了本书所提出求解方法在求解效率和稳定性方面的优异性能。人工设计拓扑布局如图 2.16 所示，优化后拓扑布局如图 2.17 所示，采气管道优化前后的结果对比见表 2.3，集气管道优化前后结果对比见表 2.4，总建设投资对比见表 2.5。

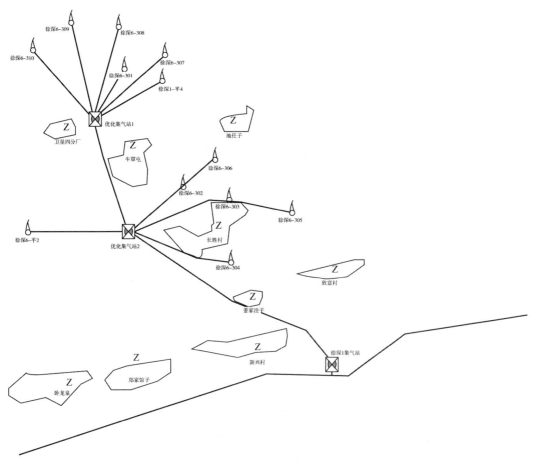

图 2.16　人工设计方案拓扑布局示意图

表 2.3　采气管道优化前后结果对比

集气站	井号	人工方案采气管道长度(km)	优化后方案采气管道长度(km)
新建集气站 1	徐深 6-302	1.31	1.27
	徐深 6-304	1.57	1.18
	徐深 6-305	2.26	1.09
	徐深 6-306	1.52	0.88
	徐深 6-平 2	1.45	2.98
	徐深 6-303	1.52	0.57
新建集气站 2	徐深 6-307	1.42	1.4
	徐深 6-308	1.43	1.11
	徐深 6-309	1.42	0.91
	徐深 6-310	1.41	0.94
	徐深 1-平 4	1.38	1.41
	徐深 301	0.98	1.01
合计		17.67	14.75

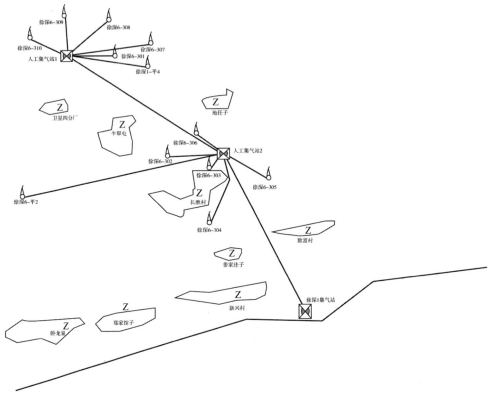

图 2.17　本书优化方法设计方案拓扑布局示意图

表 2.4　集气管道优化前后结果对比

设计方案	人工设计方案	优化后方案
集气管道长度(km)	5.22	4.70

表 2.5　总建设投资优化前后对比

优化对比	采气管道投资 (万元)	集气管道投资 (万元)	集气站投资 (万元)	管网总投资 (万元)
人工方案	1996.80	267.10	4132.58	6396.48
优化后方案	1720.88	222.21	4132.58	6075.67
优化结果	275.92	44.89	0	320.81

　　优化后的布局方案与人工设计的布局方案相比，采气管道长度减少2.92km，建设投资减少275.92万元，节约投资13.82%，集气管道长度减少0.52km，建设投资减少44.89万元，节约投资16.81%，管道总建设费用减少320.81万元，节约总投资14.17%，证实了本书所提出的绕障路由优化、含障碍拓扑布局优化理论方法的有效性，也证明了所提出混合分级—蛙跳—烟花算法的高效性。由于人工设计方案和优化方法设计方案的井站隶属关系没有发生改变，优化前后集气站1和集气站2的处理气量相当，所以集气站的建设费用优化前后保持一致。

3 人工智能方法驱动的天然气集输系统参数优化

2017 年，国务院印发《新一代人工智能发展规划》，将人工智能技术的发展与应用作为我国抢占技术制高点的重要战略，世界各国都在积极推动人工智能技术在油气田开采中的应用研究，人工智能技术已经为国际顶级石油公司创造了可观的经济效益。然而，目前在天然气集输系统中成功应用的人工智能理论与技术鲜少有见，亟须钻研人工智能技术在天然气集输系统中的应用结合点，以人工智能方法驱动天然气集输系统的高效、低耗生产建设[23]，为减少碳排放、推进"双碳"目标实现作出贡献。

在通过自适应天然气集输系统障碍布局优化理论方法求得了集输系统的最优布局之后，需要对管道建设参数和运行参数进行优化设计[24-25]，以减少天然气管道建设工程量和生产能耗，实现天然气集输系统的进一步提质增效。对于天然气集输系统建设及运行参数优化问题，需要解决三个问题：一是现有天然气集输工艺模型在描述湿气集输过程中，对于集输工艺参数的计算不够准确，存在一定误差，从而导致优化设计方案不能保证最优性；二是已有天然气集输系统参数优化模型鲜少考虑 CO_2 对于管道规格参数的影响，而对于高含 CO_2 天然气的集输工艺，CO_2 所产生的酸性物质会加速腐蚀，威胁管道的安全性；三是天然气集输系统参数优化模型属于高度复杂的混合整数非线性最优化模型，采用传统优化方法求解该模型易导致求解效率低、优化方案不可行等问题。针对以上难题，基于机器学习和马尔可夫—蒙特卡洛（MCMC）方法修正了天然气集输管道工艺参数模型，在此基础上考虑 CO_2 的影响，建立了天然气集输系统参数优化数学模型，并构建了基于混合粒子群—布谷鸟算法的求解方法，形成了机器学习、群智能等人工智能方法驱动的天然气集输系统参数优化方法，实现了天然气集输管道建设参数和运行参数的优化设计。

3.1 基于 MCMC 和神经网络方法的集输工艺模型修正

天然气集输系统多采用湿气集输工艺，该工艺可以有效提高集输效率，降低集输工艺复杂性，但也存在着气、液两相混输所导致的工艺参数计算难度大、沿程水力和热力参数计算不准确等问题，为了准确掌握湿气集输管道内的流动状态，并在此基础上进行天然气集输系统参数优化，需要对天然气管道集输工艺参数计算模型进行改进，以满足还原湿气管输过程、获得高准确度沿程水力和热力参数的需求。

3.1.1 基于机器学习和马尔可夫(MC)方法的基础集输数据泛化

为得到修正的天然气管道集输工艺计算模型，需要已知天然气管道起、终点及沿程温度、压力分布，但对于大多数的天然气集输管道而言，沿程没有布置压力、温度测试仪表，有的管道起、终点的压力及温度参数都难以获得，因而在实际生产中很难获得足够数量的基础工艺参数数据，这就导致了所获取的修正工艺模型不能准确反映实际情况。若基于少量的生产工艺参数，参数具有集中性，泛化程度低，不适宜基于实际数据提取集输工艺参数的变化规律，导致所得到的集输工艺参数模型不具有通用性。为此，采用混合粒子群—布谷鸟算法优化的小波神经网络对现有实际数据进行泛化处理，以得到基于实际工艺参数数据的更多的可供修正模型使用的基础数据，同时采用马尔可夫(MC)方法对所得到的数据进行调整，以得到更加贴合实际情况的基础数据，为天然气集输管道工艺参数优化模型的修正提供基础数据支撑。

3.1.1.1 小波神经网络

BP 网络是误差反向传播网络，为前馈网络中的一种。由于其强非线性映射能力和强自学习能力，BP 网络在众多领域中得到了广泛的应用。小波分析是近年来发展起来的一种用于信号分析的数学方法，它源于傅里叶分析。傅里叶变换提供了频率域的信息，但时间方面的局部化信息却基本丢失。而小波变换则可通过平移和伸缩变换处理获得信号的时频域局部化信息。小波神经网络(Wavelet Neural Network，WNN)则有机结合了小波分析和神经网络的优点，加快了网络的收敛能力。

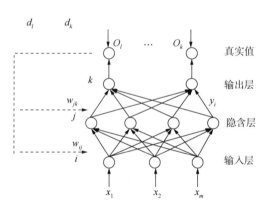

图 3.1　三层小波神经网络结构图

小波神经网络是用小波函数代替神经元 Sigmoid 或径向基函数作为隐节点激励函数，以小波的尺度和平移参数作为神经网络的权值和阈值参数，使网络具有更多的自由度。理论上，依据 Kolmogonov 定理，在合理的结构和适当的权值的条件下，三层前馈网络可以逼近任意的连续函数。故本书使用三层结构的网络，图 3.1 展示了 WNN 模型。其中，隐含层函数使用 Morlet 函数：

$$\psi(x) = \cos(1.75x)\exp(-x^2/2) \quad (3.1)$$

输出层激励函数使用 Sigmoid 函数：

$$f(x) = 1/[1 + \exp(-\lambda x)] \quad (3.2)$$

设输入层、隐含层和输出层节点数分别为 I、H、O，样本数为 P，则隐含层第 j 个节点的输入为：

$$net_j = \sum_{i=1}^{I} \frac{(w_{ij}x_i - b_j)}{a_j} \quad (3.3)$$

输出层第 k 个节点的输出为：

$$O_k = w_{jh}f\left\{\sum_{j=1}^{H} w_{ij}[\psi_{a,b}(net_j) + \delta_j]\right\} + \delta_k \quad (3.4)$$

式中：δ_j 和 δ_k 分别为隐含层和输出层阈值。

小波神经网络在训练过程中，计算输出值和真实值的误差函数，当误差不满足精度要求时，按梯度下降方向调节权值、阈值和小波参数以减小误差，直至满足精度要求。梯度为：

$$\frac{\partial E}{\partial w_{jk}} = \sum_{p=1}^{P} (d_k - O_k) O_k (1 - O_k) y_j$$

$$\frac{\partial E}{\partial w_{jk}} = \sum_{p=1}^{P} \Big[\sum_{k=1}^{O} (d_k - O_k) O_k (1 - O_k) w_{jk} \Big] \frac{\psi_{a,b}(net_j)}{a_j} x_i$$

$$\frac{\partial E}{\partial \delta_k} = \sum_{p=1}^{P} (d_k - O_k) O_k (1 - O_k)$$

$$\frac{\partial E}{\partial \delta_j} = \sum_{p=1}^{P} \Big[\sum_{k=1}^{O} (d_k - O_k) O_k (1 - O_k) w_{jk} \Big] \frac{\psi_{a,b}(net_j)}{a_j}$$

$$\frac{\partial E}{\partial b_j} = - \sum_{p=1}^{P} \Big[\sum_{k=1}^{O} (d_k - O_k) O_k (1 - O_k) w_{jk} \Big] \frac{\psi_{a,b}(net_j)}{a_j}$$

$$\frac{\partial E}{\partial a_j} = - \sum_{p=1}^{P} \Big[\sum_{k=1}^{O} (d_k - O_k) O_k (1 - O_k) w_{jk} \Big] \frac{\psi_{a,b}(net_j)}{a_j} net_j$$

带有附加动量因子的权值、阈值、尺度因子和水平因子修正量为：

$$\Delta w_{jk}(t+1) = (1 - mc) \eta \frac{\partial E}{\partial w_{jk}} + mc \Delta w_{jk}(t)$$

$$\Delta w_{ij}(t+1) = (1 - mc) \eta \frac{\partial E}{\partial w_{ij}} + mc \Delta w_{ij}(t)$$

$$\Delta \delta_k(t+1) = (1 - mc) \eta \frac{\partial E}{\partial \delta_k} + mc \Delta \delta_k(t)$$

$$\Delta \delta_j(t+1) = (1 - mc) \eta \frac{\partial E}{\partial \delta_j} + mc \Delta \delta_j(t)$$

$$\Delta b_j(t+1) = (1 - mc) \eta \frac{\partial E}{\partial b_j} + mc \Delta b_j(t)$$

$$\Delta a_j(t+1) = (1 - mc) \eta \frac{\partial E}{\partial a_j} + mc \Delta a_j(t)$$

式中：Δw 为权值增量；E 为误差函数；η 为常数，$\eta \in (0, 1)$，表示学习速率；t 为训练次数；mc 为动量因子，$0 < mc < 1$。

3.1.1.2 PSO—CS 优化小波 BP 神经网络

小波 BP 神经网络的训练学习结果对初始权向量、阈值和小波参数异常敏感，初始参数值随机选取，不当的取值会引起网络的震荡、不收敛，使得网络训练时间过长，陷入局部极值点，导致无法求得全局最优解。这里，采用 PSO—CS 优化神经网络的初始参数值，使得优化的神经网络不仅可以继承小波分析的局部特性和神经网络的学习及推广能力，还继承了 PSO—CS 在寻优过程中具有全局性、快速性、适应性和鲁棒性的特点，形成了多层前向神经网络训练的一种理想算法。

应用 PSO—CS 对小波 BP 神经网络进行预测的关键在于优化神经网络的训练初值，其主控参数可以表述为：

（1）群体设计。

PSO—CS 优化的是小波神经网络的控制参数，对于一个小波神经网络，将神经网络的各个权值 ω_{ij}、各个节点的阈值 ω_{0i} 和隐层节点的伸缩平移算子 a_i、b_i，按次序编成一个字符串作为问题的一个解。采用实数编码，则个体的编码结构为：

$$z_{BP}^t = \{ \omega_{01}^h,\ \omega_{11}^h,\ \cdots,\ \omega_{k1}^h,\ a_1^h,\ b_1^h;\ \cdots;\ \omega_{0n}^h,\ \omega_{1n}^h,\ \cdots,$$

$$\omega_{kn}^h,\ a_n^h,\ b_n^h;\ \omega_{01}^o,\ \omega_{11}^o,\ \cdots,\ \omega_{n1}^o,\ \cdots,\ \omega_{0N}^o,\ \omega_{1N}^o,\ \cdots,\ \omega_{nN}^o \} \tag{3.5}$$

式中：h 为隐层；O 为输出层。

（2）适应度函数设计。

进行神经网络训练一般以均方误差和最小为目标函数，则 PSO—CS 求解过程中的适应度值函数设置为：

$$f = \cfrac{1}{1 + (1/P) \displaystyle\sum_{P=0}^{P} \sum_{j=0}^{N} (d_j^P - y_j^P)^2} \tag{3.6}$$

式中：d_j^P 为目标输出；y_j^P 为网络实际输出。

将最优个体解码作为小波神经网络连接权值和伸缩平移尺度。由于小波神经网络输入、输出数已由实际问题决定，以上仅对隐含层小波基个数进行编码。

3.1.1.3 马尔可夫（MC）方法修正泛化数据

基于以上改进的小波神经网络，以天然气集输系统实际采集得到的管道沿程温度和压力数据为基础，将实际数据分为样本组和验证组，通过样本组训练小波神经网络，得到神经网络的主控参数，继而采用验证组数据优化小波神经网络的主控参数，得到泛化的天然气集输管道工艺参数数据。

为了使得泛化的工艺参数数据能够更加符合生产实际，采用 MC 方法对小波神经网络泛化得到的数据进行修正，具体修正过程如下：

（1）根据改进的小波神经网络预测出的期望值与实际值进行相对值计算，可以将相对值合理地分成若干个状态区间。状态区间为：

$$E_i = [P_{i1},\ P_{i2}] \quad i = 1,\ 2,\ \cdots,\ k \tag{3.7}$$

式中：P_{i1}，P_{i2} 分别为状态区间的上限和下限。

（2）将状态 E_i 通过 k 步转移，状态 E_j 出现的次数定义为 M_{ij}，定义 M_i 为状态 E_i 出现的次数，则 E_i 到 E_j 的一步转移概率为：

$$P_{ij} = \frac{M_{ij}}{M_i} \tag{3.8}$$

式中：P_{ij} 为状态 E_i 到 E_j 的一步转移概率。

（3）假设将最初的状态向量定义为 $S(0)$，那么转移 k 步之后得到的向量将定义为：

$$S(k) = S(0) \cdot P(k) \tag{3.9}$$

式中：$P(k)$ 为转移 k 步的状态转移矩阵。

（4）当确定了预测的状态序列所在的状态 E_j 后，将 E_j 的相对中值 $\cfrac{(P_{i1} + P_{i2})}{2}$ 与小波神经网络预测得到的预测值结合，可以得到小波神经网络—马尔可夫模型，得到的修正后的基础数据为：

$$y(k) = \frac{P_{i1} + P_{i2}}{2} \times \hat{x}(k) \tag{3.10}$$

式中：$y(k)$ 为采用 MC 方法修正后得到的数据；$\hat{x}(k)$ 为小波神经网络预测得到的泛化基础数据。

3.1.2 基于 MCMC 方法的集输工艺模型修正

3.1.2.1 天然气集输管道修正工艺模型的建立

在天然气湿气集输过程中，在集输管道管径小、输送量较小、气质净化程度低、输气管内壁粗糙的条件下，比较适宜于应用威莫斯输气公式计算沿程的压力分布和压力降，对于我国天然气田，大部分湿气输送管道为未经过集气站处理的单井管道，符合管径小、输量少的特点，因而对威莫斯水力公式进行修正，对于建立和推广修正的天然气集输管道的工艺计算模型具有积极意义。此外，集气管道的温度分布取决于气体运动的物理条件，以及气体与周围介质的热交换，这里选取在计算天然气沿程温降中应用较为广泛的考虑焦耳-汤姆逊效应的列宾宗公式，并以列宾宗公式为基础进行模型修正。本书首先基于最小平方和法建立了天然气管道集输工艺参数计算模型的修正最优化数学模型，分别为：

$$\min f_{GP}^{t}(a_\lambda) = \left(p_z{}^2 + \frac{a_\lambda 4.105 \times 10^{-6} q_v^2 \Delta ZTL}{d^{16/3}} - p_r \right)^2 \tag{3.11}$$

式中：$f_{GP}^{t}(\ )$ 为天然气集输管道水力修正最优化模型值；a_λ 为修正系数；p_r 为真实压力参数数据；T 为气体输送平均温度；L 为管道计算长度；q_v 为气体流量（$p = 101.325\text{kPa}$，$t = 20℃$）；d 为管道的内径；Z 为气体输送平均条件下的压缩因子；Δ 为气体相对密度（对空气）。

同时，可以得到天然气集输管道的热力计算模型的修正最优化模型为：

$$\min f_{GT}^{t}(b_\lambda) = [g(b_\lambda) - T_r]^2 \tag{3.12}$$

式中：$f_{GT}^{t}(\ )$ 为天然气集输管道热力修正最优化模型值；b_λ 为修正系数；T_r 为真实温度参数数据；$g(\ )$ 为考虑焦耳—汤姆逊效应的列宾宗公式。

3.1.2.2 贝叶斯估计模型的建立

式(3.11)和式(3.12)是典型的无约束非线性最优化模型，本书采用 MCMC 方法确定优化模型中的最优参数 a_λ、b_λ。MCMC 方法是对贝叶斯推断理论的一种推广，结合 MC 方法实现了对统计学参数的有效估计。进行 MCMC 参数估计需要事先确定所估计模型的后验分布，以下给出基于贝叶斯估计方法建立的后验模型。

以天然气集输管道水力计算模型的修正模型为例，介绍贝叶斯参数估计的过程。根据式(3.11)可知，管道流量 q_v 和 p_r 是已知的天然气田生产过程中历史实测数据，现需要基于实测数据估计参数 a_λ 的最优值。进而给出 a_λ 的联合后验分布：

$$P(a_\lambda) \mid P(p_r, q_v) \propto P(a_\lambda) \prod_{i=1}^{n} (p_r \mid a_\lambda, q_v) \tag{3.13}$$

从而得到

$$P(a_\lambda) \prod_{i=1}^{n} (p_r | a_\lambda, q_v) \propto P(a_\lambda) \exp \sum_{i=1}^{n} \left[-\frac{1}{2\sigma^2} \left(p_r - p_z^2 - \frac{a_\lambda 4.105 \times 10^{-6} q_v^2 \Delta ZTL}{d^{16/3}} \right) \right]$$

(3.14)

基于以上分析，得到先验分布分别取为 $P(a_\lambda) \propto 1$，根据共轭分布法，可以得到参数 a_λ 的条件后验分布为 $N(\overline{a_\lambda}, s_0^2)$：

$$\overline{a_\lambda} = \frac{1}{n} \sum_{i=1}^{n} \left(p_r - p_z^2 - \frac{4.105 \times 10^{-6} a_\lambda q_v^2 \Delta ZTL}{d^{16/3}} \right)$$

(3.15)

$$s_0^2 = \frac{\delta^2}{n}$$

(3.16)

3.1.2.3 MCMC 方法修正参数估计

在得到了参数 a_λ 和 b_λ 的后验分布之后，采用 MCMC 方法进行随机抽样。采用 MCMC 方法处理问题的思路是：基于贝叶斯理论，结合先验信息和后验分布，通过重复更新采样数据的信息来产生一条或多条马尔可夫链（马氏链），进而得到平稳分布函数的抽样样本，最后根据这些样本开展蒙特卡洛模拟，得到问题的最终解。

定义 $\{X_t: t > 0\}$ 为一组随机的样本，这些样本的取值范围形成一个集合，记为 S，定义为状态空间。假设对于任意时刻和任意状态，均有：

$$P(X_{t+1} = s_j \mid X_t = s_i, X_{i-1} = X_{it-1}, \cdots, X_0 = s_{i0}) = P(X_{t+1} = s_j \mid X_t = s_i) \quad (3.17)$$

则称 $\{X_t: t > 0\}$ 为一条马氏链。从以上定义可以看出，下一时刻的状态只与当前时刻的信息有关，而不受以前的状态影响。转移概率（转移核）决定着马氏链的性质，是各状态间的一步转移概率，公式表示如下：

$$P(i, j) = P(i \to j) = P(X_{t+1} = s_j \mid X_t = s_i) \quad (3.18)$$

令 $\pi_j(t) = P(X_t = s_j)$ 为马氏链 t 时刻处于 s_j 的概率，$\pi(0)$、$\pi(t)$ 为马氏链在初始时刻和 t 时刻的处于各状态的概率向量。通常状况下，$\pi(0)$ 中除了一个分量为 1，其他均为 0。这种现象说明随着抽样过程的进行，马氏链会遍历空间的每一个状态。$\pi_{j+1}(t)$ 可以由 Chapman-Kolomogrov 方程给出：

$$\pi_{j+1}(t) = P(X_{t+1} = s_j) = \sum_k P(X_{t+1} = s_j \mid X_t = s_k)$$

$$= \sum_k P(k \to j) \pi_k(t) = \sum_k P(k, j) \pi_k \quad (3.19)$$

定义一个转移概率矩阵 P，其元素 $P(i, j)$ 表示状态 i 到状态 j 的转移概率，其满足如下条件：

$$\begin{aligned} P(i, j) &\geq 0 \\ \sum_j P(i, j) &= 1 \end{aligned}$$

(3.20)

则 Chapman-Kolomogrov 方程可以写为矩阵形式：

$$\pi(t + 1) = \pi(t) P \quad (3.21)$$

基于公式（3.21），经过变换可以得到：

$$\pi(t) = \pi(t - 1) P = [\pi(t - 2) P] P = \pi(t - 2) P^2 \cdots \pi(0) P^t \quad (3.22)$$

定义马氏链从 i 状态到 j 状态经过 n 步变换，其转移概率为 P_{ij}^n：

$$P_{ij}^n = P(X_{t+n} = s_j \mid X_t = s_i) \tag{3.23}$$

经过一定时间的状态转移，一个非周期性的马氏链可以达到一个稳定分布，该分布不受初始时刻的概率值影响，由式(3.24)进行表示：

$$\pi^* = \pi^* P \tag{3.24}$$

式中：π^* 为达到平稳细致分布后马氏链处于各状态的概率向量。

π^* 对应的各状态即为所要产生的随机样本。则其基本思路可以描述为：

（1）在随机变量的取值范围内，生成以 $P(\cdot, \cdot)$ 为转移概率矩阵，以 π^* 为平稳分布概率向量的马氏链。

（2）根据马氏链，将平稳时的各状态数值作为平稳分布的抽样样本序列。

（3）针对所得到的样本序列开展概率统计分析，得出待求问题的解。

由基本思路可以得到，转移概率矩阵决定着马氏链的产生，应用较为广泛的产生马氏链的方法有 Metropolis-Hastings 和 Gibbs 采样法。本书采用 Metropolis-Hastings 方法构造 MCMC 方法的马氏链。

Metropolis-Hastings 方法的核心是构建一个建议概率分布函数 $q( )$ 和一个函数 $a(x)$，使得：

$$p(x, y) = p(x \to y) = q(x, y) a(x, y) \tag{3.25}$$

式中：$p(x, y)$ 为转移核。

Metropolis-Hastings 方法的基本思路为：定义马氏链在 t 时刻的状态为 x，则有 $X^{(t)} = x$。在确定下一时刻马氏链的状态时，首先根据 $q( )$ 生成一个潜在转移方向 $x \to y$。然后根据函数 $a(x, y)$ 判断是否转移到下一时刻的状态，具体的判断方法为：在产生了潜在转移状态 y 后，在区间 $[0, 1]$ 内产生一个均匀分布随机数，公式如下：

$$X^{(t+1)} = \begin{cases} y, & u \leqslant a(x, y) \\ x, & u \geqslant a(x, y) \end{cases} \tag{3.26}$$

式(3.26)可以理解为，每一次转移状态的发生以 $a(x, y)$ 的概率接受转移，以 $1 - a(x, y)$ 的概率拒绝转移。$a(x, y)$ 的一般函数构造如下：

$$a(x, y) = \min \left\{ 1, \frac{\pi(y) q(y, x)}{\pi(x) q(x, y)} \right\} \tag{3.27}$$

则，$p(x, y)$ 可以写成：

$$p(x, y) = \begin{cases} q(x, y) & \pi(y) q(y \mid x) \geqslant \pi(x) q(x \mid y) \\ q(x, y) \dfrac{\pi(y)}{\pi(x)} & \pi(y) q(y \mid x) \leqslant \pi(x) q(x \mid y) \end{cases} \tag{3.28}$$

在进行问题求解时，通常将建议分布取为对称分布，即 $q(x, y) = q(y, x)$，则 $a(x, y)$ 表示为：

$$a(x, y) = \min \left\{ 1, \frac{\pi(y)}{\pi(x)} \right\} \tag{3.29}$$

基于以上经过一定时间的抽样运算即可得到马氏链随机样本，操作步骤简述为：

（1）初始化马氏链的状态为 $X^{(0)} = x_0$。

（2）根据马氏链在 t 时刻的状态 $X^{(t)} = x$，由 $q(x, y)$ 生成一个尝试转移状态 y。

（3）产生满足 $U(0, 1)$ 的随机数 u，判断是否 $u \leqslant a(x, y)$，如果是，则接受状态 y，$X^{(t+1)} = y$；否则，$X^{(t+1)} = x$。

（4）重复步骤（2）、步骤（3），逐次生成马氏链的各个状态。

基于以上所生成的马氏链的各个状态来表征不同的样本数据，统计样本数据的均值得到 a_λ 和 b_λ 的具体数值。基于 a_λ 和 b_λ 即可得到修正后的天然气集输管道水力和热力计算模型。

3.2 多目标天然气集输系统参数优化模型构建

3.2.1 天然气集输系统参数优化模型目标函数建立

（1）集输管道伴热运行目标函数。

一般来讲，气田集输管道参数优化是指在确定管网的布局走向之后，通过优化求解得到管道的规格等参数，即在确定管道拓扑信息之后进一步优化管道的建设费用。考虑到湿气集输管道内容易产生水合物，集气支线管道一般需要与电伴热带同沟敷设，以通过电伴热的方式来防止水合物的生成，然而电伴热带在建设以后难以调整，过大的电伴热功率会导致运行费用增大，过小的电伴热功率则不能保证管道运行的安全性，在管道建设之初，通过优化设计的方式确定最合理的电伴热功率，可以有效降低运行费用、提高天然气管道运行效率，基于集气管网的拓扑结构，以电伴热带功率为决策变量，以总运行费用最小建立目标函数：

$$\min F_0(P) = \sum_{i=1}^{N} \sum_{j=1}^{M_g} \beta_{P, i, j} P_{i, j} l_{i, j} + \gamma(P_{i, j}) \tag{3.30}$$

式中：F_0 为管道伴热运行总费用；M_g 为集气站的数量；N 为气井的数量；$\gamma(P_{i, j})$ 为管道伴热运行的附加费用，是伴热带功率的函数；$\beta_{P, i, j}$ 为气井 i 与集气站 j 之间管道电伴热功率为 $P_{\xi, i, j}$ 时单位长度伴热运行费用；$l_{i, j}$ 为气井 i 与集气站 j 之间的管道长度。

（2）气田集输管道建设投资目标函数。

在经过气田集输管网拓扑布局之后，管网结构已经确定，各级站场的处理量也由其所管辖的气井所确定，因而各级站场的建设费用可以视为定值，气田集输管道的建设参数优化重点在于管道自身参数及外附伴热设备参数。

① 集气支线管道总建设投资。

在基于气田集输管网布局优化得到管道的长度之后，集气支线管道的建设投资决定于集气支线管道的数目和规格。集气支线管道的数量应该等于气井的数目，而集气支线管道的规格则由集气站与气井的连接方式和集输范围所决定。另外，在集气支线管道建设过程中，电伴热带一般一并敷设，所以，集气支线管道的建设投资应该包含电伴热带的投资费用，以集气支线管道的管径、壁厚和电伴热带功率为决策变量，建立集气支线管道总建设投资的表征函数如下：

$$F_1 = \sum_{i=1}^{N} \sum_{j=1}^{M_g} \left[\pi \overline{\omega}_{i, j}^{CQ} l_{i, j}^{CQ} \delta_{i, j}^{CQ} (2D_{i, j}^{CQ} - \delta_{i, j}^{CQ}) + \alpha_{P, i, j} P_{i, j} l_{i, j}^{CQ} \right] \tag{3.31}$$

式中：F_1 为集气支线管道总建设费用；$\overline{\omega}_{i,j}^{CQ}$ 为集气支线管道管径为 $D_{i,j}^{CQ}$、壁厚为 $\delta_{i,j}^{CQ}$ 时单位体积管材的费用。

② 集气支干线管道总建设投资。

集气支干线管道一般数量较多、管径较粗，在总管道建设投资中占据绝对比重，为准确表征集气支干线管道建设投资，需要从管材、管道规格和长度方面进行分析。不同管材的钢管价格差别较大，管材的特异性可以由单位体积的管材费用表示。基于拓扑布局优化所得到的既有管网结构，以集气站和集气干线接口之间的管道规格为决策变量，建立集气支干线管道的总建设投资表达式：

$$F_2 = \sum_{i=1}^{M_g} \sum_{j=i+1}^{M_g+M_V} \pi \overline{\omega}_{i,j}^{GQ} l_{l,j}^{GQ} \delta_{l,j}^{GQ} (2D_{l,j}^{GQ} - \delta_{l,j}^{GQ}) \tag{3.32}$$

式中：F_2 为集气支干线管道总建设费用；M_V 为集气干线接口的数量；$\overline{\omega}_{i,j}^{GQ}$ 为集气支干线管道管径为 $D_{i,j}^{CQ}$、壁厚为 $\delta_{i,j}^{CQ}$ 时单位体积管材的费用；$l_{l,j}^{GQ}$ 为集气站 i 与集气站或接口 j 之间管道的等效长度；$D_{l,j}^{GQ}$ 为集气站 i 与集气站或接口 j 之间管道的管径；$\delta_{l,j}^{GQ}$ 为集气站 i 与集气站或接口 j 之间管道的壁厚。

③ 集气干线管道总建设投资。

集气干线管道通常为大管径管道，其单位造价要比采气和集气管道高，集气干线管道规格的选取直接影响总建设投资的大小。为了满足气田的滚动开发，方便新增产能的集输处理，集气干线管道一般为通径管道，即集气干线的若干管段管径相同。以集气干线管道的管道规格为决策变量，结合由拓扑布局优化得到的管道长度，建立集气干线管道的总建设投资表达式：

$$F_3 = \sum_{i=1}^{S} \sum_{j=1}^{M_{i,L}-1} \pi \overline{\omega}_i^{GX} l_{i.j, j+1}^{GX} \delta_i^{GX} (2D_i^{GX} - \delta_i^{GX}) \tag{3.33}$$

式中：F_3 为集气干线的建设费用；S 为集气干线的数目；$M_{i,L}$ 为第 i 条集气干线的走向点数目；$\overline{\omega}_i^{GX}$ 为第 i 条集气干线管道单位体积管材的费用；$l_{i.j, j+1}^{GX}$ 为第 i 条集气干线管道第 $<j, j+1>$ 管段的等效长度；D_i^{GX} 为第 i 条集气干线管道的管径；δ_i^{GX} 为第 i 条集气干线管道的壁厚。

将集气支线管道、集气支干线管道和集气干线管道的建设投资相加，得到气田集输管道的建设参数优化目标函数：

$$\min F_C = F_1 + F_2 + F_3 \tag{3.34}$$

综上，可以得到天然气田集输系统参数优化数学模型的目标函数：

$$\begin{aligned}
\min F_C(\boldsymbol{D}, \boldsymbol{\delta}, \boldsymbol{P}) &= \sum_{i=1}^{N} \sum_{j=1}^{M_g} \left[\pi \overline{\omega}_{i,j}^{CQ} l_{i,j}^{CQ} \delta_{i,j}^{CQ} (2D_{i,j}^{CQ} - \delta_{i,j}^{CQ}) + \alpha_{P,i,j} P_{i,j} l_{i,j}^{CQ} \right] \\
&+ \sum_{i=1}^{M_g} \sum_{j=i+1}^{M_g+M_V} \pi \overline{\omega}_{i,j}^{GQ} l_{l,j}^{GQ} \delta_{l,j}^{GQ} (2D_{l,j}^{GQ} - \delta_{l,j}^{GQ}) \\
&+ \sum_{i=1}^{S} \sum_{j=1}^{M_{i,L}-1} \pi \overline{\omega}_i^{GX} l_{i.j, j+1}^{GX} \delta_i^{GX} (2D_i^{GX} - \delta_i^{GX})
\end{aligned} \tag{3.35}$$

3.2.2 天然气集输系统参数优化模型约束条件建立

约束条件是优化模型应用于实际的关键，对于气田生产实际的把握和描述可以保证模型的有效性，本书针对天然气田集输管道生产运行过程中客观存在的流动特性等实际限制，考虑 CO_2 对管道规格参数选取的影响，建立优化模型的约束条件。

（1）管道稳定流动约束。

天然气集输管网作为一个独立、完整的流体网络，在经过一段时间的运行以后，各管道内的工艺参数趋于稳定，各管道内流体的温度、压力相互影响，但均应满足相应的水力、热力模型：

$$W(\boldsymbol{P}_{Pb}, \boldsymbol{P}_{Pe}, \boldsymbol{D}) = 0 \tag{3.36}$$

$$S(\boldsymbol{T}_b, \boldsymbol{T}_e, \boldsymbol{P}_{Pb}, \boldsymbol{P}_{Pe}, \boldsymbol{D}, \boldsymbol{\delta}) = 0 \tag{3.37}$$

式中：$\boldsymbol{P}_{Pb}$，$\boldsymbol{P}_{Pe}$ 分别为管网中所有管道的起终点压力设计向量；$\boldsymbol{T}_b$，$\boldsymbol{T}_e$ 分别为管网中所有管道的起终点温度设计向量；$S(\ )$ 为管网中所有管道参数满足温降模型；$W(\ )$ 为管网中所有管道参数满足压降模型。

（2）防治水合物约束。

为了防止集气支线管道在集输过程中因为高压、低温条件产生水合物，通过在集气支线管道外围伴随电伴热带，以实现对管道内湿气的热量补给，因而在合适的伴热带功率、管径、壁厚条件下，使得管道的运行温度大于水合物生成温度：

$$T_P(\boldsymbol{T}_b, \boldsymbol{P}, \boldsymbol{D}, \boldsymbol{\delta}) > t_w \tag{3.38}$$

式中：$T_P(\ )$ 为管道运行温度函数；t_w 为管道运行过程中会产生水合物的温度上限。

（3）管道运行工艺约束。

为保证集气支线管道、集气支干线管道、集气干线管道的稳定生产运行，各条管道的工艺运行参数应该在一定的范围内，即管道的起终点温度、压力应该满足一定的约束条件。压力约束是指各管道在符合集气系统压力级制条件下各管道的压降约束，比如气井节流后的压力应该大于集气站的最小进站压力、集气干线接口的压力应该小于与其相连接的集气管道终点压力、集气总站的外输压力应该大于外输系统压力等。温度约束是通过对各管道的起、终点温度进行限制，以使各管道安全运行，同时避免因温度设置不当所导致的费用增加，例如集气管道的起点温度应该小于加热炉的最大可加热温度，所以有如下约束条件：

$$p_{b,i,min} \leqslant p_{b,i} \leqslant p_{b,i,max} \quad i = 1, 2, \cdots, N + M_g + L \tag{3.39}$$

$$p_{e,i,min} \leqslant p_{e,i} \leqslant p_{e,i,max} \quad i = 1, 2, \cdots, N + M_g + L \tag{3.40}$$

$$T_{b,i,min} \leqslant T_{b,i} \leqslant T_{b,i,max} \quad i = 1, 2, \cdots, N + M_g + L \tag{3.41}$$

$$T_{e,i,min} \leqslant T_{e,i} \leqslant T_{e,i,max} \quad i = 1, 2, \cdots, N + M_g + L \tag{3.42}$$

式中：$p_{b,i,min}$，$p_{b,i,max}$ 分别为第 i 根管道的起点压力最小可行值和最大可行值；$p_{e,i,min}$，$p_{e,i,max}$ 分别为第 i 根管道的终点压力最小可行值和最大可行值；$T_{b,i,min}$，$T_{b,i,max}$ 分别为第 i 根管道的起点温度最小可行值和最大可行值；$T_{e,i,min}$，$T_{e,i,max}$ 分别为第 i 根管道的终点温度最小可行值和最大可行值。

（4）管道经济流速约束。

流速由流量、压力、管径等因素共同决定，对经济流速进行限制不仅可以约束压力、温度等决策变量的取值范围，还可以保证管道不因流速过小而引起运输费用增加，也能避免因流速过大所导致的对管道内阀件的冲刷，所以经济流速的限制表示为：

$$v_{\min} \leqslant v_i \leqslant v_{\max} \quad i = 1, 2, \cdots, N + M_P + L \tag{3.43}$$

式中：$v_{\min}$，$v_{\max}$ 分别为管道内天然气流速的可行最小值和可行最大值。

（5）管径、壁厚取值范围限制。

集输管道的管径、壁厚取值为离散数值，集输管道管径和壁厚的选取应该满足工业标准化系列管道规格，且由于集气支线管道内部输运着高含 CO_2 的气体，为了保证集输管道的安全生产，需要在满足强度要求的基础上预留腐蚀余量，因而有如下约束条件：

$$D_i \in \{D_{\min}, \cdots, D_{\max}\} \tag{3.44}$$

$$\delta_i \in \{\delta_{i\min}, \cdots, \delta_{i\max}\} \tag{3.45}$$

$$\xi_{ij}^{CQ} \delta_i = \xi_{ij}^{CQ}(\delta_S + \Delta\delta) \tag{3.46}$$

式中：$D_{\min}$，$D_{\max}$ 分别为管道标准化管径集合的最小值和最大值；$\delta_{\min}$，$\delta_{\max}$ 分别为管道标准化壁厚的可行最小值和可行最大值；δ_S 为管道满足强度设计要求的壁厚；$\Delta\delta$ 为应对酸性气体 CO_2 腐蚀的预留腐蚀余量。

（6）电伴热带功率取值约束。

电伴热带的功率选取取决于管道沿程的温度变化规律和水合物的生成温度，且其功率均为满足系列规格的离散数值，电伴热功率的选择应该遵循满足行业标准的一定范围内的规格：

$$P_{\min} \leqslant P_{i,j} \leqslant P_{\max} \quad i = 1, 2, \cdots, N; j = 1, 2, \cdots, M_g \tag{3.47}$$

式中：$P_{\min}$，$P_{\max}$ 分别为集气支线管道电伴热功率的可行最小值和可行最大值。

3.2.3 完整优化模型

为了直观展示天然气集输系统多目标参数优化模型，将目标函数和约束条件合写在一起，可以得到

$$\min F_O(\boldsymbol{P}) = \sum_{i=1}^{N} \sum_{j=1}^{M_g} \beta_{P,i,j} P_{i,j} l_{i,j} + \gamma(P_{i,j})$$

$$\min F_C(\boldsymbol{D}, \boldsymbol{\delta}, \boldsymbol{P}) = \sum_{i=1}^{N} \sum_{j=1}^{M_g} \left[\pi \overline{\omega}_{i,j}^{CQ} l_{i,j}^{CQ} \delta_{i,j}^{CQ} (2D_{i,j}^{CQ} - \delta_{i,j}^{CQ}) + \alpha_{P,i,j} P_{i,j} l_{i,j}^{CQ} \right]$$

$$+ \sum_{i=1}^{M_g} \sum_{j=i+1}^{M_g+M_V} \pi \overline{\omega}_{i,j}^{GQ} l_{l,j}^{GQ} \delta_{l,j}^{GQ} (2D_{l,j}^{GQ} - \delta_{l,j}^{GQ})$$

$$+ \sum_{i=1}^{S} \sum_{j=1}^{M_{i,L}-1} \pi \overline{\omega}_i^{GX} l_{i,j,j+1}^{GX} \delta_i^{GX} (2D_i^{GX} - \delta_i^{GX})$$

$$\text{s. t.} \qquad W(\boldsymbol{P_{Pb}}, \boldsymbol{P_{Pe}}, \boldsymbol{D}) = 0$$

$$S(\boldsymbol{T_b}, \boldsymbol{T_e}, \boldsymbol{P_{Pb}}, \boldsymbol{P_{Pe}}, \boldsymbol{D}, \boldsymbol{\delta}) = 0$$

$$T_P(\boldsymbol{T_b}, \boldsymbol{P}, \boldsymbol{D}, \boldsymbol{\delta}) > t_w$$

$$p_{b,i,\min} \leqslant p_{b,i} \leqslant p_{b,i,\max} \quad i = 1, 2, \cdots, N + M_g + L$$

$$p_{e,i,\min} \leqslant p_{e,i} \leqslant p_{e,i,\max} \quad i = 1, 2, \cdots, N + M_g + L$$

$$T_{b, i, min} \leqslant T_{b, i} \leqslant T_{b, i, max} \quad i = 1, 2, \cdots, N + M_g + L$$

$$T_{e, i, min} \leqslant T_{e, i} \leqslant T_{e, i, max} \quad i = 1, 2, \cdots, N + M_g + L$$

$$v_{min} \leqslant v_i \leqslant v_{max} \quad i = 1, 2, \cdots, N + M_P + L$$

$$D_i \in \{D_{min}, \cdots, D_{max}\}$$

$$\delta_i \in \{\delta_{imin}, \cdots, \delta_{imax}\}$$

$$\xi_{ij}^{CQ} \delta_i = \xi_{ij}^{CQ}(\delta_S + \Delta\delta)$$

$$P_{min} \leqslant P_{i, j} \leqslant P_{max} \quad i = 1, 2, \cdots, N; j = 1, 2, \cdots, M_g$$

3.3 多目标天然气集输系统参数优化模型求解

气田集输管道参数优化模型是典型的多目标、多约束、多变量非线性优化模型，由于模型中含有管道规格、电伴热带功率等离散决策变量，所以，该问题是最优化领域非常难以求解的多目标混合整数非线性规划问题（MMINLP），为了有效求解该模型，基于上一章所提出的混合蛙跳—烟花算法，创建可直接求解多目标优化问题的多目标混合蛙跳—烟花算法，继而建立该模型的求解方法。

3.3.1 多目标混合蛙跳—烟花算法构建

针对气田集输管道参数优化模型所具有的多目标共同导向、高度非线性约束限制可行方案、离散变量相互耦合等求解难点，若采用传统的多目标优化处理方法，如加权法、主目标法、分层序列法等进行求解时容易存在如下问题：

（1）传统方法求解多目标优化问题时，对Pareto最优前沿形状比较敏感，不能处理前端的凹部。

（2）传统方法在求解多目标优化问题获得可行解数目少，而对于气田集输管道参数优化则需要多方案的优选对比。

（3）传统方法需要优先确定每个单目标下优化模型的上、下界值，耗时较多，而不同目标之间相互矛盾，所求解费时且不一定可行。

（4）传统方法为人为分配每个目标函数的优先层次、权重，带有个人主观性，难以保证整体最优性。

针对传统优化方法存在的不足，基于NSGA-Ⅱ多目标优化算法的设计思想，构建了多目标混合蛙跳—烟花算法（MSFL—FW）。在给出MSFL—FW多目标优化算法之前，先介绍四个重要概念：

（1）对于给定的两个解 $x, z \in \Omega$，若对于 m 个目标，均有 $f(x_i) \leqslant f(z_i)$，则 x 支配 z。

（2）如果 x 不被其他任何解支配，则 x 就是帕累托最优解（Pareto Optimal Solution）。

（3）所有帕累托最优解组成的集合称为帕累托最优解集（Set of Pareto Optimal Solutions，简称PS）。

（4）所有帕累托最优解的目标向量组成的集合称为帕累托最优前沿面（Pareto Optimal front，简称PF）。

随着计算智能和计算机技术的发展，诸多学者提出了对于多目标优化问题的求解的智能优化算法，比如多目标进化算法（MOEA）、多目标粒子群算法（MPSO）、带精英策略的非支配排序遗传算法（NSAG-Ⅱ）等。但随着目标函数的复杂化和问题维度的升高，现有的多目标优化算法存在如下不足：

（1）随着目标数量的增多，构造近似帕累托前沿面所需解的个数呈指数级增长。选择大规模的种群可以增加求解的能力，但计算耗时长；而规模小的种群中非支配个体数量显著增加，不利于算法收敛。

（2）随着目标维数的增加，如果保持种群的多样性，个体之间的相关性就会降低，这会降低多目标进化算法的收敛速度；如果使种群中的个体之间的相关性比较强，这就无法保持种群的多样性。

基于以上研究现状，以及改进的混合蛙跳—烟花算法，研究建立了一种多目标优化求解算法。本书上一章中证明了混合蛙跳—烟花算法对于单目标最优化问题的全局收敛性，采用数值分析了混合蛙跳—烟花算法求解性能的全面性，因而将混合蛙跳—烟花算法进行迭代规则和主控参数的设计，将其变化成为多目标优化算法是可行的。以下给出多目标SFL—FW优化算法的主控参数设计：

（1）群体多样性维护。

对于保持非支配解集的多样性策略问题，现有成果中的维护多样性的策略主要包括Maximin策略、拥挤距离策略、自适应网格策略、小生境策略等，其中，Maximin策略和拥挤距离策略因为可以适应不同优化问题特异性、无需额外主控参数的优点被广泛应用在各个领域。本书基于Maximin策略和拥挤距离策略，设计了多目标混合蛙跳—烟花优化算法的群体信息维护操作。

Maximin策略起源于博弈理论，被Balling首次应用于多目标优化问题，根据定义，一个个体x_i的Maximin适应度函数为：

$$f_{MM}(x_i) = \max_{\substack{j=1,\cdots,N \\ j \neq i}} \left\{ \min_{l=1,\cdots,m} \left[f_l(x_i) - f_l(x_j) \right] \right\} \tag{3.48}$$

式中：$f_{MM}(x_i)$为个体x_i的适应度值；N为群体规模；m为目标函数的数量。

以上Maximin适应度函数没有考虑不同目标函数的量纲对于求解偏向性的影响问题，应首先予以归一化处理，可采用式（3.49）将单目标函数值进行归一化计算。

$$f_l(x_i) = \frac{f_l(x_i) - \min_l [f_l(x_i)]}{\max_l [f_l(x_i)] - \min_l [f_l(x_i)]} \tag{3.49}$$

此外，Maximin适应度值可以评价个体的优劣，但当两个个体的Maximin适应度值相等时，则需采用NSGA-Ⅱ算法中的拥挤距离策略比较两个个体的质量好坏，计算得到拥挤距离更大的个体更优，即表明在多目标优化的解空间中，个体之间的相对距离越大则代表个体对于最优解的逼近更彻底（图3.2）。

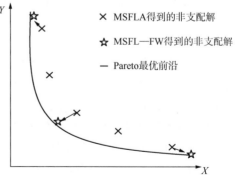

图3.2　MSFL—FW 和 MSFLA 算法
非支配解的分布

（2）算法优越性分析。

相较于多目标混合蛙跳算法（MSLFA），由于混合蛙跳—烟花算法中增加了改进的爆炸算子、改进的变异算子和镜像搜索算子，使得混合蛙跳—烟花算法在迭代后期仍然保持了群体的多样性，通过改进的爆炸算子在当前解周围有效进行了多方向探索，而改进的变异算子更是增加了算法对于新解的挖掘，镜像搜索算子则基于构造镜像搜索方向来提升算法寻优效率，这三种改进算子增加了找寻到最优解的概率，因而在进行多目标优化问题求解时，多目标混合蛙跳—烟花算法（MSFL—FW）所得到的非支配解能更加接近 Pareto 最优前沿。

基于以上算法主控参数设计，给出多目标混合蛙跳—烟花算法对于任意多目标优化问题的主要执行步骤：

（1）随机产生 G 个个体并储存在 p_0 中；置初始非支配解集 $A_O=\phi$，并给定非支配解集的规模 χ；令迭代次数 $k=0$。

（2）将 p_0 中的非支配解更新到 A_O 中，并根据混合多样性策略排序，形成 A_1，令 $p_1=p_0$。

（3）令 $k=k+1$，开始循环迭代。

（4）群体 p_k 正常执行混合蛙跳—烟花算法的算子及流程，更新群体 p_k；以 A_k 前20%的非支配解中随机选取的个体为 p_k 群体中的当前最优蛙，执行混合蛙跳—烟花算法生成 G 个个体，形成群体 Q_k。将产生的群体 Q_k 与 p_k 合并并储存于 R_k 中，这时 R_k 共包含 $2G$ 个个体。

（5）根据混合多样性策略对 R_k 进行排序，选择前 G 个个体组成下一代群体 p_{k+1}，并将 R_k 中的非支配解与原解集 A_k 混合形成待选择集 A'_k。

（6）对 A'_k 进行混合多样性策略排序，删除其中的被支配解，更新非支配解集 A_k。

（7）判断是否满足终止条件，若不满足算法终止条件，则返回步骤（3）继续迭代；否则，结束程序，输出 A_{k+1} 中的非支配解。

3.3.2 天然气集输系统参数优化模型求解

基于所提出的多目标混合蛙跳—烟花算法，从气田集输管道参数优化模型的决策变量和约束条件出发，构建基于科学个体编码的多目标混合算法群体，确定违反约束条件个体的处理方式，通过设置算法的主控参数，实现气田集输管道参数优化模型的有效求解。

（1）群体创建。

对于多目标优化算法而言，构建优化模型的求解群体是进行迭代求解的基础，群体中的个体即为存储优化信息的载体。相较于单目标优化，多目标混合蛙跳—烟花算法在求解过程中不仅需要确定基本算法群体，同时还需要确定存储非支配解的解集，因而基于优化模型中的决策变量，构建如下个体编码：

① 基本算法群体的个体存储信息编码。

分析气田集输管道参数优化模型可知，模型的决策变量为管道的管径、壁厚、电伴热带功率，通过分析这三类变量可知，其均为整数及离散变量，可根据其数值需求设置编码方式，如下所示：

$$c_B^i = \left[(D_1^i, D_2^i, \cdots, D_{N+M_g+L}^i); (\delta_1^i, \delta_2^i, \cdots, \delta_{N+M_g+L}^i); \right.$$
$$\left. (P_{\xi,1}^i, P_{\xi,2}^i, \cdots, P_{\xi,N+M_g+L}^i) \right] \quad i = 1, 2, \cdots, G \tag{3.50}$$

式中：c_B^i 为基本迭代群体的第 i 个个体；D_j^i 为第 i 个个体中第 j 根管道的管径；δ_j^i 为第 i 个个体中第 j 根管道的壁厚；$P_{\xi,j}^i$ 为第 i 个个体中第 j 根管道的电伴热带功率。

② 基本算法群体的个体计算信息编码。个体信息编码可以直观地存储决策变量的求解信息变化，但对于本书中的参数优化模型而言，由于工业预制管道的规格，以及管径与壁厚之间存在固定的匹配关系，电伴热带功率也为离散的数值变量，若直接基于公式(3.49)所示的实数编码进行迭代求解，易导致管径与壁厚之间的对应关系缺失，因而本书增加了个体计算编码参与迭代计算。将管径和壁厚统一为管道规格变量，并对其应用序号表征，得到个体计算编码如式(3.51)所示：

$$\chi_c^i = \left[\nu_{c,1}^i, \nu_{c,2}^i, \cdots, \nu_{c,N+M_g+L}^i; \kappa_{c,1}^i, \kappa_{c,2}^i, \cdots, \kappa_{c,N+M_g+L}^i) \right] \quad i = 1, 2, \cdots, G \tag{3.51}$$

式中：χ_c^i 为对应于 c_B^i 个体的计算个体；$\nu_{c,j}^i$ 为对应于 c_B^i 个体的第 j 根管道的管道规格编号；$\kappa_{c,j}^i$ 为对应于 c_B^i 个体的第 j 根管道的电伴热带功率编号。

③ 非支配解的个体编码。

非支配解的个体需要存储非支配解的信息，所以其编码方式与个体信息编码相类似，得到如下编码结构：

$$a_p^i = \left[(D_1^i, D_2^i, \cdots, D_{N+M_g+L}^i); (\delta_1^i, \delta_2^i, \cdots, \delta_{N+M_g+L}^i); \right.$$
$$\left. (P_{\xi,1}^i, P_{\xi,2}^i, \cdots, P_{\xi,N+M_g+L}^i) \right] \quad i = 1, 2, \cdots, G \tag{3.52}$$

式中：a_p^i 为非支配解集中的第 i 个个体。

(2) 约束条件处理。

与 NSGA-Ⅱ算法中采用的锦标赛方法进行约束处理不同，多目标混合蛙跳—烟花优化算法则采用基于可行性准则的个体排序方式处理约束条件。

① 可行性准则。

通过计算个体的约束违反度，即计算个体信息超出约束边界的程度，具体计算公式如(3.53)所示，既可以定量分析该个体所携带的解的信息优劣，通过比较所有个体的约束违反度和适应度函数值，即可确定群体中进入下一次迭代计算的个体，令 x_i 和 x_j 是群体中的任意两个个体，具体比较准则为：

a. x_i 和 x_j 均为不可行解，若 x_i 的约束违反度小于 x_j 的约束违反度，则个体 x_i 优于个体 x_j。

b. x_i 和 x_j 均为可行解，若 x_i 的目标函数值小于 x_j 的目标函数值，则个体 x_i 优于个体 x_j。

c. x_i 为可行解，x_j 为不可行解，x_i 优于 x_j。

$$\phi_j(x) = \begin{cases} \max\{g_i(x), 0\} & i = 1, 2, \cdots, p \\ \max\{|h_i(x)| - \varepsilon, 0\} & i = p+1, p+2, \cdots, m \end{cases} \tag{3.53}$$

式中：$\phi_i(x)$ 为第 j 个个体的约束违反度；$g_i(x)$ 为第 i 个不等式约束；$h_i(x)$ 为第 i 个等式约束。

② 混合多样性排序策略。

基于所述可行性准则，将适应度值和约束条件分别处理，对气田集输管道参数优化模型求解的基本求解群体和非支配解集均采用混合排序原则，具体的个体排序原则为：a. 对于可行解，排序依次考虑 Maximin 适应值、拥挤距离；b. 对于不可行解，以违反约束度从小到大排序；c. 可行解优先于不可行解。

基于以上绘制算法的迭代流程图如图 3.3 所示。

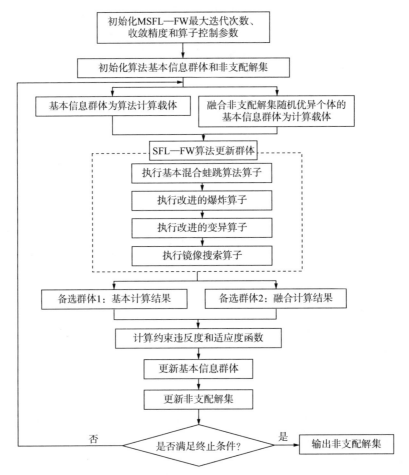

图 3.3　气田集输管道参数优化求解流程图

3.4　天然气集输系统参数优化技术应用

3.4.1　气田集输管网基础信息

基于第 2 章中所列举的实例，本章在该实例的基础上进一步优化设计每条管道的具体建设参数和伴热运行参数。徐深气田某区块于 2004 年投入试采开发，基建气井 42 口，建成产能 $8.07×10^8 m^3/a$。为了实现气田的滚动开发，近年来，该区块新建投产气井 12 口，该 12 口气井初期日产气量为 $140.9 \times 10^4 m^3$，日产水量为 $37.3 m^3$，正常开井压力在 24～30MPa 之间，气井井口参数见表 3.1，12 口井 CH_4 含量在 95% 左右，CO_2 含量在 0.37%～0.87% 之间，气井气组成见表 3.2。所有管道的管材均选用 20# 无缝钢管。该区块位于黑龙江省肇州县，周边障碍主要有地任子等村屯 9 处，12 口气井的井位分布、集输管网布局、障碍分布的拓扑布局如图 3.4 所示。

表 3.1 新建产能区块 12 口气井井口参数表

井　号	正常开井压力（MPa）	稳定日产气（$10^4 m^3$）	日产水（m^3）	温度（℃）
徐深 1-平 4	29.0	20	5.5	55
徐深 6-301	26.0	15	4.5	50
徐深 6-303	29.2	15	5.5	53
徐深 6-302	28.0	10	1.6	48
徐深 6-304	28.0	10	1.6	48
徐深 6-305	27.0	5.0	1.3	30
徐深 6-306	30.0	11.2	2.8	45
徐深 6-307	29.0	8.9	2.2	40
徐深 6-308	30.0	13.4	3.4	48
徐深 6-309	30.0	12.3	3.1	45
徐深 6-310	29.0	10.1	2.5	45
徐深 6-平 2	24.0	10.0	2.5	35
合计		140.9	36.5	

表 3.2 气井气组分表

井号	相对密度	C_1（%）	C_2（%）	C_3（%）	iC_4（%）	CO_2（%）	N_2（%）
徐深 1-平 4	0.5763	96.49	1.79	0.17	0.1	0.46	0.99
徐深 6-301	0.5765	96.36	2.18	0.2	0.11	0.37	0.78
徐深 6-303	0.5793	95.785	2.165	0.242	0.072	0.503	1.083
徐深 6-302	0.5779	96.01	2.27	0.23	0.1	0.37	1.00
徐深 6-304	0.5904	94.67	2.62	0.42	0.18	0.87	1.21
徐深 6-305	0.5784	96.11	2.21	0.21	0.08	0.51	0.84
徐深 6-306	0.5779	96.01	2.27	0.23	0.10	0.37	1.00
徐深 6-307	0.5765	96.36	2.18	0.20	0.11	0.37	0.78
徐深 6-308	0.5765	96.36	2.18	0.20	0.11	0.37	0.78
徐深 6-309	0.5766	96.34	2.18	0.19	0.09	0.38	0.80
徐深 6-310	0.5766	96.34	2.18	0.19	0.09	0.38	0.80
徐深 6-平 2	0.5755	96.39	2.36	0.27	0.08	0.14	0.76

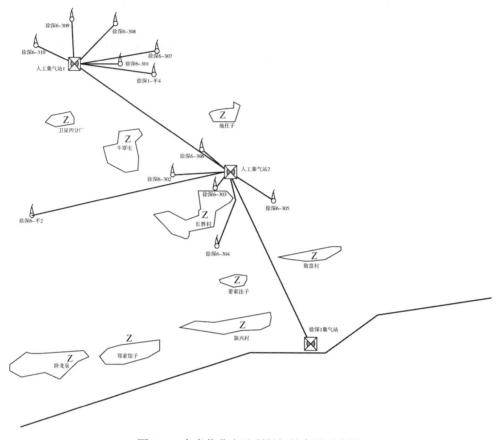

图 3.4　本书优化方法所得拓扑布局示意图

3.4.2　天然气集输系统参数优化

　　基于本书中所提出的天然气集输系统参数优化理论方法和所开发的"规划方案优化辅助平台"软件，对该区块内的新建管道进行参数优化。首先，根据现场实际，将气井的产气量、产水量、气质参数录入"规划方案优化辅助平台"软件中，并将其数值赋值给相应基础变量。其次，根据井口压力和经验压力级制确定出采气管道和集气管道的起、终点温度和压力约束，基于程序代码计算管道水合物生成温度。最后，设置迭代求解参数，并通过软件计算求解得到气田集输管道规格及电伴热带功率。

　　在基于气田集输管网拓扑布局优化求解得到管网布局结构之后，采用本章所提出的优化模型和求解方法进行管道建设及运行参数的有效求解，在借助所编制的软件进行高效计算的同时，还需要设置相应的控制参数以实现精确求解。基于软件对模型进行了 20 次求解，每次迭代求解的主控参数为：多目标混合蛙跳—烟花算法中的基本信息群体和非支配解集群体规模为 50，最大迭代次数 $I_{max}=1000$，最大稳定迭代次数为 30，收敛精度为 $\varepsilon=10^{-6}$，爆炸半径的上限和下限控制参数分别为 $A_{max}=50$、$A_{min}=10^{-10}$，无限混沌映射控制参数 $a=50$、$b=1$，最大和最小偏移距离分别为 $R_{max}=50$、$R_{min}=1$。求解得到集输管道规格和电伴热带功率见表 3.3 至表 3.5，管道总建设费用见表 3.6。

表 3.3　集气支线管道优化前后结果对比

集气站	井　号	人工方案集气支线管道		优化后方案集气支线管道	
		规格（mm×mm）	长度（km）	规格（mm×mm）	长度（km）
新建集气站 1	徐深 6-302	ϕ89×14	1.31	ϕ89×11	1.27
	徐深 6-304	ϕ89×14	1.57	ϕ89×11	1.18
	徐深 6-305	ϕ89×14	2.26	ϕ76×10	1.09
	徐深 6-306	ϕ89×14	1.52	ϕ89×11	0.88
	徐深 6-平 2	ϕ89×14	1.45	ϕ89×11	2.98
	徐深 6-303	ϕ89×14	1.52	ϕ89×11	0.57
新建集气站 2	徐深 6-307	ϕ89×14	1.42	ϕ76×10	1.4
	徐深 6-308	ϕ89×14	1.43	ϕ89×11	1.11
	徐深 6-309	ϕ89×14	1.42	ϕ89×11	0.91
	徐深 6-310	ϕ89×14	1.41	ϕ89×11	0.94
	徐深 1-平 4	ϕ89×14	1.38	ϕ89×11	1.41
	徐深 301	ϕ89×14	0.98	ϕ89×11	1.01
合计			17.67		14.75

表 3.4　集气支干线管道优化前后结果对比

人工方案集气管道		优化后方案集气管道	
规格（mm×mm）	长度（km）	规格（mm×mm）	长度（km）
ϕ219×8	5.22	ϕ219×6	4.70

表 3.5　电伴热功率优化前后结果对比

集气站	井　号	人工方案电伴热带		优化后方案电伴热带	
		功率（W）	长度（km）	功率（W）	长度（km）
新建集气站 1	徐深 6-302	26	1.31	26	1.27
	徐深 6-304	26	1.57	26	1.18
	徐深 6-305	26	2.26	24	1.09
	徐深 6-306	26	1.52	26	0.88
	徐深 6-平 2	26	1.45	26	2.98
	徐深 6-303	26	1.52	26	0.57
新建集气站 2	徐深 6-307	26	1.42	24	1.4
	徐深 6-308	26	1.43	26	1.11
	徐深 6-309	26	1.42	26	0.91
	徐深 6-310	26	1.41	26	0.94
	徐深 1-平 4	26	1.38	26	1.41
	徐深 6-301	26	0.98	26	1.01

表 3.6　总建设投资优化前后对比

优化对比	采气管道投资(万元)	集气管道投资(万元)	管网总投资(万元)
人工方案	2795.52	373.94	3169.46
优化后方案	2237.14	288.87	2526.017
优化结果	558.38	85.07	643.44

从表 3.3 至表 3.6 中可以看出，本书所构建的优化模型和求解方法有效，能够较好地实现多目标非线性优化问题的求解。利用"规划方案优化辅助平台"对该实例进行 20 次计算，20 次求解全部收敛，平均终止迭代次数为 457 次，20 次迭代求解的总费用结果最大只相差 3.24 万元。优化后的管道参数方案与人工设计的管道参数方案相比，集气支线管道建设投资减少 558.38 万元，节约投资 19.97%，集气支干线管道建设投资减少 85.07 万元，节约投资 22.75%，管道总建设费用减少 643.44 万元，节约总投资 20.3%，证实了本书所提出的多目标混合蛙跳—烟花算法的求解有效性，也证明了所开发软件平台的高效性。

4 大型天然气集输系统布局简化优化方法

近些年来，我国一些主力天然气田已经步入开采中后期，天然气集输系统呈现集输效率低、生产成本高、集输设施腐蚀老化严重等问题，亟须开展简化优化研究，通过关停一些低负荷率、处理效率低等天然气集输站场，可以更好地整合现有资源，激活当前集输系统的生产能力，从而降低生产成本、提高生产效率。目前，部分天然气田已经着手开展集输系统的简化优化工作，但大都依据经验开展，缺乏科学的最优化决策理论方法。

大型天然气集输系统简化优化工作面临三个难题：一是具体如何进行简化优化，目前少有报道关于简化优化理论相关的成果，对已有系统的布局重构缺乏明确的优化设计规则；二是即使建立了天然气集输系统简化优化模型，但该模型涉及是否关停等整数变量，与其他连续型变量一同构成了混合整数非线性规划模型，特别在对于大规模的天然气集输系统，求解效率极难保证[26-28]，需要构建一种有效的求解方法；三是通过最优化决策进行简化优化可以指导关停一些低效率的集气站，但是对于还未达到关停标准的站场，如何通过调整工艺流程来实现提升系统集输效率、减少系统运行能耗的目标是值得专门研究的问题。针对以上三大难题，研究建立了天然气集输系统简化优化数学模型，提出了混合智能优化求解策略，针对集输系统中的站场给出了集输工艺简化优化的方案，以促使天然气集输系统高效、平稳运行目标的达成。

4.1 天然气集输系统布局简化优化模型建立及求解

4.1.1 集输系统布局简化优化模型特异性分析

天然气集输系统布局简化优化（图4.1）是通过构建优化模型和求解方法来获取最优的布局方案[29]，以使总投资最少、系统平均负荷率最高，其中优化模型是布局方案质量优劣的"导向"。与天然气集输系统新增布局优化相同，布局的简化优化同样是以优化目标、约束条件和决策变量为建模核心，而模型三要素的主要特征和表征则大不相同。新增天然气集输系统布局优化和中后期天然气集输系统布局简化优化均可归结为受约束的多级网络系统结构优化问题，但新增天然气集输系统中站场规模相对固定，与站场关停、集输流程及拓扑结构随之变动的简化优化相比差异显著，本质上是天然气集输系统布局简化优化问题的松弛特例。进一步，从二者优化模型上的差别探究中布局简化优化模型的三要素，主要表现在：（1）新增天然气集输系统决策变量以网络结构参数（$x_1, x_2, \cdots, x_m$）为主，而布局简化优化还需要考虑站场关停决策变量（$x_{m+1}, \cdots, x_l$）和不同简化优化模式对应的集输流程选择变量（$x_{l+1}, \cdots, x_n$），其是简化优化模型决策变量的子集；（2）简化优化模型的目标函数是根据决策偏好建立的以决策变量为自变量的函数，本质上是构建高维空间中的具有极值条件的映射关系；（3）二者同样关注集输站场的位置与数量、管道的长度与走向、站场规模及管道规格，差异性主要在于简化优化特有的可行优化调整方案约束（$\varphi_j \geqslant 0$）和拓扑网络"重生成约束"（$g'_i \geqslant 0$）。可以看出，多级可变天然气集输系统的简化优化模型决策变量更多样、函数形式更复杂、模型规模更庞大，建立通用于不同优化调整模式的优化模型难度巨大。

新增集输系统布局优化模型：

$$\min f(x_1，x_2，\cdots，x_m)$$
$$\text{s. t.} \begin{cases} g_i(x_1，x_2，\cdots，x_m) \geqslant 0 \\ x_1，\cdots，x_m \geqslant 0 \end{cases}$$

集输系统布局简化优化模型：

$$\min F(x'_1，x'_2，\cdots，x'_n)$$
$$\text{s. t.} \begin{cases} g'_i[g_i(x'_1，\cdots，x'_m)，x'_{m+1}，\cdots，x'_n] \geqslant 0 \\ \varphi_j(x'_1，x'_2，\cdots，x'_n) \geqslant 0 \\ x'_1，\cdots，x'_n \geqslant 0 \end{cases}$$

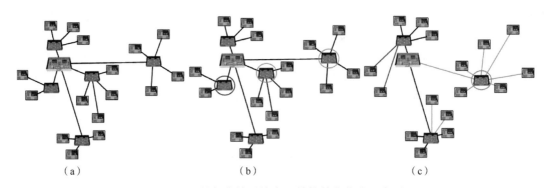

（a）　　　　　　　　　　（b）　　　　　　　　　　（c）

图4.1　天然气集输系统布局结构简化优化示意图

4.1.2　天然气集输系统布局简化优化模型建立

以天然气集输站场关停与否标记变量、合建站标记变量、管网连接关系变量为决策变量，考虑经济改造边界、站场负荷、流动经济性等约束限制，研究建立天然气集输系统简化优化数学模型。所建立的简化优化模型应该满足如下假设条件：

（1）所有集输站场在达到改造水平之后均可以改造。

（2）对于站场的改造方式为关停和合建。

（3）站场内设备能够满足管道沿程的水力及热力能耗。

（4）所有天然气集输管道内的流动状态均为满流运行。

基于以上假设，分别建立天然气集输系统布局简化优化数学模型的目标函数和约束条件，形成天然气集输系统布局简化优化数学模型。

4.1.2.1　布局简化优化模型目标函数的建立

天然气集输系统布局简化优化模型的目标函数是进行集输系统优化调整所期望达成目标的数学表达，也是优化模型求解和优化决策的基础。相较于新增布局优化模型，布局简化调整的优化更加关注系统的协调性和经济性，因而对于新增布局优化中以管道总长度极小化为目标的建模方式已不再适用于简化优化模型的构建。本书将集输系统简化调整所涉及的投资费用进行函数化表达，构建了天然气集输系统布局简化优化数学模型的目标函数。

为建立天然气集输系统布局简化优化数学模型的目标函数，需要厘清各变量之间的数学关系，确定决策变量，经分析可知，集气站和集气总站是否关停、合并新建集输站场的几何位置、因系统简化调整所导致的各类新建集输管道的连接关系是影响天然气集输系统简化优化决策的关键，因而这里以集输站场关停与否标记变量、合建站标记变量、管网连接关系变量为决策变量，研究建立了天然气集输系统布局简化优化数学模型的目标函数。

基于已确定的决策变量，将简化优化所涉及的各级别站场视为顶点集 V ，同时将各类集输管道视为边集 E ，则可以将天然气集输系统视为赋权有向图 $G(V, E)$ ，继而以天然气田中较为常见的辐射—枝状网络结构为例，构建布局简化优化数学模型。天然气集输系统调整简化的建设投资应该包含新建管道和新建站场的费用，站场主要在于合建新的站场的费用，而管道则指集气总站、集气站关停之后，其低级的集气站、气井新修建的与其他集气总站、集气站相连接的管道。决定建设投资大小的因素包括站场规模、站场几何位置、新建管道的连接关系、新建管道的规格，则天然气集输系统布局简化优化数学模型的目标函数具体可以划分为三部分：

$$\min F = F_1 + F_2 + F_3 \tag{4.1}$$

式中：F 为管网总建设费用；F_1 为新建集输站场的总建设费用；F_2 为新建集气支线管道的总建设费用；F_3 为新建集气干线和支干线管道的总建设费用。

（1）新建集输站场建设费用。

为了提高天然气集输系统的运行效率，需要对系统中运行效率低、负荷率低的站场进行关停，而为了保证关停站场下属环节生产的正常进行，需要新建集气站或者集气总站以保证生产工艺的正常运转，集输站场的建设投资主要包括场地的基础建设费用和处理设备费用等，因而可以得到如下表达式：

$$F_1 = \sum_{k \in I_{S_U}} \chi_k C_{S, k}(Q_{U, k}) \tag{4.2}$$

式中：I_{S_U} 为表征 S_U 的数集，S_U 为包含原有站场关停后剩余的站场与新建集输站场节点的集合，$S_U = C_{S_o}(S_\tau) \cup S_n$ ，其中 S_o 表示原有的集输站场节点集合，S_n 表示新建的集气站和集气总站节点集合，S_τ 为关停站场的集合，且满足 $S_\tau \subset S_o$ ，S_τ 由 0-1 变量 τ_k 所决定，$C_{S_o}(\ )$ 为求补集运算；$C_{S, k}(Q_{U, k})$ 为第 k 个新建站场节点的建设费用，与处理量成正比；$Q_{U, k}$ 为新建集输站场的处理量；χ_k 为集输站场新建标志，若该集输站场新建，则取值为 1，否则，取值为 0。

（2）新建集气支线管道建设费用。

在天然气集输系统的优化调整过程中，若低负荷率的集气站被关停，则该集气站下属的天然气井需要重新选择另外一个集气站建立管道连接，以保证天然气从井口到集气站的平稳集输，新建的集气支线管道费用主要与管道长度相关，因而可以得到新建集气支线管道的总投资为：

$$F_2 = \sum_{i \in I_{S_w}} \sum_{j \in I_{S_s}} \sum_{a \in s_{P_s}} \eta_{\mathrm{B},\,i,\,j} \gamma_{\mathrm{B},\,i,\,j,\,a} C_{\mathrm{P}}(D_a,\,\delta_a) L_{\mathrm{B},\,i,\,j} \tag{4.3}$$

式中：I_{S_w} 为表征 S_o 中气井节点的数集；I_{S_s} 为表征集气站节点的数集；s_{P_s} 为管道标准规格集合；$\eta_{\mathrm{B},\,i,\,j}$ 为气井节点 i 和集气站节点 j 之间的新增管道连接关系 0-1 变量，若新建取值为 1，否则，取值为 0；$\gamma_{\mathrm{B},\,i,\,j,\,a}$ 为气井节点 i 和集气站节点 j 之间是否采用第 a 种规格的管道的标记变量，若采用，取值为 1，否则，取值为 0；$C_{\mathrm{P}}(D_a,\,\delta_a)$ 为第 a 种规格单位长度管道的建设费用；$L_{\mathrm{B},\,i,\,j}$ 为气井节点 i 和集气站节点 j 之间管道的长度，若二者之间不受限于障碍，则 $L_{\mathrm{B},\,i,\,j}$ 为直线距离，否则为采用绕障路径优化求解得到的长度。

（3）新建集气支干线和集气干线管道建设费用。

在天然气集输系统的简化优化中，集气站和集气总站是进行关停、撤并的重点，对于关停的集气站和集气总站，其下辖的低级别站场即要新建集气支干线或者集气干线管道到其他站场，以保证集输生产的正常运转，考虑集气支线管道及集气干线管道的单位建设费用，得到如下表达式：

$$F_3 = \sum_{i' \in I_{S_U}} \sum_{j' \in I_{S_U}} \sum_{a \in s_{P_s}} \eta_{\mathrm{T},\,i',\,j'} \gamma_{\mathrm{T},\,i',\,j',\,a} C_{\mathrm{P}}(D_a,\,\delta_a) L_{\mathrm{T},\,i',\,j'} \tag{4.4}$$

式中：$\eta_{\mathrm{T},\,i',\,j'}$，$\gamma_{\mathrm{T},\,i',\,j',\,a}$，$L_{\mathrm{T},\,i',\,j'}$ 为各级站场节点组合排序后第 i' 个站场节点与第 j' 个站场节点之间新建管道的连接关系 0-1 变量、管道规格选用变量和管道长度，其中管道长度的计算同样分为两种情况，与 $L_{\mathrm{B},\,i,\,j}$ 计算方法相同。

基于以上分析，可以得到障碍条件下天然气集输系统简化优化数学模型的目标函数为：

$$\min F(\boldsymbol{U},\,\boldsymbol{\eta},\,\boldsymbol{D},\,\boldsymbol{\delta},\,\boldsymbol{m}) = \sum_{i \in I_{S_w}} \sum_{j \in I_{S_s}} \sum_{a \in s_{P_s}} \eta_{\mathrm{B},\,i,\,j} \gamma_{\mathrm{B},\,i,\,j,\,a} C_{\mathrm{P}}(D_a,\,\delta_a) L_{\mathrm{B},\,i,\,j} + \sum_{k \in I_{S_U}} \chi_k C_{\mathrm{S},\,k}(Q_{\mathrm{U},\,k})$$
$$+ \sum_{i' \in I_{S_U}} \sum_{j' \in I_{S_U}} \sum_{a \in s_{P_s}} \eta_{\mathrm{T},\,i',\,j'} \gamma_{\mathrm{T},\,i',\,j',\,a} C_{\mathrm{P}}(D_a,\,\delta_a) L_{\mathrm{T},\,i',\,j'} \tag{4.5}$$

式中：$\boldsymbol{U}$ 为站场节点的几何位置设计向量；$\boldsymbol{\eta}$ 为各级节点之间连接关系设计向量；$\boldsymbol{D}$ 为管道的管径设计向量；$\boldsymbol{\delta}$ 为管道的壁厚设计向量；$\boldsymbol{m}$ 为站场数目设计向量，由关停站场和新建站场决定。

4.1.2.2 布局简化优化模型约束条件的建立

天然气集输系统布局简化优化是对于现有天然气集输系统的重生成，需要基于已有集输系统的管网结构开展调整优化，相应所受到的约束条件相较于新增布局优化更多，考虑生产实际，研究建立布局简化优化模型的约束条件。

（1）关停约束。

① 对于天然气田集输管网中的集气站和集气总站，当前站场的运行状态必须在低负荷的情况下才可以关停，也就是说，当前站场的负荷率应该隶属于最小负荷率模糊集。

$$Bool(f_{S_\nu,\,k} \in \widetilde{A}_\nu^\lambda) = \tau_k \quad k \in I_{S_U} \tag{4.6}$$

式中：τ_k 为第 k 个集气站或集气总站节点是否关停的标记变量；$Bool(\ )$ 为布尔函数，

对于括号内的表达式去与非运算，表达式正确取值为 1，表达式错误取值为 0；$f_{Sv,k}$ 为第 k 个集输站场的负荷率；$\tilde{A}_v^\lambda$ 为最小集输站场负荷率模糊集的 λ 截集。

其中，最小集输站场负荷率模糊集是指某一时间段末负荷率距离最小集输站场负荷率的相近程度的模糊集[30]，定义为 $\tilde{A}_v$，以下给出天然气田开发第 t 时间段末的最小集输站场负荷率模糊集的隶属度函数：

$$\mu_v^t(\nu_S^t) = \begin{cases} \mathrm{e}^{-(\nu_S^t - \nu_{Smin}^t)} & \nu_S^t \geq \nu_{Smin}^t \\ 0 & \nu_S^t < \nu_{Smin}^t \end{cases} \tag{4.7}$$

式中：$\mu_v^t(\nu_S^t)$ 为天然气田开发第 t 时间段末的集输站场负荷率对于 t 时间段末的最小集输站场负荷率模糊集的隶属度；ν_{Smin}^t 为极限生产条件下第 t 时间段末的集输站场负荷率，可由实际数据计算得到，对应于该约束条件即为 $f_{Sv,k}$。

② 对于天然气集输系统而言，为保证集输系统的正常运转，集输系统中集气站和集气总站的数量应该满足一定限制，也就是关停站场的数量应该小于上限值。

$$\sum \tau_k \leq m_\tau \quad k \in I_{S_o} \tag{4.8}$$

式中：m_τ 为关停站场数目的最大值。

（2）合并新建约束。

对于天然气田集输系统而言，合并新建集气站和集气总站只发生在集气站、集气总站关停的情况下，即新建集气站、集气总站的数量应该小于关停站场的数量。

$$\sum \chi_i \leq \sum \tau_k \quad i \in I_{S_U}; \ k \in I_{S_o} \tag{4.9}$$

（3）管网形态约束。

① 天然气井与集气站之间呈辐射状连接，即一口天然气井只能与一座集气站相连接。

$$\sum_{j \in I_{S_s}} \eta_{B,i,j} = 1 \quad i \in I_{S_w} \tag{4.10}$$

② 站场节点之间的拓扑结构可以视为以 S_N 级站场节点为根节点的连通树，同属于 S_N 级站场的节点之间不能相连，各级站场节点之间拓扑关系应该满足树状网络形态，不能存在环路。

$$\sum_{i' \in I_{S_N}} \sum_{j' \in I_{S_N}} \eta_{T,i',j'} = 0 \tag{4.11}$$

$$\sum_{i' \in I_{S_U}} \sum_{j' \in I_{S_U}} \eta_{T,i',j'} = \sum_{i=1}^{N-1} m_i \tag{4.12}$$

式中：m_i 为第 i 级站场节点的数目；I_{S_N} 为表征 S_N 级站场节点的数集。

③ 为了保证管网的连通性，任何一个站场节点都至少与其他一个站场节点相连通。

$$\sum_{i' \in I_{S_U}} \eta_{T,i',j'} \geq 1 \quad i' \in I_{S_U} \tag{4.13}$$

④ 为了确保天然气集输系统安全、经济输运，集气支线管道的长度应该小于集输半径。

$$R \geq (\eta_{B,i,j} - 1)M + L_{B,i,j} \quad i \in I_{S_w}; \ j \in I_{S_s} \tag{4.14}$$

式中：R 为集输半径；M 为任意大（而非无穷大）的正实数。

（4）障碍约束。

考虑到第 2 章中管道的路径优化已经对障碍约束进行了描述，这里仅针对站场的布置建立约束条件，所有站场均不能位于障碍内。

$$\tau_k B_i(\boldsymbol{U}_{\mathrm{SX}}, \boldsymbol{U}_{\mathrm{SY}}) + M(1 - \tau_k) > 0 \quad i = 1, 2, \cdots, m_b \tag{4.15}$$

式中：$\boldsymbol{U}_{\mathrm{SX}}$，$\boldsymbol{U}_{\mathrm{SY}}$ 为站场的几何坐标向量；m_b 为布局区域内障碍的数量。

（5）管道规格约束。

① 在实际的生产建设中，所有集气支干线、干线管道和集气支线管道的规格只能为一种。

$$\eta_{\mathrm{B}, i, j} \sum_{a \in s_{P_s}} \gamma_{\mathrm{B}, i, j, a} = \eta_{\mathrm{B}, i, j} \quad i \in I_{S_{\mathrm{w}}}; \ j \in I_{S_{\mathrm{s}}} \tag{4.16}$$

$$\eta_{\mathrm{T}, i', j'} \sum_{a \in s_{P_s}} \gamma_{\mathrm{T}, i', j', a} = \eta_{\mathrm{T}, i', j'} \quad i' \in I_{S_{\mathrm{U}}}; \ j' \in I_{S_{\mathrm{U}}} \tag{4.17}$$

② 为了保证天然气集输系统中所有管道能够安全运行，管道的壁厚应该满足最低强度要求。

$$\eta_{\mathrm{B}, i, j} \gamma_{\mathrm{B}, i, j, a} \left[\delta_a - \frac{\max(P_{P_{\mathrm{w}}, i}^{i, j}, P_{P_{\mathrm{s}}, j}^{i, j}) D_a}{2([\sigma]e + P_{\mathrm{p}, a} b_\sigma)} \right] \geq 0 \quad i \in I_{S_{\mathrm{w}}}; \ j \in I_{S_{\mathrm{s}}}; \ a \in s_{P_s} \tag{4.18}$$

$$\eta_{i', j'} \gamma_{i', j', a} \left[\delta_a - \frac{\max(P_{P_{\mathrm{U}}, i'}^{i', j'}, P_{P_{\mathrm{U}}, j'}^{i', j'}) D_a}{2([\sigma]e + P_{\mathrm{p}, a} b_\sigma)} \right] \geq 0 \quad i' \in I_{S_{\mathrm{U}}}; \ j' \in I_{S_{\mathrm{U}}}; \ a \in s_{P_s} \tag{4.19}$$

式中：$[\sigma]$ 为管道的应力许用值；e 为焊接接头系数；b_σ 为计算系数；$P_{P_{\mathrm{w}}, i}^{i, j}$，$P_{P_{\mathrm{s}}, i}^{i, j}$ 分别为第 i 个天然气井节点与第 j 个 S_1 集气站节点之间的管道的端点运行压力；$P_{P_{\mathrm{U}}, i'}^{i', j'}$，$P_{P_{\mathrm{U}}, j'}^{i', j'}$ 分别为第 i' 个站场节点与第 j 个站场节点之间管道的端点运行压力；$P_{\mathrm{p}, a}$ 为管道规格为 a 时的设计运行压力。

（6）流动特性约束。

① 流体在管道内流动会产生沿程阻力损失，即天然气集输管网中的管流流动过程应该满足水力学特性，约束表达式如下：

$$\eta_{\mathrm{B}, i, j} \gamma_{\mathrm{B}, i, j, a} \left[P_{P_{\mathrm{w}}, i}^{i, j} - P_{P_{\mathrm{s}}, j}^{i, j} - P_{\mathrm{f}, i, j}(q_{\mathrm{B}, i, j}, L_{\mathrm{B}, i, j}, D_\alpha) \right] = 0 \quad i \in I_{S_{\mathrm{w}}}; \ j \in I_{S_{\mathrm{s}}}; \ a \in s_{P_s}$$
$$\tag{4.20}$$

$$\eta_{\mathrm{T}, i', j'} \gamma_{\mathrm{T}, i', j', a} \left[P_{P_{\mathrm{U}}, i'}^{i', j'} - P_{P_{\mathrm{U}}, j'}^{i', j'} + \kappa_{P, i', j} P_{\mathrm{f}, i', j'} \right.$$
$$\left. (q_{\mathrm{T}, i', j'}, L_{\mathrm{T}, i', j'}, D_\alpha) \right] = 0 \quad i' \in I_{S_{\mathrm{U}}}; \ j' \in I_{S_{\mathrm{U}}}; \ a \in s_{P_s} \tag{4.21}$$

式中：$q_{\mathrm{B}, i, j}$ 为第 i 个天然气井与第 j 个集气站之间的管道内流量；$q_{\mathrm{T}, i', j'}$ 为第 i' 个站场与第 j' 个站场之间的管道内流量；$P_{\mathrm{f}, i, j}(\ )$，$P_{\mathrm{f}, i', j'}(\ )$ 分别为第 i 个天然气井与第 j 个集气站之间和第 i' 个站场与第 j' 个站场之间的管道沿程摩阻损失；$\kappa_{P, i', j}$ 为管道内流体流动的压降平衡符号函数，定义为：

$$\kappa_{P, i', j} = \begin{cases} -1 & P_{P_{\mathrm{U}}, i'} - P_{P_{\mathrm{U}}, j'} \geq 0 \\ 1 & P_{P_{\mathrm{U}}, i'} - P_{P_{\mathrm{U}}, j'} < 0 \end{cases}$$

② 由于流体在管道内流动过程中会对环境产生散热作用，即管流流动应该满足热力学特性，约束表达式如下：

$$\eta_{\mathrm{B}, i, j} \gamma_{\mathrm{B}, i, j, a} \left[T_{P_{\mathrm{w}}, i}^{i, j} - T_{P_{\mathrm{s}}, j}^{i, j} - T_{\mathrm{f}, i, j}(q_{\mathrm{B}, i, j}, L_{\mathrm{B}, i, j}, D_\alpha) \right] = 0 \quad i \in I_{S_{\mathrm{w}}}; \ j \in I_{S_{\mathrm{s}}}; \ a \in s_{P_s}$$
$$\tag{4.22}$$

$$\eta_{T, i', j'} \gamma_{T, i', j', a} [T_{P_U, i'}^{i', j} - T_{P_s, j}^{i', j} + \kappa_{T, i', j} T_{f, i', j'}$$
$$(q_{T, i', j}, L_{T, i', j}, D_{\alpha})] = 0 \quad i' \in I_{S_U}; \ j' \in I_{S_U}; \ a \in s_{P_s} \tag{4.23}$$

式中：$T_{P_w, i}^{i, j}$，$T_{P_s, j}^{i, j}$ 分别为第 i 个天然气井节点与第 j 个集气站场节点之间的管道的端点运行温度；$T_{P_U, i'}^{i', j}$，$T_{P_U, j}^{i', j}$ 分别为第 i' 个站场节点与第 j 个站场节点之间的管道的端点运行温度；$T_{f, i, j}( )$，$T_{f, i', j'}( )$ 分别为第 i 个天然气井与第 j 个集气站之间和第 i' 个站场与第 j' 个站场之间的管道沿程温降；$\kappa_{T, i', j}$ 为管道内流体流动温降平衡符号函数，定义与压降平衡符号函数相似。

（7）流动经济性约束。

管道内流体的流速是衡量管道规格是否合理的主要指标，为了保证规划方案在建设和运行费用方面的经济性，各类集输管道内流体的流速应该满足一定范围。

$$\gamma_{T, i', j', a} v_{P_T, i', j', a} \leqslant (1 - \eta_{T, i', j'}) M + \gamma_{T, i', j', a} v_{P, a, \max} \quad i' \in I_{S_U}; \ j' \in I_{S_U}; \ a \in s_{P_s} \tag{4.24}$$

$$\gamma_{T, i', j', a} v_{P_T, i', j', a} \geqslant (\eta_{T, i', j'} - 1) M + \gamma_{T, i', j', a} v_{P, a, \min} \quad i' \in I_{S_U}; \ j' \in I_{S_U}, \ a \in s_{P_s} \tag{4.25}$$

$$\gamma_{B, i, j, a} v_{P_B, i, j, a} \leqslant (1 - \eta_{B, i, j}) M + \gamma_{B, i, j, a} v_{P, a, \max} \quad i \in I_{S_w}; \ j \in I_{S_s}; \ a \in s_{P_s} \tag{4.26}$$

$$\gamma_{B, i, j, a} v_{P_B, i, j, a} \geqslant (\eta_{B, i, j} - 1) M + \gamma_{B, i, j, a} v_{P, a, \min} \quad i \in I_{S_w}; \ j \in I_{S_s}; \ a \in s_{P_s} \tag{4.27}$$

式中：$v_{P_T, i', j', a}$ 为以节点 i' 和节点 j' 为端点，采用第 a 种规格的集气支干线、干线管道的内部流体流速；$v_{P_B, i, j, a}$ 为以节点 i 和节点 j 为端点，采用第 a 种规格的集气支线管道的内部流体流速；$v_{P, a, \min}$，$v_{P, a, \max}$ 分别为第 a 种管道规格所对应的经济流速的最小值和最大值。

（8）流量约束。

① 在天然气集输系统进行优化调整后，由于部分站场的关停，引起了其他站场集输处理量的增加，但是每个站场的处理量均应小于其最大可承受处理量。

$$Q_{U, k} < Q_{D\max, k} \quad k \in I_{S_U} \tag{4.28}$$

式中：$Q_{D\max, k}$ 为第 k 座集输站场的最大允许天然气处理量。

② 在天然气集输系统简化规划设计时，集气支线管道内的流量应该等于天然气井口产气量与损耗气量之差。

$$\eta_{B, i, j} (q_{B, i, j} + Q_{S_w, i}^o - Q_{w, i}) = 0 \quad i \in I_{S_w}; \ j \in I_{S_s} \tag{4.29}$$

式中：$Q_{w, i}$ 为第 i 口天然气井正常生产的产出气量；$Q_{S_w, i}^o$ 为第 i 口天然气井损耗气量。

③ 天然气集输系统应该满足流量连续性方程，即流入系统中任意一节点的流量应该等于其流出的流量，对于 S_N 级站场节点，其处理量应视为站场节点的流出流量，定义流出为正，流入为负，则约束表达式为：

$$\sum_{i \in I_{S_w}} \eta_{B, i, k} q_{B, i, k} + \sum_{i' \in I_{S_U}} \kappa_{P, i', k} \eta_{T, i', k} q_{T, i', k} + (1 - \tau_{N, k}) Q_{S_U, k}^o + \tau_{N, k} Q_{S, k} = 0, \ \forall k \in I_{S_U} \tag{4.30}$$

式中：$Q_{S, k}$ 为第 k 个 S_N 级站场节点的处理量；$Q^0_{S_U, k}$ 为第 k 个站场节点外排或者损耗的流量；$\tau_{N, k}$ 为二元变量，第 k 个 S_U 中的节点是 S_N 级站场节点取值为1，否则，取值为0。

④ 所有集气干线管道的流量应该小于现有工业标准管道所能运输的最大流量。

$$q_{a, \max} \geqslant (\eta_{T, i', j'} - 1)M + q_{T, i', j'} \quad i' \in I_{S_U}; \; j' \in I_{S_U} \tag{4.31}$$

式中：$q_{a, \max}$ 为集气干线管道所能运输的最大流量。

（9）压力约束。

① 为保证支线和干线管道内的流体平稳流入站场内，站场和其低级别节点之间相连接的管道端点压力应该大于一定数值。

$$\eta_{B, i, j}\gamma_{B, i, j, a}(P^{i, j}_{P_s, j} - P_{S_s, j, \min}) \geqslant 0 \quad i \in I_{S_w}; \; j \in I_{S_s}; \; a \in s_{P_s} \tag{4.32}$$

$$\eta_{T, i', j'}\gamma_{T, i', j', a}\left[(1 + \kappa_{P, i', j'})M + P^{i', j'}_{P_U, j'} - P_{S_U, j', \min}\right] \geqslant 0 \quad i' \in I_{S_U}; \; j' \in I_{S_U}; \; a \in s_{P_s} \tag{4.33}$$

式中：$P_{S_s, j, \min}$，$P_{S_U, j', \min}$ 分别为第 j 座集气站和第 j' 座站场节点的最小进站压力。

② 充分借助天然气井的自然压力进行集输可以有效降低投资，与天然气井相连接的管道的端点压力应该小于井口压力。

$$\eta_{B, i, j}\gamma_{B, i, j, a}(P_{w, i} - P^{i, j}_{P_w, i}) \geqslant 0 \quad i \in I_{S_w}; \; j \in I_{S_s}; \; a \in s_{P_s} \tag{4.34}$$

式中：$P_{w, i}$ 为第 i 天然气井的井口压力。

③ 所有集气支线管道和干线管道的运行压力应该小于管道的设计压力。

$$\gamma_{B, i, j, a}P^{i, j}_{P_w, i} \leqslant (1 - \eta_{B, i, j})M + \gamma_{B, i, j, a}P_{P, a} \quad i \in I_{S_w}; \; j \in I_{S_s}; \; a \in s_{P_s} \tag{4.35}$$

$$\eta_{T, i', j'}\gamma_{T, i', j', a}\left[(\kappa_{P, i', j'} - 1)M + P^{i', j'}_{P_U, j'} - P_{P, a}\right] \leqslant 0 \quad i' \in I_{S_U}; \; j' \in I_{S_U}; \; a \in s_{P_s} \tag{4.36}$$

（10）温度约束。

为防止天然气在集输过程中形成水合物从而引发冻堵事故，管道内的天然气流动温度应该大于最低许用温度。

$$\eta_{B, i, j}\gamma_{B, i, j, a}(T^{i, j}_{P_s, j} - T_{S_s, j, \min}) \geqslant 0 \quad i \in I_{S_w}; \; j \in I_{S_s}; \; a \in s_{P_s} \tag{4.37}$$

$$\eta_{T, i', j'}\gamma_{T, i', j', a}\left[(1 + \kappa_{T, i', j'})M + T^{i', j'}_{P_U, j'} - T_{S_U, j', \min}\right] \geqslant 0 \quad i' \in I_{S_U}; \; j' \in I_{S_U}; \; a \in s_{P_s} \tag{4.38}$$

式中：$T_{S_s, j, \min}$，$T_{S_U, j', \min}$ 分别为第 j 座集气站和第 j' 座站场的最小进站温度。

（11）取值范围约束。

① 各级站场节点的几何位置应该在可行取值范围内选取。

$$U_{\min} \leqslant U \leqslant U_{\max} \tag{4.39}$$

式中：$U_{\min}$，$U_{\max}$ 分别为站场节点几何位置取值区间的下界和上界向量。

② 考虑天然气集输系统建设的经济性，各级站场节点的数目不能过大，为了满足天然气集输系统的基本功能，站场的数目应大于最低建设需求。

$$m_{i, \min} \leqslant m_i \leqslant m_{i, \max} \quad i \in 1, \cdots, N \tag{4.40}$$

式中：$m_{i, \min}$，$m_{i, \max}$ 分别为第 i 级站场可行建设数目的最小值和最大值。

4.1.2.3 完整简化优化模型

为了直观地展示天然气集输系统简化优化数学模型，将目标函数和约束条件合写在一起给出完整的优化模型。

$$\min F(\boldsymbol{U},\ \boldsymbol{\eta},\ \boldsymbol{D},\ \boldsymbol{\delta},\ \boldsymbol{m}) = \sum_{i \in I_{S_{\mathrm{w}}}} \sum_{j \in I_{S_{\mathrm{s}}}} \sum_{a \in s_{P_{\mathrm{s}}}} \eta_{\mathrm{B},\,i,\,j} \gamma_{\mathrm{B},\,i,\,j,\,a} C_{\mathrm{P}}(D_a,\ \delta_a) L_{\mathrm{B},\,i,\,j} + \sum_{k \in I_{S_{\mathrm{U}}}} \chi_k C_{\mathrm{S},\,k}(Q_{\mathrm{U},\,k})$$

$$+ \sum_{i' \in I_{S_{\mathrm{U}}}} \sum_{j' \in I_{S_{\mathrm{U}}}} \sum_{a \in s_{P_{\mathrm{s}}}} \eta_{\mathrm{T},\,i',\,j'} \gamma_{\mathrm{T},\,i',\,j',\,a} C_{\mathrm{P}}(D_a,\ \delta_a) L_{\mathrm{T},\,i',\,j'}$$

s.t.

$$Bool(f_{S_{\mathrm{v}},\,k} \in \tilde{A}_{\nu}^{\lambda}) = \tau_k \quad k \in I_{S_{\mathrm{U}}}$$

$$\sum \tau_k \leqslant m_{\tau} \quad k \in I_{S_{\mathrm{U}}}$$

$$\sum \chi_k \leqslant \sum \tau_k \quad k \in I_{S_{\mathrm{U}}}$$

$$\sum_{j \in I_{S_{\mathrm{s}}}} \eta_{\mathrm{B},\,i,\,j} = 1 \quad \forall i \in I_{S_{\mathrm{w}}}$$

$$\sum_{i' \in I_{S_N}} \sum_{j' \in I_{S_N}} \eta_{\mathrm{T},\,i',\,j'} = 0$$

$$\sum_{i' \in I_{S_{\mathrm{U}}}} \sum_{j' \in I_{S_{\mathrm{U}}}} \eta_{\mathrm{T},\,i',\,j'} = \sum_{i=1}^{N-1} m_i$$

$$\sum_{i' \in I_{S_{\mathrm{U}}}} \eta_{\mathrm{T},\,i',\,j'} \geqslant 1 \quad j' \in I_{S_{\mathrm{U}}}$$

$$R \geqslant (\eta_{\mathrm{B},\,i,\,j} - 1) M + L_{\mathrm{B},\,i,\,j} \quad i \in I_{S_{\mathrm{w}}};\ j \in I_{S_{\mathrm{s}}}$$

$$\tau_k B_i(U_{\mathrm{SX}},\ U_{\mathrm{SY}}) + M(1 - \tau_k) > 0 \quad i = 1,\ 2,\ \cdots,\ m_{\mathrm{b}}$$

$$\eta_{\mathrm{B},\,i,\,j} \sum_{a \in s_{P_{\mathrm{s}}}} \gamma_{\mathrm{B},\,i,\,j,\,a} = \eta_{\mathrm{B},\,i,\,j} \quad i \in I_{S_{\mathrm{w}}};\ j \in I_{S_{\mathrm{s}}}$$

$$\eta_{\mathrm{T},\,i',\,j'} \sum_{a \in s_{P_{\mathrm{s}}}} \gamma_{\mathrm{T},\,i',\,j',\,a} = \eta_{\mathrm{T},\,i',\,j'} \quad i' \in I_{S_{\mathrm{U}}};\ j' \in I_{S_{\mathrm{U}}}$$

$$\eta_{\mathrm{B},\,i,\,j} \gamma_{\mathrm{B},\,i,\,j,\,a} \left\{ \delta_a - \frac{\max(P_{P_{\mathrm{w}},\,i}^{i,\,j},\ P_{P_{\mathrm{s}},\,j}^{i,\,j}) D_a}{2([\sigma]e + P_{\mathrm{P},\,a} b_{\sigma})} \right\} \geqslant 0 \quad i \in I_{S_{\mathrm{w}}};\ j \in I_{S_{\mathrm{s}}};\ a \in s_{P_{\mathrm{s}}}$$

$$\eta_{i',\,j'} \gamma_{i',\,j',\,a} \left\{ \delta_a - \frac{\max(P_{P_{\mathrm{U}},\,i'}^{i',\,j'},\ P_{P_{\mathrm{U}},\,j'}^{i',\,j'}) D_a}{2([\sigma]e + P_{\mathrm{P},\,a} b_{\sigma})} \right\} \geqslant 0 \quad i' \in I_{S_{\mathrm{U}}};\ j' \in I_{S_{\mathrm{U}}};\ a \in s_{P_{\mathrm{s}}}$$

$$\eta_{\mathrm{B},\,i,\,j} \gamma_{\mathrm{B},\,i,\,j,\,a} [P_{P_{\mathrm{w}},\,i}^{i,\,j} - P_{P_{\mathrm{s}},\,j}^{i,\,j} - P_{\mathrm{f},\,i,\,j}(q_{\mathrm{B},\,i,\,j},\ L_{\mathrm{B},\,i,\,j},\ D_{\alpha})] = 0 \quad i \in I_{S_{\mathrm{w}}};\ j \in I_{S_{\mathrm{s}}};\ a \in s_{P_{\mathrm{s}}}$$

$$\eta_{\mathrm{T},\,i',\,j'} \gamma_{\mathrm{T},\,i',\,j',\,a} [P_{P_{\mathrm{U}},\,i'}^{i',\,j'} - P_{P_{\mathrm{U}},\,j'}^{i',\,j'} + \kappa_{\mathrm{P},\,i',\,j'} P_{\mathrm{f},\,i',\,j'}(q_{\mathrm{T},\,i',\,j'},\ L_{\mathrm{T},\,i',\,j'},\ D_{\alpha})] = 0$$
$$i' \in I_{S_{\mathrm{U}}};\ j' \in I_{S_{\mathrm{U}}};\ a \in s_{P_{\mathrm{s}}}$$

$$\eta_{\mathrm{B},\,i,\,j} \gamma_{\mathrm{B},\,i,\,j,\,a} [T_{P_{\mathrm{w}},\,i}^{i,\,j} - T_{P_{\mathrm{s}},\,j}^{i,\,j} - T_{\mathrm{f},\,i,\,j}(q_{\mathrm{B},\,i,\,j},\ L_{\mathrm{B},\,i,\,j},\ D_{\alpha})] = 0 \quad i \in I_{S_{\mathrm{w}}};\ j \in I_{S_{\mathrm{s}}};\ a \in s_{P_{\mathrm{s}}}$$

$$\eta_{\mathrm{T},\,i',\,j'} \gamma_{\mathrm{T},\,i',\,j',\,a} [T_{P_{\mathrm{U}},\,i'}^{i',\,j'} - T_{P_{\mathrm{U}},\,j'}^{i',\,j'} + \kappa_{\mathrm{T},\,i',\,j'} T_{\mathrm{f},\,i',\,j'}(q_{\mathrm{T},\,i',\,j'},\ L_{\mathrm{T},\,i',\,j'},\ D_{\alpha})] = 0$$
$$i' \in I_{S_{\mathrm{U}}};\ j' \in I_{S_{\mathrm{U}}};\ a \in s_{P_{\mathrm{s}}}$$

$$\gamma_{\mathrm{T},\,i',\,j',\,a} v_{P_{\mathrm{T}},\,i',\,j',\,a} \leqslant (1 - \eta_{\mathrm{T},\,i',\,j'}) M + \gamma_{\mathrm{T},\,i',\,j',\,a} v_{\mathrm{P},\,a,\,\max} \quad i' \in I_{S_{\mathrm{U}}};\ j' \in I_{S_{\mathrm{U}}};\ a \in s_{P_{\mathrm{s}}}$$

$$\gamma_{\mathrm{T},\,i',\,j',\,a} v_{P_{\mathrm{T}},\,i',\,j',\,a} \geqslant (\eta_{\mathrm{T},\,i',\,j'} - 1) M + \gamma_{\mathrm{T},\,i',\,j',\,a} v_{\mathrm{P},\,a,\,\min} \quad i' \in I_{S_{\mathrm{U}}};\ j' \in I_{S_{\mathrm{U}}};\ a \in s_{P_{\mathrm{s}}}$$

$$\gamma_{\mathrm{B},\,i,\,j,\,a} v_{P_{\mathrm{B}},\,i,\,j,\,a} \leqslant (1 - \eta_{\mathrm{B},\,i,\,j}) M + \gamma_{\mathrm{B},\,i,\,j,\,a} v_{\mathrm{P},\,a,\,\max} \quad i \in I_{S_{\mathrm{w}}};\ j \in I_{S_{\mathrm{s}}};\ a \in s_{P_{\mathrm{s}}}$$

$$\gamma_{\mathrm{B},\,i,\,j,\,a} v_{P_{\mathrm{B}},\,i,\,j,\,a} \geqslant (\eta_{\mathrm{B},\,i,\,j} - 1) M + \gamma_{\mathrm{B},\,i,\,j,\,a} v_{\mathrm{P},\,a,\,\min} \quad i \in I_{S_{\mathrm{w}}};\ j \in I_{S_{\mathrm{s}}};\ a \in s_{P_{\mathrm{s}}}$$

$$Q_{\mathrm{U},\,k} < Q_{D\max,\,k} \quad k \in I_{S_{\mathrm{U}}}$$

$$\eta_{B,i,j}(q_{B,i,j} + Q^{O}_{S_w,i} - Q_{w,i}) = 0 \quad i \in I_{S_w}; \ j \in I_{S_s}$$

$$\sum_{i \in I_{S_w}} \eta_{B,i,k}q_{B,i,k} + \sum_{i' \in I_{S_U}} \kappa_{P,i',k}\eta_{T,i',k}q_{T,i',k} + (1-\tau_{N,k})Q^{O}_{S_U,k} + \tau_{N,k}Q_{S,k} = 0 \quad \forall k \in I_{S_U}$$

$$q_{a,\max} \geq (\eta_{T,i',j'} - 1)M + q_{T,i',j'} \quad i' \in I_{S_U}; \ j' \in I_{S_U}$$

$$\eta_{B,i,j}\gamma_{B,i,j,a}(P^{i,j}_{P_s} - P_{S_s,j,\min}) \geq 0 \quad i \in I_{S_w}; \ j \in I_{S_s}; \ a \in s_{P_s}$$

$$\eta_{T,i',j'}\gamma_{T,i',j',a}\left[(1+\kappa_{P,i',j'})M + P^{i',j'}_{P_U,j'} - P_{S_U,j',\min}\right] \geq 0 \quad i' \in I_{S_U}; \ j' \in I_{S_U}; \ a \in s_{P_s}$$

$$\eta_{B,i,j}\gamma_{B,i,j,a}(P_{w,i} - P^{i,j}_{P_w,i}) \geq 0 \quad i \in I_{S_w}; \ j \in I_{S_s}; \ a \in s_{P_s}$$

$$\gamma_{B,i,j,a}P^{i,j}_{P_w,i} \leq (1-\eta_{B,i,j})M + \gamma_{B,i,j,a}P_{P,a} \quad i \in I_{S_w}; \ j \in I_{S_s}; \ a \in s_{P_s}$$

$$\eta_{T,i',j'}\gamma_{T,i',j',a}\left[(\kappa_{P,i',j'} - 1)M + P^{i',j'}_{P_U,j'} - P_{P,a}\right] \leq 0 \quad i' \in I_{S_U}; \ j' \in I_{S_U}; \ a \in s_{P_s}$$

$$\eta_{B,i,j}\gamma_{B,i,j,a}\left[T^{i,j}_{P_s,j} - T_{S_s,j,\min}\right] \geq 0 \quad i \in I_{S_w}; \ j \in I_{S_s}; \ a \in s_{P_s}$$

$$\eta_{T,i',j'}\gamma_{T,i',j',a}\left[(1+\kappa_{T,i',j'})M + T^{i',j'}_{P_U,j'} - T_{S_U,j',\min}\right] \geq 0 \quad i' \in I_{S_U}; \ j' \in I_{S_U}; \ a \in s_{P_s}$$

$$U_{\min} \leq U \leq U_{\max}$$

$$m_{i,\min} \leq m_i \leq m_{i,\max} \quad i \in 1, \cdots, N$$

4.1.3 基于混合粒子群—布谷鸟算法的模型求解

通过第 1 章的数值实验和收敛性分析可知，本书所提出的混合粒子群—布谷鸟算法（PSO—CS）具有鲁棒性好、精确度高、全局优化求解能力强的特点，可作为求解布局改造优化模型的有力工具。混合 PSO—CS 在优化求解时，需要明确优化问题可行域和个体适应度值两方面的信息，天然气集输系统简化优化模型的决策变量是新建站场的几何位置、新建管道的连接关系与管道规格，而确定决策变量的取值范围需要对所有约束条件进行反演，计算复杂、烦琐，已有研究成果多采用惩罚函数法将约束条件转化为评价函数，通过计算评价函数的数值来判断个体的优劣，避免了对优化问题可行域的反演求解且有效区分了个体的好坏，但对于含有大规模等式和不等式约束的集输系统简化优化模型而言，惩罚函数的惩罚因子确定是很困难的，不恰当的惩罚因子会造成迭代求解不收敛甚至无可行解，这里将目标函数和约束条件分开处理，无须采用惩罚函数法构建评价函数，通过可行性准则直接比较个体的优劣，简化了求解复杂度，进而给出了天然气集输系统简化优化模型求解的关键步骤和主要流程，实现对大规模有约束的非线性优化问题的求解。

4.1.3.1 可行性准则

可行性准则是综合运用目标函数值和约束违反度进行随机优化算法个体优劣比较的准则[31]，在求解约束优化问题时，仅需要对约束条件进行简单变换即可将复杂的约束优化问题转化为无约束优化问题进行求解。有约束优化问题的优化模型可以写成如下通式：

$$
\begin{aligned}
\min \quad & f(X) \\
\text{s. t.} \quad & g_i(X) \leq 0 \quad i = 1, 2, \cdots, p \\
& h_j(X) = 0 \quad j = p+1, p+2, \cdots, m
\end{aligned}
\tag{4.41}
$$

式中：X 为 D 维优化变量，$X = (x_1, x_2, \cdots, x_D)$；$g_i(X)$ 为第 i 个不等式约束；$h_j(X)$ 为第 j 个等式约束。

上述优化问题中包含 p 个不等式约束和 $m-p$ 个等式约束，等式约束可以转化为不等式约束，引入容忍度常数，则等式约束转换为如下不等式约束：

$$|h_j(X)| - \varepsilon \leqslant 0 \quad j = p + 1,\ p + 2,\ \cdots,\ m \tag{4.42}$$

式中：ε 为容忍度常数，通常为小正数。

通过公式(4.42)的变换，式(4.41)中的优化问题变为含有 m 个不等式约束的非线性优化问题。求解式(4.41)中的约束最优化问题实质就是求解满足 m 个不等式约束的使得目标函数值最小的 D 维优化变量 X^*。对于随机优化算法中的群体，为衡量其中个体对于约束条件偏离的程序，建立约束违反函数 $G_i(X)$。

$$G_i(X) = \begin{cases} \max\{g_i(X),\ 0\} & i = 1,\ 2,\ \cdots,\ p \\ \max\{|h_i(X)| - \varepsilon,\ 0\} & i = p + 1,\ p + 2,\ \cdots,\ m \end{cases} \tag{4.43}$$

基于约束违反函数，可以计算个体对于所有约束条件的约束违反度 $v_o(X)$。

$$v_o(X) = \sum_{i=1}^{m} G_i(X) \tag{4.44}$$

通过计算个体的约束违反度，即可以定量分析该个体所携带的解的信息优劣，通过比较所有个体的约束违反度和适应度函数值，即可确定群体中进入下一次迭代计算的个体，令 X_i 和 X_j 为群体中的任意两个个体，具体比较准则为：

（1）X_i 和 X_j 均为不可行解，若 X_i 的约束违反度小于 X_j 的约束违反度，则个体 X_i 优于个体 X_j。

（2）X_i 和 X_j 均为可行解，若 X_i 的目标函数值小于 X_j 的目标函数值，则个体 X_i 优于个体 X_j。

（3）X_i 为可行解，X_j 为不可行解，X_i 优于 X_j。

基于可行性准则，可以对群体中的所有个体进行有效评比，使得约束最优化问题的求解变换为非可行解向可行解转变及可行解向最优解转变的寻优过程，实现对复杂非线性约束优化问题的有效求解。

4.1.3.2　混合智能优化求解方法

混合 PS—CS 是一种具有全局优化求解能力的智能算法，在应用混合 PS—CS 求解天然气集输系统简化优化数学模型时，需要针对优化问题的特征设计混合 PS—CS 的主控参数，以使集输系统简化优化模型的求解变得高效、高精度。天然气集输系统简化优化模型中的决策变量和系统中的流量、压力存在耦合关系，虽然采用可行性准则适当简化了大量的等式和不等式约束对于可行解的限制，但系统中管道规格、管道连接方式依然决定着优化问题的求解效果，尤其对于大型集输系统，采用随机优化的方法确定管道规格、管道连接方式需要耗费大量的时间。这里基于分级优化思想，将天然气集输系统简化优化模型的求解提成设计层和布局层，两层之间通过迭代逐步求解，实现对天然气集输系统简化优化数学模型的有效求解。

（1）设计层优化。

设计层优化主要用于确定问题的规模，并为布局层提供规模参数，这里采用两种方式确定问题的规模，对于各级站场数目可行取值比较少时，即可通过遍历获得所有组合时，在每次迭代求解时通过更新组合方案来调整问题中决策变量的数目；对于各级站场可行组合方案数目过大时，无法应用枚举法计算每一种组合方案时，则需要采用混合粒子群—布谷鸟算法进行求解，采用整数编码表示设计层群体的每一个个体：

$$z_{D, i} = [m_{i, 1}^z, m_{i, 2}^z, \cdots, m_{i, N}^z] \quad i = 1, 2, \cdots, M_{P, D} \tag{4.45}$$

式中：$z_{D, i}$ 为第 i 个个体的编码结构；$m_{i, k}^z$ 为第 i 个个体中第 k 级站场的数目；$M_{P, D}$ 为设计层群体中个体数目。

以上两种求解方式中组合方案均要基于其所对应的布局层优化得到的集输系统布局来评定优劣，以布局层优化计算得到的适应度值作为设计层组合方案的适应度值，同时设置设计层的终止条件来控制最优站场数目的求解。

（2）布局层优化。

① 粒子群体设计：对于天然气集输系统布局简化优化问题，在给定了天然气集输系统的节点规模后，各级站场节点的几何位置和连接关系、管道的规格成为主要优化对象。以实数编码几何位置，将各级站场节点进行统一编号，以序号之间的对应来表示节点连接关系，将管道规格序列化并采用整数编码，并将所有管道分别对应于连接关系，则每个个体的编码形式为：

$$z_{L, i} = [(x_{L, i, 1}, y_{L, i, 1}), (x_{L, i, 2}, y_{L, i, 2}), \cdots, (x_{L, i, m_{T_N}}, y_{L, i, m_{T_N}});$$

$$c_{S, i, 1}, c_{S, i, 2}, \cdots, c_{S, i, m_T}; a_{S, i, 1}, a_{S, i, 2}, \cdots, a_{S, i, m_T}; a_{W, i, 1}, \cdots, a_{W, i, m_0}]$$

$$i = 1, 2, \cdots, M_{P, L} \tag{4.46}$$

式中：$z_{L, i}$ 为布局层群体中第 i 个个体；$x_{L, i, j}, y_{L, i, j}$ 为第 i 个个体中第 j 座站场节点的几何位置，j 取值为 $1, 2, \cdots, m_{T_N}$，$m_{T_N} = \sum_{k=1}^{N} m_k$；$c_{S, i, j}$ 为第 i 个个体中第 j 座站场所连接的站场节点编号，$c_{S, i, j}$ 的取值来源于拓扑结构关联子集 $T_{j, k}^R$；$a_{S, i, j}$ 为第 i 个个体中对应于第 j 个站场所连接的管道的规格；$a_{W, i, j}$ 为第 i 个个体中对应于第 j 个天然气井所连接的管道规格。

② 适应度函数设计：个体的评估是通过计算每个个体的适应度函数值来评判个体质量的优劣，适应度函数值增大的方向一般与目标函数的优化方向保持一致，对于所构建的优化模型，适应度值的递增应该对应于评价函数值的递减，为了增强求解方法的全局优化求解能力，对适应度函数值进行了适当地拉伸与调整，则适应度函数表示为：

$$f_{it}(z_i) = e^{-b[F(z_i)/F_{max}]} \tag{4.47}$$

式中：$f_{it}(z_i)$ 为第 i 个个体的适应度函数值；b 为适应度值调整系数，满足 $b = \dfrac{I_{max}}{2I_{max} - t}$；$F_{max}$ 为当次迭代群体适应度值的最大值。

通过调整系数控制混合 PS—CS 的收敛进程，在迭代初期，减小优劣解的差异性，防止优良个体过度把控求解过程，使得在迭代初期丰富群体可行解信息，加强全局搜索能力；在迭代后期，增大个体适应度值之间的差距，以促进局部挖掘能力。

③ 不可行个体的调整：混合 PS—CS 在迭代求解过程中，由于算法的随机性，会生成不符合约束条件的个体，虽然可以对违反约束条件的个体进行适当保留以增加群体信息的丰富性，但不满足天然气集输系统拓扑结构约束会直接影响个体的评估，需要对此类个体

进行调整，违反树状网络结构特征的情况有重复连接、不连通和成环三种：重复连接是指至少存在一根管道的连接关系被重复表征，因为管道规格是与每种连接关系相对应的，重复的连接关系会造成无法求解，这里通过遍历的方式对该种情况进行检验和排除；网络不连通指的是至少存在一个站场不与任何站场相连，即存在站场孤点。根据图论知识可知，每个节点所连接的边数称为该节点的度，对于网络不连通的情况，随机选取一条一端节点度为1而另外一端节点度大于或等于2的管道断开，并将节点度为1的节点连接到孤点站场。对于网络成环的情况，采用破圈法依次将环路上的管道删除，并重新调整节点的连接关系，以满足拓扑结构要求。

4.2 井间轮换分离计量与多井加热炉换热技术原理

4.2.1 井间轮换分离计量技术原理

多口气井共用一套分离计量工艺，通过阀组切换使各单井轮换进入分离计量系统，再通过间歇计量的产量折算各单井全部产量。例如，某井计量了8h的产量，乘以3即是该井的日产量，天然气和采出液的计量都是这样计算的。通过井间轮换分离计量可以大幅简化单井分离计量工艺，减少设备数量。

4.2.2 多井加热炉换热技术原理

多井式天然气加热炉包括筒体、封头、盘管、火筒，其特征在于各组加热炉盘管由靠近加热炉一侧封头的位置向加热炉另一侧封头的位置排列，盘管的进口和出口分别位于加热炉筒体的两侧，这样一台加热炉上可以安装更多组的盘管，可以满足现场对一台加热炉同时加热更多井天然气的要求。采用多井加热炉技术可以将原来的加热炉和单井换热盘管整合为一体，缩短加热换热流程，既提高了换热效率，又减少了设备数量。同时，将多井加热炉置于单井分离计量工艺之前，又可降低分离器和计量仪表的压力等级，使工艺进一步得到优化。

4.3 集气站工艺简化优化运行试验

4.3.1 计量分离工艺简化优化研究

天然气集输系统随着生产运行的持续，集气站原有的集输工艺不再适用于集输系统的高效、持续发展，因此需要对集气站的工艺进行简化优化研究，以下以升一集气站为例介绍集气站的工艺简化优化技术。

按照井间轮换分离计量的工艺模式对集气系统进行简化优化改造。含油的升61气井、升612气井、含水量大的汪9-12气井进站后，因考虑其对系统的影响，仍采用单井分离计量工艺，之后再与13口不含油及产水量较低的气井气进加热炉换热后，节流降压至2.0MPa，未计量的气井分三组进行轮换计量；各气井从计量分离器和生产分离器出来后汇合进入二级分离器，经总计量后调压、加药外输。该工艺不适于产气量、产液量波动大的气井。由于气井产量波动大，靠轮换计量难以准确计量气井的产量，不能满足气井开发需求。采用一套轮换计量的气井的气量差异不易太大，不能超过计量仪表的量程比(1：10)，同时，多井采用轮换计量工艺，为了满足开发录取气井生产数据的需要，并考虑轮换工艺的可操作性，轮换计量井数一般不超过10口气井，单井计量时间应在8~24h。升一集气站气井生产情况见表4.1。

表 4.1 升一集气站气井生产情况表

序 号	井 号	关井油压(MPa)	开井油压(MPa)	日产气(10⁴m³)	日产水(m³)
1	升 61	11.0	3.2	0.45	0.25
2	升 69	2.8	2.1	0.12	1.74
3	升 64	11.5	3.0	0.48	0.35
4	升 66	12.0	8.92	1.01	0.40
5	汪气 1-4	3.5	1.6	0.11	1.04
6	汪气 1-5	5.0	4.93	0.09	0.31
7	升 611	10.0	9.5	0.891	0.40
8	升 612	13.0	3.0	0.291	0.34
9	汪 7-17	5.2	3.0	0.09	0.30
10	汪 9-12	20.6	2.12	0.70	40.00
11	汪 3-15	12.0	4.4	0.34	0.34
12	汪 8-9	8.9	5.0	0.47	0.49
13	汪 13-11	12.0	7.5	1.20	0.51
14	汪 10-14	13.0	8.0	0.68	0.34
15	汪 11-10	14.0	7.0	0.19	0.35
16	汪 6-14	14.0	9.0	1.23	0.35

4.3.2 多井加热炉换热工艺研究

升一集气站所管辖的16口气井换热负荷为0.17MW，在集气站新建0.1MW真空加热炉2台，每台炉内建有8套换热盘管，满足气井节流前的换热需要。受炉腔内空间的大小、加热炉开口和加热炉体重量的限制，炉内换热盘管一般不超过10套，因此单台加热炉管辖井数不易超过10口气井。集气站除天然气节流前换热外，还需要采暖伴热，对于采暖伴热负荷较大的集气站，一般需要单独建1套采暖加热炉，满足采暖伴热需求；对于采暖伴热负荷不大的集气站，一般在真空加热炉内建1套采暖伴热盘管，满足采暖伴热需求。多口气井生产天然气温度不同，并且是动态变化的，为了灵活调节天然气换热量、控制换热温度，在气井进入加热炉内的换热管线增加旁通工艺，可根据气井井口温度、加热后温度，灵活调节进入加热炉内换热的天然气的气量，确保天然气气液分离效果，合理控制天然气外输温度。

4.3.3 井间轮换计量试验

在升一集气站集气工艺简化优化方案实施基础上，开展了为期4个月的现场试验。升一集气站投产以后，正常生产气井11口，日产气量5.8395×10⁴m³左右。气井进入正常运行阶段后，分别在6月、7月、8月、9月进行了单井计量时间为4h、8h、24h、48h的现场试验，试验数据见表4.2至表4.5。

表4.2　单井计量时间4h试验数据（6月份）

组　别	井　号	计量周期（d）	日产气（10⁴m³）
第一组	升66	0.83	0.7848
	升611	0.83	0.6914
	升612	0.83	0.2521
	汪7-17	0.83	0.1962
	汪6-14	0.83	1.4519
第二组	升61	1	0.4563
	升64	1	0.6231
	汪气1-5	1	0.1096
	汪13-11	1	0.5546
	汪10-14	1	0.5613
	汪11-10	1	0.1582
合计			5.8395

表4.3　单井计量时间8h试验数据（7月份）

组　别	井　号	计量周期（d）	日产气（10⁴m³）
第一组	升66	1.67	0.7911
	升611	1.67	0.6954
	升612	1.67	0.2496
	汪7-17	1.67	0.1928
	汪6-14	1.67	1.4459
第二组	升61	2	0.4537
	升64	2	0.6169
	汪气1-5	2	0.11
	汪13-11	2	0.559
	汪10-14	2	0.564
	汪11-10	2	0.158
合计			5.8364

表 4.4 单井计量时间 24h 试验数据(8 月份)

组　别	井　号	计量周期(d)	日产气(10⁴m³)
第一组	升 66	5	0.7957
	升 611	5	0.7008
	升 612	5	0.2489
	汪 7-17	5	0.1932
	汪 6-14	5	1.477
第二组	升 61	6	0.46
	升 64	6	0.617
	汪气 1-5	6	0.1089
	汪 13-11	6	0.5686
	汪 10-14	6	0.554
	汪 11-10	6	0.1551
合计			5.8792

表 4.5 单井计量时间 48h 试验数据(9 月份)

组　别	井　号	计量周期(d)	日产气(10⁴m³)
第一组	升 66	10	0.8161
	升 611	10	0.7231
	升 612	10	0.2643
	汪 7-17	10	0.202
	汪 6-14	10	1.4837
第二组	升 61	12	0.4719
	升 64	12	0.6482
	汪气 1-5	12	0.1053
	汪 13-11	12	0.5315
	汪 10-14	12	0.5921
	汪 11-10	12	0.1488
合计			5.987

单井计量时间越短,计量数据越接近实际值,考虑工艺阀门操作次数,通过试验确定了单井最短计量时间为4h,以其计量值为基准,对8h、24h、48h的计量数据进行了误差分析,分析结果见表4.6。

分析结果可知,单井计量时间为8h时,气量误差不大,误差在-0.89%~0.802%之间;单井计量时间为24h时,气量误差较大,在-1.53%~1.73%之间;单井计量时间为48h时,气量误差最大,在-5.96%~5.5%之间,采用该轮换计量工作制度,气量差别太大,不易采用。

表 4.6　单井计量时间计量数据对比

组　别	井　号	4h 气量为基数	8h 气量误差（%）	24h 气量误差（%）	48h 气量误差（%）
第一组	升 66	1	0.802	1.38	3.99
	升 611	1	0.578	1.36	4.59
	升 612	1	−0.89	−1.26	4.82
	汪 7−17	1	−0.86	−1.53	2.94
	汪 6−14	1	−0.41	1.73	2.19
第二组	升 61	1	−0.57	0.81	3.42
	升 64	1	−0.88	−0.93	4.02
	汪气 1−5	1	0.36	−0.64	−3.92
	汪 13−11	1	0.79	1.26	−4.17
	汪 10−14	1	0.48	−1.3	5.5
	汪 11−10	1	0.126	0.69	−5.96

4.3.4　简化优化运行试验效果

试验效果表明，通过简化工艺减少了站内分离器、计量仪表数量，优化了平面布局，减少了占地面积，可节约一次性建设投资。多口气井生产天然气温度不同，并且是动态变化的，为了灵活调节天然气换热量、控制换热温度，在气井进入加热炉内的换热管线增加旁通工艺，可根据气井井口温度、加热后温度，灵活调节进入炉内换热的天然气的气量，确保天然气气液分离效果，合理控制天然气外输温度。通过简化优化运行，升一集气站站场平面得以重新优化，使升一集气站布局更加合理、紧凑、美观，对热水循环泵进行优化整合，减少了机泵数量，完善了污水回收工艺，减少了生产污水外排，如站内新建 60m³ 污水罐一座，用于回收该站气井生产污水，利用罐车拉运到升一联污水处理站，减少了环境污染。同时，采用了计量系统，提高了数据的准确性和及时性，取消了高压分离器，降低了分离器压力等级，减少了安全隐患。

经统计，通过简化工艺，站内减少了分离器 10 台，取消了换热器 17 套，计量仪表减少了 14 套，同时减少了计量间、泵房和机泵数量等工程内容，节约投资 360 万元，简化集气工艺工程投资现值较原工艺降低了 24.66% 以上。年减少 10 台分离器、17 台套管换热器、6 台机泵、14 套计量仪表及阀组等维修维护费用 22 万元。另外，天然气进炉内换热，减少了散热损耗，提高了换热效率，降低了能耗，升一集气站生产成本较简化前降低了 20% 以上。

4.4　集气站工艺简化优化技术应用

在升一集气站集气工艺技术研究和先导性试验成功的基础上，该工艺在气田得到全面推广，其中新建的 9 座集气站和整体改造的 4 座集气站都应用了上述简化工艺技术，与简化前工艺相比，设备明显减少，同时在每座站内的加热、分离、计量工艺中已预留 1～2 口气井，共 23 口气井，这些井后期建设时不用再建分离器等设备，通过计算，简化工艺共减少分离器 85 台，计量仪表 75 套，压力、温度变送器各 75 套，自动排污系统 75 套，以及相应计量阀组和分离器伴热等，主要设备见表 4.7。

表 4.7 集气站简化前后设备对比

设备名称	简化前		简化后		减少数量（台）
	规格（mm×mm）	数量（台）	规格（mm）	数量（台）	
分离器	$\phi400\times2$	79	$\phi400\times2$	15	64
	$\phi600\times2$	11	$\phi600\times2$	8	3
	0		$\phi800\times2$	7	−7
	$\phi1000\times2$	1	$\phi1000\times2$	1	0
	立式分离器	5	立式分离器	3	2
自动排污	节电型排污系统	82	节电型排污系统	30	52
仪表	旋进旋涡	82	旋进旋涡	28	52
压力变送器	S800G10A	82	S800G10A	28	52
温度变送器	THWB-ZP	82	THWB-ZP	28	52
计量阀组	阀门、管线保温	82	阀门、管线保温	28	52
合计		506		176	322

如升深二集气站（表 4.8），若采用单井分离和连续计量，8 口井需要建 8 台分离器及自动排污系统，8 套单井计量及阀组，以及相应的温度变送器、压力变送器和电热带等。采用了简化工艺，需要建 3 台分离器及自动排污系统，2 套单井计量及阀组，相应的温度变送器、压力变送器及电热带等。

同时，徐深气田新建及改造 13 座集气站，平均日产气 $326\times10^4\ m^3$，分别采用 24h 轮换计量制度，能够满足气井生产和开发要求，并实现稳定运行 1 年以上。

表 4.8 升深二集气站生产情况统计

序 号	井 号	井口温度（℃）	油压（MPa）			套压（MPa）			计量			
			最高	最低	平均	最高	最低	平均	温度（℃）	压力（MPa）	日产气（$10^4 m^3$）	日产水（m^3）
1	升深 2-25	33	20.20	19.50	19.50	21	20	20	17	4.30	10.0224	0.970
2	升深 202	40	24.50	24.20	24.20	25	24.70	24.70	17	4.30	11.9472	0.960
3	升深 更2	48	17.40	17.40	17.40	18	18	18	17	4.30	13.2456	0.980
4	升深 2-17	58	18	18	18	18.50	18.50	18.50	17	4.30	18.1128	1.180

序　号	井　号	井口温度（℃）	油压（MPa）			套压（MPa）			计量			
			最高	最低	平均	最高	最低	平均	温度（℃）	压力（MPa）	日产气（$10^4 m^3$）	日产水（m^3）
5	升深2-19	46	23	23	23	24	24	24	17	4.30	13.7352	0.780
6	升深2-21	52	19.50	19.50	19.50	20.50	20.50	20.50	17	4.30	13.9248	0.980

简化工艺技术的应用，一方面降低了地面建设投资，13座集气站都应用了简化工艺，与简化前相比，共减少分离器85台，计量仪表75套，压力、温度变送器各75套，自动排污系统75套，以及相应计量阀组，分离器伴热等工程量，减少工程投资4055.5万元，节约建设投资4745万元。另一方面降低了生产运行成本，通过减少分离器和计量仪表等设备的数量，减少了仪表检定费用、设备维修费用，采用加热炉换热，取消套管换热器，换热效率提高，降低了能耗，目前9座站加热炉总功率7.1MW，平均换热效率按提高5%计算，9座站累计运行1年，可节气$127×10^4 m^3$，有效控制生产运行成本。

5 天然气集输管道水合物形成规律与防治方法

对于天然气集输系统而言，天然气水合物的防治是永恒的主题，特别是对于处在高寒地区的天然气田，其年最低气温达到-30℃以下，在天然气集输过程中，特别是集气支线管道中游离水的存在使水合物的防治工作显得尤为重要[32-33]。为了保障气田生产安全、平稳，紧紧围绕气田"有质量、有效益、可持续"的发展方针，开展天然气田集气支线管道天然气水合物防治技术研究。以天然气水合物的生成预测及防治为主线，首先研究水合物的生成规律，判定天然气水合物的形成界限，在原有热水伴热工艺的基础上，开展电热集气工艺试验和注醇集气工艺试验，达到技术可行、工艺简化、效益最优的目的。

5.1 天然气水合物生成规律研究

天然气水合物是由天然气与水在高压、低温条件下形成的类冰状的结晶物质。天然气水合物易在井筒、管道内聚集结晶，造成井筒及管道的堵塞，影响油气正常生产及储运。为了研究天然气水合物的生成规律，设计研制、观察研究天然气水合物生成的室内实验装置，建立与气田生产工况相匹配的水合物预测模型，用于指导天然气水合物的防治工作。

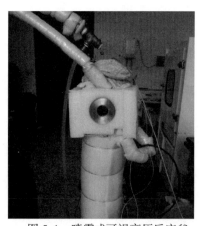

图 5.1 喷雾式可视高压反应釜

5.1.1 实验装置

按照天然气水合物的生成工况条件，室内实验装置应具备高压、低温、绝热、易于观察等技术要求。因此，在实验装置设计中，共考虑了 5 个单元，分别为可视高压反应釜、冷媒水供应系统、加热与温控系统、进液系统及进气系统。

（1）可视高压反应釜。

水合物直接接触换热式反应器是由一个中空的反应釜体和密封座构成的，最大工作压力为 25MPa。如图 5.1 所示，此压力反应器主要为采用循环盐水进行冷却和换热。

（2）冷媒水供应系统。

天然气水合物的生成过程伴随着大量热量的生成，为了维持反应所需的稳定低温条件（低于环境温度），使水合反应连续进行，需要及时将水合反应热带走，消除系统的漏热量。根据设计要求，低温条件需要具有一定的调节范围。为此，设计建立了冷媒水供应系统，主要由制冷系统、蓄冷罐和冷媒水循环系统等组成。图 5.2 所示的制冷系统与蓄冷罐用以保障系统用水的温度达到冷却要求，保障反应釜的循环系统冷却。

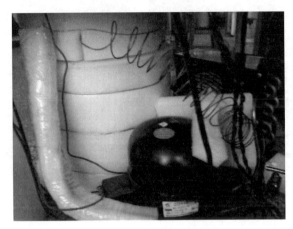

图 5.2　制冷系统与蓄冷罐

（3）加热与温控系统。

采用电子温度计与 RTU 温控系统实现釜内温度实时监控，通过与电加热器、制冷系统的 PID 联锁控制，实现温度恒定，如图 5.3 所示。

（a）天然气气源

（b）泵和容器

图 5.3　加热与温控系统构成

（4）进液系统。

喷淋式水合物制备方式的优点是通过雾化液体水（借助于喷嘴）可以极大地提高气水接触面积。由于形成众多的细小水滴，加之它们在反应器内具有极大的生成速度，无须额外的机械搅拌，而使反应器容易设计，也容易放大。在实验中，采用高压泵注入液体，然后通过喷嘴形成雾状液体，与天然气充分混合，最后形成气水混合物。

（5）进气系统。

该实验主要是采用实际生产井的天然气，天然气被压缩在气瓶中，然后通过减压阀减压，把气体输送到中间容器中，最后使气体进入反应釜中。在实验中，通过手摇泵改变中间容器的体积，从而得到不同压力下的天然气，如图5.4所示。

（a）天然气气源　　　　　　　　　　　　　　（b）泵和容器

图5.4　进气系统构成

5.1.2　实验方法

成功完成此实验的关键在于如何判断天然气水合物的生成点，这是相当困难的。通过反复多次实验，总结分析发现：当实验条件达到天然气水合物形成的临界温度时，一旦温度继续降低，达到天然气水合物生成的临界点，此时温度有一个明显的升高，通过釜壁可依稀观测到细小的白色颗粒，这时稍微增大压力，可观测到分散在液相中的晶核越来越多，并且不断聚结，出现了浆状沉淀，此刻，釜内液相已变得浑浊且迅速堆积凝固，形成像冰块状的透明固体，堵塞了整个高压釜，这就是天然气水合物。如果升高温度，天然气水合物便会慢慢溶解。

由此拟定，当温度有一个明显升高且液相开始变浑浊这一点即为天然气水合物的生成点。也可以用天然气水合物的平衡生成条件来判定天然气水合物的生成点，其判定标准是：在一定的温度条件下升压，让一定数量的水合物晶体在体系中生成，然后通过降低压力的方法使已经生成的水合物晶体分解，当体系中只有微量的水合物晶体（几个晶体）存在时，保持体系的状态不变。如果此时的温度、压力条件在一段较长的时间内恒定不变，而且体系中还存在微量的水合物晶体，则可将此时的温度定为水合物生成点温度（也是其平衡点）。天然气水合物形成和分解过程基本现象描述如图5.5所示。

依据在实验中的发现和认识，确定了以下实验方法和步骤：

（1）用蒸馏水清洗干净高压反应釜，向反应釜中加入配制好的溶液至液面到观察窗的一半。

（2）用气瓶向高压反应釜中注入天然气，达到预定压力，以备开始实验。

（3）在当前温度下开动喷嘴，观察一段时间，若不出现水合物，则启动冷凝装置，逐渐降低水浴温度；若出现水合物，则立刻启动加热装置，逐渐升高温度，直至水合物消

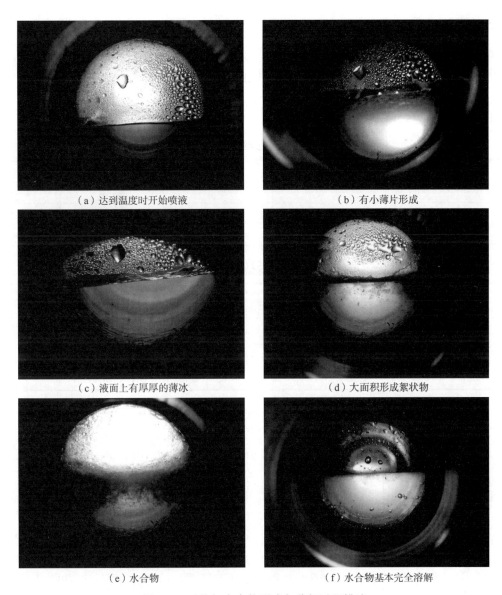

（a）达到温度时开始喷液　　　　　　　　（b）有小薄片形成

（c）液面上有厚厚的薄冰　　　　　　　　（d）大面积形成絮状物

（e）水合物　　　　　　　　　　　（f）水合物基本完全溶解

图 5.5　天然气水合物形成与分解过程描述

失，再缓慢降低温度。

（4）当温度降至某一温度，反应釜中形成少量水合物时，停止降温，保持水浴温度。缓慢升高温度，发现水合物有分解现象时，停止升温，记录该点温度与压力值。

（5）继续开始降温至临界点以下，持续一段时间至反应釜中形成大量水合物时开始升温，当温度超过临界点时开始计时，直至水合物完全溶解，记录溶解时间。

（6）记录数据后，重新设定压力，重复（2）~（5）的实验步骤。

（7）整理水合物形成时的压力、温度值，绘制压力—温度曲线图。

5.1.3　实验介质

升深 2-1 区块位于徐深气田中部，该区块共有 12 口气井，日产气 $113.07 \times 10^4 m^3$，单井平均日产水 $1.20 m^3$，区块地层压力 30.55MPa。该区块在徐深气田具有一定的代表性，因此采集了其中 3 口气井的气样和水样开展室内实验，3 口气井的开发参数、采出气组分和采出水水质见表 5.1 至表 5.3。

表 5.1　升深 2-1 区块单井开发参数情况表

序　号	井　号	油压(MPa)	套压(MPa)	日产气($10^4 m^3$)	日产水(m³)
1	升深平 1	23.8	25.5	26.10	1.85
2	升深 2-1	23.7	24.0	9.12	1.11
3	升深更 2	16.8	18.0	9.84	0.86

表 5.2　升深 2-1 区块采出气组分分析表

序号	井　号	甲烷(%)	乙烷(%)	丙烷(%)	异丁烷(%)	正丁烷(%)	异戊烷(%)	正戊烷(%)	戊烷以上(%)	氮气(%)	二氧化碳(%)	相对密度
1	升深平 1	93.62	2.27	0.38	0.06	0.08	0.02	0.03		1.94	1.6	0.5963
2	升深 2-1	96.09	1.75	0.25	0.02	0.08	0.01	0.02	0.01	0.99	0.79	0.5798
3	升深更 2	93.87	1.72	0.44	0.05	0.14	0.02	0.02	0.004	0.97	2.77	0.6021

表 5.3　升深 2-1 区块采出水水质情况分析表

序号	井号	pH值	密度(g/cm³)	硬度(mg/L)	碳酸根(mg/L)	碳酸氢根(mg/L)	氯根(mg/L)	硫酸根(mg/L)	钙(mg/L)	镁(mg/L)	钾、钠(mg/L)	矿化度(mg/L)	水型
1	升深平 1	6.52	0.97	1	0	1948	274	2	14	27	845	3110	重碳酸钠型
2	升深 2-1	6.70		1		854	150	154	8	4	474	1635	NaHCO₃型
3	升深更 2	6.42	1.00	24	0	677	2058	678	561	256	787	5017	CaCl₂ 型

5.1.4　实验结果与讨论

使用生产气井的气样、水样进行室内水合物生成实验，研究水合物与温度、压力及时间的生成规律。

（1）水合物生成温度与压力的关系。

用蒸馏水清洗干净高压反应釜，向反应釜中加入试验井水样，加入使其液面到观察窗位置。正好可以观看到液面，将恒温水浴温度设定到预定温值，为容器和管线创造良好的水浴环境。向反应釜内加入试验井气样，使压力为 2MPa。调节温度使其容器和管线的温度一致，待温度稳定，向反应釜内喷雾，实时地观察实验现象。若不形成水合物，则继续慢慢增大反应釜的压力。通过恒温变压方法实验，测定不同温度下的压力数据，研究水合物生产温度与压力之间规律，结果见表5.4和图5.6~图5.8。

表5.4 试验气井水合物生成温度和压力数据

井 号	参 数							
升深平1	生成温度(℃)	0.8	5.4	11.2	12.8	14.9	16.6	17.5	17.9
	实验压力(MPa)	2.8	5	8.1	10	12	16	20.6	24.9
升深2-1	生成温度(℃)	1.3	5.9	11.9	15.3	16.1	16.8		
	实验压力(MPa)	2.9	6.1	10	13.8	18.3	24		
升深更2	生成温度(℃)	2	6.2	7.9	11.8	14.4	16.5	18.3	19.5
	实验压力(MPa)	2.9	4.2	5.1	8	12	16	19.5	23.6

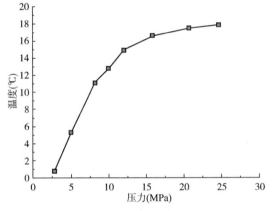

图5.6 升深平1井水合物生成温度—压力关系

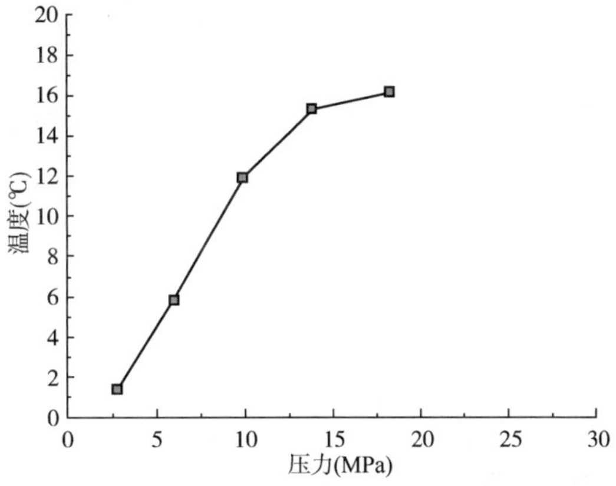

图5.7 升深2-1井水合物生成温度—压力关系

从结果可以看出，升深平1井、升深2-1井、升深更2井的三口气井气样当温度在0~15℃范围内，压力升高时，水合物生成的温度变化率较大；当温度高于17℃，压力升高时，水合物生成温度变化率逐渐减小。三口气井的油压分别是23.8MPa、23.7MPa、16.8MPa，当介质温度超过18℃时，天然气在集输过程中不会产生水合物。

（2）水合物生成温度与溶液中甲醇浓度的关系。

当溶液中有醇或电解质存在时，水合物的生成温度会降低，而温度降低的程度取决于醇或电解质的种类和在溶液中的浓度。热

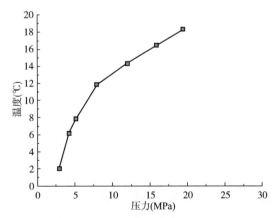

图5.8 升深更2井水合物生成温度—压力关系

力学抑制剂是目前国内外最常用的水合物抑制剂，也称为防冻剂。这类抑制剂能够改变水

分子和烃分子之间的热力学平衡条件，破坏具有孔穴的水分子之间的结构关系，使它们之间的作用能发生变化，从而降低界面上的蒸汽分压，使生成水合物的结晶点降低，达到抑制水合物形成的目的。被广泛应用的热力学抑制剂可分为有机抑制剂和无机抑制剂两类。有机抑制剂有甲醇和甘醇类化合物，无机抑制剂有氯化钠、氯化钙和氯化钾等。天然气集输矿场主要采用有机抑制剂，其中又以甲醇、乙二醇和二甘醇最为常用。本实验采用的是甲醇抑制剂。

甲醇具有高度降低水合物形成温度的性能，它能够很快地分解已形成的水合物塞，并可在一定程度上溶解已有的水合物。甲醇可以以任何比例与水混合，可用于任何操作温度。但由于甲醇沸点低、蒸汽压高，故更适用于较低的操作温度，在较高温度下使用则蒸发损失大。据文献介绍，在许多情况下，回收液相甲醇在经济上并不合算，同时甲醇水溶液不回收，废液处理又是一个难题。甲醇具有中等程度的毒性，使人中毒剂量为 5 ~ 10mL，致死剂量为 30mL，因此在使用时，要采取相应的安全措施。

根据实验要求，甲醇浓度从 5% ~ 35%，进行不同浓度下的气井水合物效果分析，根据实验数据得出升深平 1 井、升深 2-1 井、升深更 2 井三口井在不同甲醇浓度下的生成压力、温度曲线，分别如图 5.9 至图 5.11 所示。

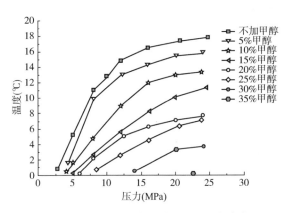

图 5.9 升深平 1 井不同甲醇含量水合物
形成压力—温度曲线

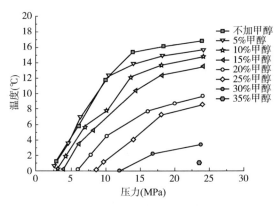

图 5.10 升深 2-1 井不同甲醇含量水合物
形成压力—温度曲线

由实验结果分析可得：

（1）选取甲醇作为水合物生成的抑制剂，同时与气田现场产水混合后形成浓度为 5% ~ 35%（质量分数）的溶液，进行水合物生成分解效果评定实验。由实验结果分析可得出不同甲醇含量下的水合物生成温度降低数据，见表 5.5。

表 5.5　水合物生成温度实验数据

甲醇含量(%)	降低水合物生成温度(℃)	甲醇含量(%)	降低水合物生成温度(℃)
5	1~2	25	11~12
10	4	30	14~15
15	6~7	35	16~17
20	9		

（2）甲醇的抑制能力在很大程度上取决于压力和组成。在低浓度下，其效果不是很明显，浓度越高，抑制效果越明显；压力越高，抑制水合物生成的效果越好。

（3）根据拟合所得数据，可以得出升深平1井、升深2-1井、升深更2井三口井在不同甲醇浓度下生成压力与温度关系曲线，分别如图5.12至图5.14所示。通过拟合所得结果与实验测得的数据基本一致，且所有数据中最大误差值为0.375，绘制的曲线趋势相同。

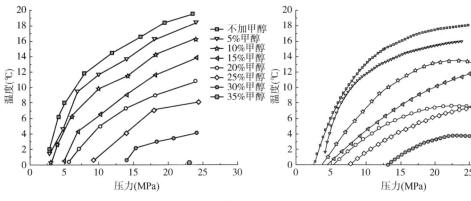

图5.11　升深更2井不同甲醇含量水合物
　　　　形成压力—温度曲线

图5.12　升深平1井不同甲醇含量水合物
　　　　形成压力—温度曲线

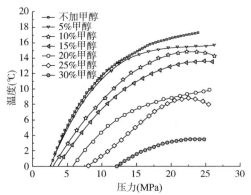
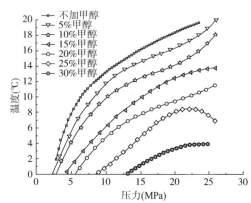

图5.13　升深2-1井不同甲醇含量水合物
　　　　形成压力—温度曲线

图5.14　升深更2井不同甲醇含量水合物
　　　　形成压力—温度曲线

（4）通过回归可得模型：

$$T = a + b \times (1 - \mathrm{e}^{-p/c}) + d \times (1 - \mathrm{e}^{-p/m}) \qquad (5.1)$$

其中，$\mathrm{e} = 2.71828$，a、b、c、d、m 的取值见表5.6至表5.8。

表5.6　升深平1井 a、b、c、d、m 的取值

抑制工况	a	b	c	d	m
不加甲醇	−9.88674	14.23121	6.14229	14.23121	6.14226
5%甲醇	−36.59121	276.8103	1024.93566	46.82776	2.68013

续表

抑制工况	a	b	c	d	m
10%甲醇	−6.71313	12.5171	12.22528	12.5171	12.22439
15%甲醇	−4.2033	14.38156	28.35794	14.38156	28.3562
20%甲醇	−9.60369	9.02099	7.36352	9.02099	7.36351
15%甲醇	−6.63762	8.7058	10.91565	19.28775	58.48181
30%甲醇	4.01042	−75.91249	3.66185	−75.91249	3.66185

表5.7 升深2−1井 a、b、c、d、m 的取值

抑制工况	a	b	c	d	m
不加甲醇	−6.63678	13.66064	8.58145	13.22064	8.58145
5%甲醇	−6.97409	12.13892	7.3224	12.13892	7.32283
10%甲醇	−5.173	12.70098	12.8964	12.70098	12.89823
15%甲醇	−6.21127	12.0029	12.07519	12.0029	12.0751
20%甲醇	−11.85555	11.21063	7.75904	11.21063	7.75898
15%甲醇	−6.0745	3015.51426	8132.17327	3015.51426	8132.17327
30%甲醇	−27.06142	15.60729	5.94987	15.60769	5.94987

表5.8 升深更2井 a、b、c、d、m 的取值

抑制工况	a	b	c	d	m
不加甲醇	−19.25853	2327.36255	4725.58911	27.95506	2.34404
5%甲醇	−8.75008	18.62301	4.37052	19.225e7	54.385e7
10%甲醇	−20.97301	3.2555e12	6.5152e12	25.84046	2.23267
15%甲醇	−698.60032	696.83035	0.88059	25.255	25.01527
20%甲醇	−13.60163	17.20525	4.90031	20.48524	54.48398
15%甲醇	−20.21948	14.93708	7.94037	14.93708	7.94052
30%甲醇	−34070.16815	8.4134e14	5.209e15	34070.30965	1.41976

通过查表，可以得出不同甲醇含量形成水合物的温度及压力，若要求计算加入其他浓度后形成的温度及压力，可通过图5.12至图5.14中查出。

（5）在水合物生成及分解规律室内实验的基础上，设计了"水合物生成预测模拟计算软件系统"。该软件系统以 Windows XP 为平台，以 Visual Basic 6.0 为工具开发。针对水合物生成规律进行现场应用实验，确定合理的注醇量，结合现场实际生产参数，通过与软件计算参数比对，验证软件系统的计算准确率相对较高，达到了预测的目标值。

（1）主界面。

水合物生成预测软件的主界面如图5.15所示。

（2）数据维护界面。

水合物生成预测软件的数据维护界面如图5.16所示。

图 5.15　水合物生成预测软件主界面

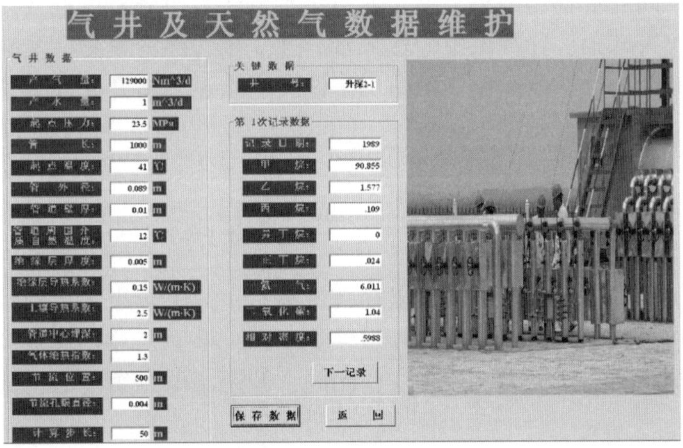

图 5.16　水合物生成预测软件数据维护界面

（3）水合物生成预测及注醇量计算系统界面。

水合物生成预测及注醇量计算系统界面如图 5.17 所示。

综上，实验在对水合物形成机理进行研究的基础上，用室内实验方法测定了升深 2-1 井、升深平 1 井和升深更 2 井三口井气样的水合物形成条件，采用了水合物抑制剂甲醇，确定了合理的投加浓度，并对现场因素的影响进行了评价。在 Chen&Guo 水合物预测模型基础上加以改进，使其适用于醇盐混合体系，编制了新的水合物预测程序。针对室内实验预测和数据分析，认为水合物的形成过程的实质是晶核的形成和晶体的成长过程，这为水合物生成预测模型的建立提供了理论基础；通过数学模型预测可以发现，水合物形成的压力和温度主要取决于天然气的气体成分，对丙烷、异丁烷的含量尤为敏感。在同一温度下，天然气密度越大，丙烷、异丁烷含量越多，水合物形成压力越低；采用热力学模型方法编制了水合物生成预测模拟计算程序，该程序不但可以实现输气管道内水合物生成的预测，还可以计算相应的注醇量，以及实现注醇后管道内的压力及温度分布；预测水合物的

图 5.17　水合物生成预测及注醇量计算系统界面

生成规律，针对不同的水合物结果类型，通过多种方法对照分析，有效防治气田水合物的形成。以软件系统为基础，计算出甲醇注入量，建立单井注醇模型，量化单井醇量，避免甲醇的过量和少量注入，从而优化气田防冻工艺，为徐深气田开展注醇防冻工艺奠定了良好的基础。

5.2　电热集气工艺试验

在井口到集气站的集气过程中管道里存在游离水，为了防止水合物形成，在徐深气田主要采用加热方式，以往一直采用热水管道伴热工艺，该工艺存在投资高、运行维护成本高和不便于节能控制的缺陷，为了改善这些问题，开展了电热集气工艺试验。

5.2.1　技术原理

天然气从井口采出后，经集气管道直接输送到集气站，集气管道外壁敷设的电热线缆可对天然气连续加热，保证集气的温度要求。电热技术能够调节控制，便于优化运行。电热集气工艺流程如图 5.18 所示。

5.2.2　试验内容

研究中选择汪 6-14 气井作为试验对象，开展了电热集气试验。试验内容主要包括：电热集气工艺对生产的适应性；优化运行的节能效果；集气管道停输后再启动的可行性。汪 6-14 气井集气管线选用 ϕ60mm×8mm 无缝钢管，管道全长 1570m，管道设计加热功率 40W/m，总功率 62.8kW。

5.2.3　试验结果与分析

（1）电热集气试验结果。

气井投产初期试验情况如下：

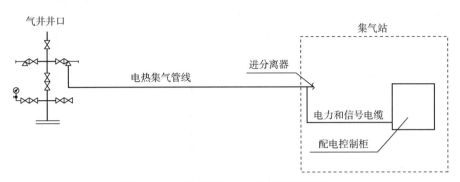

图 5.18 电热管道集气工艺流程示意图

汪 6-14 气井投产的各项参数见表 5.9,管道各项性能参数见表 5.10。

表 5.9 汪 6-14 气井投产实测参数表

日产气 (10^4m^3)	日产水 (m^3)	产气温度 (℃)	开井压力 (MPa)	电热管道功率 (kW)	进站气温 (℃)
2.7	0.5	8	13.5	69	>80

表 5.10 汪 6-14 气井电热管道测试情况表

序 号	测试情况	结果
1	绝缘电阻(MΩ)	25
2	管道起点供电电压(V)	380
3	管道末点供电电压(V)	320
4	温控功能	正常
5	功率调节功能	正常

试验初期,天然气进站温度过高,经调节管道加热运行功率,在保障气井正常生产的条件下,合理控制了进集气温度。管道加热功率由 69kW 调节到 36kW,进站温度控制到 57℃。之后,逐步下调管道加热功率至 14kW,进站温度下降到 21.5℃,通过冬季最寒冷的 2 个月连续运行试验数据可见,电热集气工艺满足了正常生产的需要,试验数据见表 5.11。

表 5.11 汪 6-14 气井投产初期运行试验数据表

试验日期	管道运行功率(kW)	井口气温(℃)	进站气温(℃)
12 月 24 日	69	8	81
12 月 24 日	36	8	57
12 月 25 日	24	8	38
12 月 28 日	14	8	21.5
12 月 29 日	14	8	22

试验日期	管道运行功率(kW)	井口气温(℃)	进站气温(℃)
1月10日	14	8.5	21
1月15日	14	9	20.5
1月18日	14	8	21
1月25日	14	8.5	22
1月28日	14	8	21
2月1日	14	8	21
2月8日	14	8	20
2月14日	14	9	20
2月22日	14	8.5	21.5
2月23日	14	8.5	20

（2）电热管道优化运行试验结果。

集气管道具有连续线性加热的特性，能够实现自解堵，因此可突破常规集气温度不低于20℃的生产要求，深入开展低温集气试验，力求实现节能降耗。从3月20日开始，电热管道功率设定为7kW，集气进站温度稳定到15~17℃，管道运行正常，集气温度平稳，达到了预计目标。汪6-14气井于5月中旬开始进入夏季关井阶段，到8月下旬开井。在关井期间，通过改变电热管道接线方式对加热功率进行了调整，功率由69kW调整到25kW。8月26日气井开井后，进一步降低了集气进站温度，将温度控制在13~16℃，运行功率最低控制到2kW。电热管道运行稳定，经受了雨季的考验。试验运行数据见表5.12。

表5.12 汪6-14气井优化运行试验数据表

试验日期	日产气 ($10^4 m^3$)	管道运行功率 （kW）	井口气温 （℃）	进站气温 （℃）
3月22日	2.6	7	8.5	15
3月25日	2.6	7	8	15
3月29日	2.5	7	8	16
4月2日	2.5	7	9	16.5
4月6日	2.5	7	8	15
4月10日	2.4	7	8.5	16
4月12日	2.4	7	9	16.5
4月15日	2.7	7	8	15.5
4月18日	2.6	7	9	16
4月21日	2.5	7	9	15
4月22日	2.5	7	10	17

续表

试验日期	日产气 (10^4m^3)	管道运行功率 (kW)	井口气温 (℃)	进站气温 (℃)
4月25日	2.6	7	9	17
4月26日	2.7	7	9	16
4月28日	2.5	7	10	17
4月30日	2.6	7	7	15.5
5月5日	2.4	7	9	17
5月8日	2.5	7	9	17
5月11日	2.5	7	8	16
5月14日	2.4	7	8.5	16
5月15日	2.5	7	8	15.5
8月26日	2.5	7	9	16
9月5日	2.5	4.8	10	15
9月14日	2.4	3.5	11	14.5
9月20日	2.4	2	11	13
9月25日	2.5	3	11	14
10月3日	2.4	5	10	15
10月10日	2.4	5	10	15

（3）集气管道停输后再启动试验结果。

在冬季试验期间，因井下水合物冻堵使气井停产2次，每次停产时间为5d，我们以此为契机开展了集气管道停输后再启动试验。当气井停产后，停运电热管道，使管道及内部介质逐步降温，与管线周围环境温度平衡。1月19日停井后，电热管道停运，到1月24日开井前，电热管道周围土壤温度由停井时的15℃降到-5℃，管道未进行预热开井30min，通过观察集气站内分离器压力未发生变化，判断集气管道不通。从上午9：00开始对电热管道进行预热，2h顺利实现了开井生产。表5.13是气井开井前后的试验数据。

表5.13 电热管道停输再启动试验数据表

试验时间	汪6-14气井运行状态	管道运行功率 (kW)	井口气温 (℃)	进站气温 (℃)	集气管线运行状态
9：00	关井	24			不通
10：00	开井	24	-15	-15	不通
11：00	开井	24	5	45	通
11：10	开井	14	8.5	46	通
15：00	开井	14	8.5	30	通

试验时间	注6-14气井 运行状态	管道运行功率 （kW）	井口气温 （℃）	进站气温 （℃）	集气管线 运行状态
17：00	开井	14	8.5	25	通
19：00	开井	14	8.5	22	通
22：30	开井	14	8.5	23	通

试验证明，电热集气能够满足气井的正常生产需要，该工艺技术先进，操作灵活，投资低、运行成本低，经济效益好，具有明显的比较优势。电热集气工艺已在徐深气田得到全面推广应用。

5.3 注醇集气工艺试验

在实际生产中，气田集气主要采用两种水合物防治技术：一是加热法；二是注醇法。在徐深气田采用的电热集气工艺较好地适应了高寒地区气田生产的要求，但也存在两方面的问题：一是能耗成本高；二是电热带维修更换困难，费用大。因徐深气田大部分气井采出气中含有二氧化碳，建设之初即敷设了从集气站到井口的加药管线，可以从站内向井口加注甲醇。由于电热带使用时间达到10年以上后，会陆续出现老化问题，为了减少二次投入和控制运行成本，在室内实验研究的基础上，有必要开展注醇集气工艺现场试验，探索电热集气工艺的接替技术。

5.3.1 试验内容

现场试验气井按照以下条件进行选择：

（1）集气站内有井口注醇工艺且可进行连续加注的气井。

（2）井口温度相对较低，产气量平稳，产水量波动小的气井。

（3）同时涵盖产气量、产水量、管线长度不同的气井，具有典型的代表性。

基于以上标准，本书中选取了4口生产气井开展现场试验，试验井的生产参数及建设情况见表5.14。试验主要检验两方面内容：一是注醇集气工艺的可行性；二是注醇集气工艺的经济性。

表 5.14 试验井生产参数及建设情况表

井 号	井口 油压 （MPa）	井口 温度 （℃）	相对 密度	日产气 （$10^4 m^3$）	日产水 （m^3）	管线 规格 （mm×mm）	管线 长度 （km）
徐深1-4	5.6	12	0.59	1.3	12.4	$\phi 89 \times 9$	0.54
徐深6-1	12.8	0	0.58	1.1	0.12	$\phi 89 \times 9$	1.33
徐深6-204	5.5	13	0.58	3.3	4.5	$\phi 60 \times 7$	0.862
升深2-5	5.9	12	0.60	2.85	2.5	$\phi 76 \times 8$	1.38

5.3.2 试验效果

现场试验表明，注醇可有效降低水合物生成温度，通过合理调整注醇量，能够满足集气的需要。试验井的注醇工艺调控运行试验数据见表5.15。

表 5.15 注醇防冻工艺运行试验数据表

井 号	进站温度(℃)	水合物生成温度(℃)	日产气 (10⁴m³)	日产水 (m³)	注醇量 (t/d)
徐深 1-4	6~9	13	1.3	1.4	0.115~0.173
徐深 6-1	0~3	17	1.1	0.12	0.115~0.153
徐深 6-204	5~8	13	3.3	4.5	0.600~0.778
升深 2-5	9~11	13	2.85	2.5	0~0.080

5.3.3 运行成本分析

按照气井在无电热的条件下的温降计算结果，针对不冻井、易冻井采取不同的注醇措施，测算深层气井年消耗甲醇量。

开井前注醇量：按照平均上限加注0.5t/次，每年开10次计算，每年消耗甲醇共计400t，折合116.24万元。

生产时注醇量：徐深23-平1井等39口气井开井后，地温较高，此部分气井不考虑注醇。徐深6-106井等41口气井井口温度偏低，在采气管线中存在冻堵风险，须综合采用注醇量公式、甲醇气相损失量公式、输气管道温降公式对注醇量进行计算。

注醇量：

$$C_m = \frac{100\Delta t M}{K + M\Delta t} \tag{5.2}$$

输气管道温降：

$$t_x = t_0 + (t_1 - t_0)e^{-ax} \tag{5.3}$$

甲醇气相损失量：

$$W_g = 10^{-3}\alpha C \tag{5.4}$$

式中：C_m 为甲醇溶液的质量浓度，%；M 为甲醇相对分子质量；K 为与水合物抑制剂种类有关的常数，甲醇取值1228；Δt 为添加抑制剂后水合物生成温度降，℃；t_x 为管道沿线任一点的温度，℃；t_0 为周围土壤的温度，℃；t_1 为管道起点的气体温度，℃；a 为与气体流量、温度有关的计算常数；x 为起点到计算点之间的距离，m；W_g 为气相中甲醇单位消耗量，mg/cm³；α 为甲醇在每立方米天然气中的克数与在水中质量浓度的比值；C 为回收抑制剂中甲醇的质量浓度，%。

表5.16生产时需要注醇量计算结果表明，所有气井日需最大注醇量为17.4t，按照2015年气井实际生产天数测算，年消耗甲醇3503t，费用为3503t×2906元/t=1017.97万元；运行电费按照注醇泵每台功率为3kW，以24h运行计算，各气井实际平均开井天数为

247d，全年电费为：$3kW \times 24h \times 80 \times 247 \times 0.6$ 元$/(kW \cdot h) = 85.36$ 万元。综合计算，注醇防冻工艺全年总费用为 1219.57 万元，相对电热工艺 1459.73 万元，节约比例达到16.45%。在实现甲醇回收后，成本还可进一步降低。

表 5.16 生产时需要注醇量

序号	井 号	进站温度（℃）	日产气（$10^4 m^3$）	日产水（m^3）	液相中甲醇（t/d）	气相甲醇损失（t/d）	最大注醇量（t/d）
1	徐深 1-205	9.1	3.32	2.4	0.47	0.0078	0.4747
2	徐深 1-4	4.5	1.38	1.1	0.24	0.0042	0.2396
3	徐深 902	5.2	3.51	1.7	0.38	0.0099	0.3888
4	徐深 9-2	9.0	4.41	2.0	0.44	0.0096	0.4508
5	徐深 6-3	3.9	2.54	0.9	0.21	0.0074	0.2190
6	徐深 6-210	4.8	1.43	0.7	0.16	0.0043	0.1654
7	徐深 6-107	7.7	4.11	3.2	0.74	0.0092	0.7513
8	徐深 6-108	2.4	1.62	3.1	0.76	0.0053	0.7687
9	徐深 6-X201	2.3	1.19	2.7	0.68	0.0040	0.6886
10	升深 2-5	4.8	2.40	1.4	0.35	0.0066	0.3575
11	徐深 14	4.0	3.16	1.9	0.46	0.0097	0.4684
12	徐深 903	5.1	3.07	6.3	1.52	0.0085	1.5314
13	徐深 9-4	4.3	1.62	1.3	0.33	0.0048	0.3334

由于甲醇回收装置的建设成本较高，目前尚未建设甲醇回收工艺，注入甲醇只能随气田污水进入污水处理站进行处理，在造成资源浪费的同时也增加了污水处理的难度，因此，注醇工艺虽然运行成本低但仍需要控制应用。目前，气田中采用的仍然是以电伴热为主、注醇为辅的防冻工艺。

6 高含 CO₂ 集输管道腐蚀行为及防腐效果评价

近几十年来，国内外在油气田腐蚀机理、影响因素、腐蚀规律的总结归纳及腐蚀程度的预测等方面均取得了一系列的研究成果与认识[34]。针对 CO_2 的腐蚀，国外石油公司为了预测油气田设施的腐蚀速率及程度，形成了 CO_2 局部点蚀、轮癣状腐蚀和台面状坑蚀的腐蚀特征认识，建立了各种数学模型，形成了系列腐蚀分析系统。相关软件能够分析在环境温度、压力、pH 值、物质组成和流动状态等变化情况下金属设施的腐蚀情况，这些软件还提供了电位—pH 图、腐蚀速率—温度曲线、腐蚀速率—流速曲线等多种信息及计算分析结果，以帮助工程技术人员和科研人员对腐蚀行为进行深入研究，尤其是有效探索找到解决和预防腐蚀问题的方法。

6.1 腐蚀行为及成因

碳钢管的 CO_2 腐蚀是集气系统中 CO_2 溶解于水中生成碳酸后引起的电化学腐蚀，基本过程可通过腐蚀的阳极反应和阴极反应解释：

腐蚀的阳极反应：

$$Fe+OH^- \longrightarrow FeOH+e$$
$$FeOH \longrightarrow FeOH^+ +e$$
$$FeOH^+ \longrightarrow Fe^{2+} +OH^-$$

腐蚀的阴极反应：

$$CO_2+H_2O \longrightarrow H_2CO_3$$
$$H_2CO_3 \longrightarrow H^+ +HCO_3^-$$
$$HCO_3^- \longrightarrow H^+ +CO_3^{2-}$$

室内模拟通过对 CO_2 分压、温度、流速、Cl^- 含量等各类影响 CO_2 腐蚀的因素进行实验研究，分析腐蚀行为，明确各类因素影响的界限范围，揭示腐蚀成因。

6.1.1 气井腐蚀影响因素与腐蚀速率关系

徐深气田部分油管采用 N80 钢，在含 CO_2 气井生产过程中，油管腐蚀情况较为严重，模拟实验表明，腐蚀影响因素有温度(T)、CO_2 分压(p_{CO_2})、pH 值、介质流速(U)、介质含水率(Q)等。为了更为清晰地分析各因素对 CO_2 腐蚀速率的影响，绘制了高温高压反应釜模拟实验中上述各影响因素与 CO_2 腐蚀速率关系的散点图。

（1）温度对 CO_2 腐蚀速率的影响。

在相同 CO_2 分压 2.5MPa 下，温度对 N80 油管的 CO_2 腐蚀速率的影响很大，其对腐蚀速率的影响很大程度上体现在温度对保护膜生成的影响方面。根据升深 2-1 区块气井与徐深区块气井的原始数据，分别得到两区块的 CO_2 腐蚀速率与温度的散点图，分别如图 6.1、图 6.2 所示。

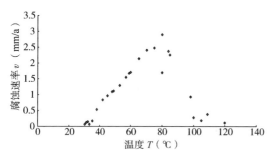
图 6.1　升深 2-1 区块温度与腐蚀速率散点图

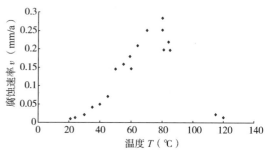
图 6.2　徐深区块温度与腐蚀速率散点图

从图 6.1、图 6.2 可以看出，升深 2-1 区块气井和徐深区块气井的温度在低于 80℃ 时，腐蚀速率随温度的增加而增加；而当温度高于 80℃ 时，腐蚀速率反而随温度的增加而减小。

分析温度对 CO_2 腐蚀速率的影响规律认为，当温度在 60~110℃ 时，铁表面可生成具有一定保护性的腐蚀产物膜，局部腐蚀较为突出，而当温度达到 110℃ 左右时，均匀腐蚀速度较高，局部腐蚀严重，腐蚀产物为厚而疏松的 $FeCO_3$ 粗结晶，之后，温度继续升高，则会生成细致、紧密、强附着力的 $FeCO_3$ 和 Fe_3O_4 膜，腐蚀速率相对降低。

（2）CO_2 分压对腐蚀速率的影响。

80℃ 下的模拟结果表明，CO_2 分压也是影响腐蚀速率的主要因素。根据升深 2-1 区块气井与徐深区块气井的实验数据，分别建立两区块的腐蚀速率与 CO_2 分压的散点图，分别如图 6.3、图 6.4 所示。

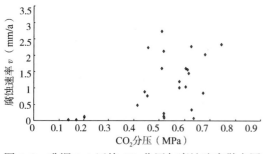
图 6.3　升深 2-1 区块 CO_2 分压与腐蚀速率散点图

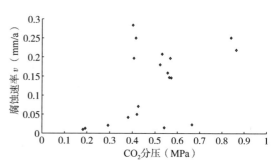
图 6.4　徐深区块 CO_2 分压与腐蚀速率散点图

从图 6.3、图 6.4 可以看出，升深 2-1 区块气井和徐深区块气井的 CO_2 分压与腐蚀速率大致呈递增式正相关关系，即腐蚀速率随 CO_2 分压的增加而增加。但当 CO_2 分压大于

0.8MPa 时，腐蚀速率增加减缓。

腐蚀实验试件的扫描电镜和能谱分析反映出样品的表面黑色腐蚀产物主要为 $FeCO_3$，腐蚀产物微观形貌基本为四面体堆积在一起，腐蚀产物中元素主要有 Fe、O、Ca、Cl、Na 等，其中，以 Fe、O、Ca 含量最高。

（3）pH 值对 CO_2 腐蚀速率的影响。

pH 值对 CO_2 腐蚀速率的影响如图 6.5、图 6.6 所示。可以看出，升深 2-1 区块气井和徐深区块气井的 pH 值与腐蚀速率的关系均呈现 pH 值增大，腐蚀速率逐渐减小的特征。

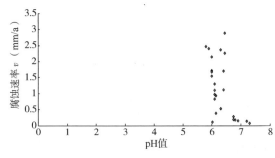
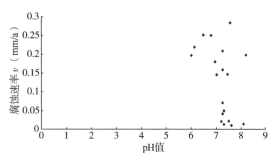

图 6.5　升深 2-1 区块 pH 值与腐蚀速率散点图　　　图 6.6　徐深区块 pH 值与腐蚀速率散点图

（4）流速对 CO_2 腐蚀速率的影响。

已有研究表明，介质流速增大，金属腐蚀速率也随之增大。而从气井工况模拟腐蚀速率散点图（图 6.7、图 6.8）来看，介质流速与腐蚀速率没有明显的直接对应关系，分析认为，这是由于介质流速的影响作用还受到含水率及压力的制约。目前，还不能根据已有的监测数据研究出单一流速影响因素与腐蚀速率的关系。因此，在进行腐蚀预测模型建模计算时，介质含水率需要结合流速及压力综合考虑。

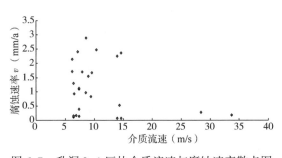
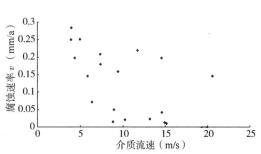

图 6.7　升深 2-1 区块介质流速与腐蚀速率散点图　　　图 6.8　徐深区块介质流速与腐蚀速率散点图

（5）含水率对 CO_2 腐蚀速率的影响。

已有研究表明，含水率增大，金属腐蚀速率也随之增大。而从图 6.9、图 6.10 来看，含水率与腐蚀速率也没有明显的直接对应关系。目前，还不能根据已有的监测数据研究出单一含水率影响因素与腐蚀速率的关系。同样，在进行腐蚀预测模型建模计算时，含水率需要结合流速及压力综合考虑。

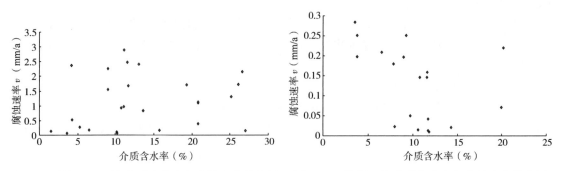

图 6.9　升深 2-1 区块介质含水率与腐蚀速率散点图　　图 6.10　徐深区块介质含水率与腐蚀速率散点图

6.1.2　地面工艺腐蚀影响因素

地面工艺 CO_2 腐蚀同样受温度、CO_2 分压、水中离子组成及流速的影响。

（1）温度的影响。

在 CO_2 分压 1.0MPa，介质为浓度 20g/L 的 NaCl 溶液，未添加缓蚀剂，动态下挂片的线速度为 2.5m/s，分析不同温度对碳钢在液相中腐蚀速率的影响，结果见表 6.1 和图 6.11。

表 6.1　碳钢在液相中不同温度下的腐蚀速率

温度(℃)	静态下腐蚀速率(mm/a)	动态腐蚀速率(mm/a)
20	0.3042	0.7176
30	0.3368	0.8586
40	0.3675	0.9621
50	0.3987	1.0879
60	0.4552	1.1665
70	0.4392	0.9346
80	0.3964	0.9578
90	0.3467	0.9437
100	0.3229	1.0702
110	0.4019	1.1246
120	0.4633	1.3498

从图 6.11 中可以看出，温度对液相 CO_2 的腐蚀有非常明显的影响。随着温度升高，腐蚀逐渐加剧，当温度达到 60℃时，碳钢的腐蚀速率接近最高，此后有平稳下降趋势。

（2）CO_2 分压的影响。

在 60℃下，介质为 20g/L 的 NaCl 溶液，动态条件转速为 2.5m/s，分析不同 CO_2 分压对液相腐蚀速率的影响，结果见表 6.2。

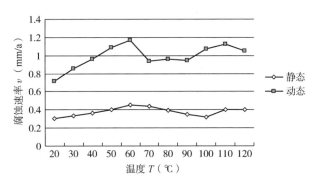

图 6.11 碳钢在液相中不同温度下的腐蚀速率曲线

表 6.2 碳钢在液相中不同分压下的腐蚀速率

分压(MPa)	静态下腐蚀速率(mm/a)	动态腐蚀速率(mm/a)
0.2	0.1934	0.4355
0.4	0.2396	0.5628
0.6	0.2830	0.8111
0.8	0.3744	1.0387
1.0	0.4552	1.1665

从图 6.12 中可以看出，随着分压的升高，液相腐蚀速率也逐渐升高，腐蚀加剧，在 0.02~0.3MPa 区间，腐蚀速率增长幅度较缓；在高于 0.3MPa 区间，腐蚀速率增长幅度较大，在动态条件下，使得分压对腐蚀的影响更为显著。

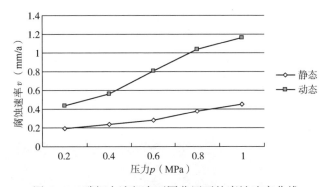

图 6.12 碳钢在液相中不同分压下的腐蚀速率曲线

在地面集气温度条件、裸钢形成保护性腐蚀产物膜的情况下，可用经验式反映 CO₂ 分压对腐蚀速率的影响：

$$\lg v_c = 796 - 2320/(T + 273) - 5.55 \times 10^{-3} T + 0.67 \lg p_{CO_2} \qquad (6.1)$$

式中：v_c 为腐蚀速率，mm/a；T 为温度，℃；p_{CO_2} 为 CO₂ 分压，MPa。

通过式(6.1)可知，钢的腐蚀速率随 CO₂ 分压的增加而增大，CO₂ 的腐蚀过程是随着氢去极化过程而进行的，当 CO₂ 分压高时，由于溶解的碳酸浓度升高，从碳酸中分解的氢离子浓度也越高，因而腐蚀被加速。

CO_2 分压是影响 CO_2 腐蚀的最重要因素之一，目前，在油气工业中，根据 CO_2 分压判断 CO_2 腐蚀性，见表6.3。

表6.3　CO_2 分压与防腐程度对应表

p_{CO_2}（MPa）	腐蚀严重程度
<0.021	不产生
0.021~0.21	中等
>0.21	严重

（3）采出水中 Cl^- 含量的影响。

在温度、压力、转速等条件相同的情况下，实验分析 Cl^- 浓度对碳钢在液相中腐蚀速率的影响。从表6.4中可以看出，随着浓度上升，腐蚀速率由快速上升后趋向平稳，1%可看作该变化趋势的转折点。

表6.4　碳钢在液相中不同 NaCl 浓度下的腐蚀速率

NaCl 浓度（%）	静态下腐蚀速率（mm/a）	动态腐蚀速率（mm/a）
0	0.1987	0.4391
0.1	0.2166	0.6219
0.2	0.2809	0.8003
0.5	0.3478	0.9987
1.0	0.4336	1.1594
2.0	0.4552	1.1665
5.0	0.4590	1.1767
10.0	0.4468	1.1819

由图6.13分析认为，溶液中存在 Cl^- 时，Cl^- 能够减弱腐蚀产物膜与金属间的作用力，甚至使腐蚀产物膜脱落，从而使保护膜失去对碳钢的保护作用，所以出现随着 Cl^- 浓度的增加，腐蚀速率增加的现象。

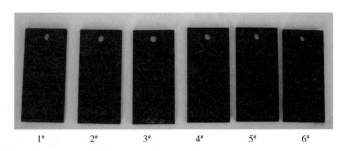

图6.13　不同 Cl^- 浓度静态下腐蚀实验后的溶液及挂片

根据徐深气田水质化验情况（表6.5），Cl^- 浓度最高为不超过 3000mg/L，对腐蚀的影响较小。

表 6.5 气井采出液分析数据

检测项目	徐深 1 井	徐深 6 井	汪深 1 井	升深 1 井
颜色	白色	白色	黄色	无色
气味	刺激味	泥土味	泥土味	芳香味
透明度	不透明	不透明	半透明	半透明
沉淀物	有沉淀	大量絮状	少量粒状	无沉淀
pH 值	7.78	7.99	7.63	7.41
密度(g/cm^3)	0.938	0.941	0.946	0.935
含油(mg/L)	501.0	275.6	27.13	271.1
悬浮物(mg/L)	892	231	123	15.5
总磷(mg/L)	0.06	0.01	1.49	0.22
COD(mg/L)	55508	3242	2132	2903
Ca^{2+}(mg/L)	6.41	7.21	17.64	38.08
Fe^{2+}(mg/L)	120.01	145.98	124.8	322.4
Mg^{2+}(mg/L)	0.97	2.43	3.40	1.22
SO_4^{2-}(mg/L)	74.91	65.03	317.73	22.22
Cl^-(mg/L)	38.99	40.77	2118.14	2658.75
HCO_3^-(mg/L)	2147	1604.83	1513.3	402.73
CO_3^{2-}(mg/L)	0	0	0	0
$K^+ + Na^+$(mg/L)	860.66	542.57	2064.71	1703.15
$Ba^{2+} + Sr^{2+}$(mg/L)	2.75	0	16.48	412.02
OH^-(mg/L)	0	0	0	0
硫化物(mg/L)	0.009	0.007	0.007	0
氨氮(mg/L)	7.20	43.4	40.8	0

（4）采出水中 Fe^{2+} 含量的影响。

液相中往往还存在着二价铁离子。在温度、压力、转速条件相同的情况下，介质中不添加 NaCl，考察 Fe^{2+} 浓度对碳钢在液相中腐蚀速率的影响，结果见表 6.6。

表 6.6 碳钢在液相中不同 Fe^{2+} 浓度下的腐蚀速率

Fe^{2+} 浓度(mol/L)	静态下腐蚀速率(mm/a)	动态腐蚀速率(mm/a)
0	0.1987	0.4391
0.5	0.1806	0.4029
1.0	0.1786	0.3977
2.0	0.1719	0.3925
5.0	0.1594	0.3834

从结果可以看出，Fe^{2+} 对腐蚀起到了一定的抑制作用：一方面，主要是 Fe^{2+} 能加速腐蚀产物膜的形成，使得碳钢表面更早地被膜所覆盖，从而降低了腐蚀速率；另一方面，

Fe^{2+}的存在，使得碳钢表面电化学腐蚀产生的Fe^{2+}向溶液中扩散的速度减缓。

根据表6.5气井采出液数据分析，采出液中Fe^{2+}含量超过了100mg/L，一方面，说明了井下或地面可能已经存在腐蚀；另一方面，含Fe^{2+}的采出水在地面对CO_2的腐蚀起到一定的抑制作用。

（5）介质流速的影响。

温度为60℃，CO_2分压为1.0MPa，分析不同介质流速分别在蒸馏水和浓度为1.75%的NaCl溶液中对碳钢液相腐蚀速率的影响，结果见表6.7和图6.14。

表6.7　碳钢在液相中不同流速下的腐蚀速率

挂片线速度（m/s）	蒸馏水中腐蚀速率（mm/a）	1.75%NaCl溶液中腐蚀速率（mm/a）
0	0.1987	0.4552
0.5	0.2448	0.6469
1.0	0.3266	0.8813
1.5	0.4017	1.1088
2.0	0.4112	1.1690
2.5	0.4391	1.3665

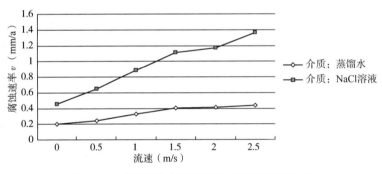

图6.14　碳钢在液相中不同流速下的腐蚀速率

从结果可以看出，在不含NaCl的蒸馏水中，腐蚀速率随着流速的增加缓慢上升，而在NaCl溶液中，腐蚀速率呈现急剧上升的趋势，可见，在流速和Cl^-的共同作用下，腐蚀程度更加严重。因此，尤其是在采出水矿化度较高时，流速是影响腐蚀速率非常关键的因素。

进一步基于动态腐蚀环道系统，采用线性极化测量法模拟研究了地面工艺中介质流速对腐蚀速率的影响，腐蚀速率在实验初期逐渐增大，第7天达到一个极大值，然后腐蚀速率下降，第15天达到极小值，随后腐蚀速率又逐渐增大，在上升到一定值后，腐蚀速率随流速的增大并没有明显增加，前15天的腐蚀速率变化幅度较大，15天之后，腐蚀速率再增加时，增长幅度较实验初期平缓，实验中典型线性极化测试曲线如图6.15所示。

（6）集气管道腐蚀行为。

升深2-17井、升深2-21井集气管道挂片的腐蚀产物进行电镜扫描和能谱分析，结果如图6.16和图6.17所示。分析结果表明，样品的表面黑色腐蚀产物主要为$FeCO_3$，腐蚀

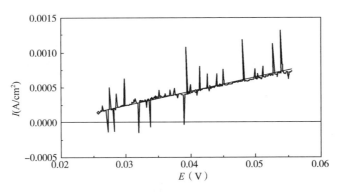

图 6.15　典型线性极化测试曲线

产物微观形貌基本为四面体堆积在一起，腐蚀产物中元素主要有 Fe、O、Ca、Cl、Na 等，其中，Fe、O、Ca 含量较高。当温度低于 80℃时，碳钢表面生成不具保护性的少量松软且不致密的 $FeCO_3$，此时腐蚀为均匀腐蚀。

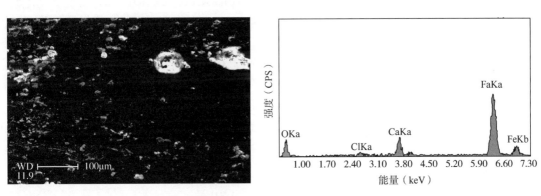

图 6.16　升深 2-17 井管道挂片扫描电镜微观腐蚀形貌及能谱分析

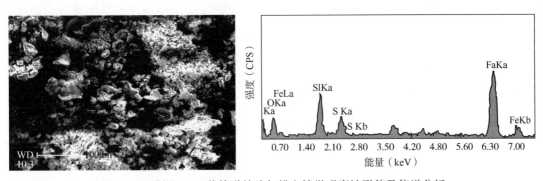

图 6.17　升深 2-21 井管道挂片扫描电镜微观腐蚀形貌及能谱分析

6.1.3　腐蚀影响因素界限范围确定

由上可知，对于集气管道 CO_2 腐蚀是各种影响因素综合作用的结果。CO_2 腐蚀表现为全面腐蚀和一种典型的沉积物下方的局部腐蚀共同出现，腐蚀产物（$FeCO_3$）及结垢产物

（CaCO₃）或不同的生成物膜在钢铁表面不同区域的覆盖度不同，不同覆盖度的区域之间形成了具有很强自催化特性的腐蚀电偶，CO_2的局部腐蚀就是这种腐蚀电偶作用的结果。温度、流速和压力对腐蚀产物膜都有很大的影响，不同温度下生成不同结构、不同形态的腐蚀产物，这些腐蚀产物的完整性及致密和疏松程度导致不同的腐蚀速率。同时，流速对腐蚀产物的存在有决定性影响，流速较高时，腐蚀产物膜变薄，腐蚀速率变大，低流速时，疏松的腐蚀产物也比较容易附着在金属表面，形成点蚀。CO_2分压高，也会导致腐蚀产物膜变厚，同时，也使得腐蚀速率升高。对腐蚀速率的影响作用由大到小顺序为压力、流速和温度；腐蚀速率随温度升高而增大，60℃达到最大值，超过100℃，腐蚀速率降低；压力对腐蚀速率的影响表现为压力越大，腐蚀速率越高；随流速的增加，腐蚀速率会逐渐升高，高流速条件下以均匀腐蚀为主，低流速条件下以局部腐蚀为主。为此，通过进一步实验确定了腐蚀影响因素的界限范围。

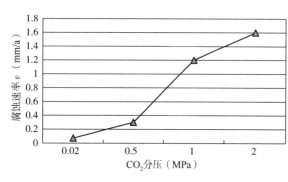

图 6.18　不同 CO_2 分压下的腐蚀速率

（1）CO_2 分压。

图 6.18 的结果揭示了腐蚀速率与 CO_2 分压的关系，当 CO_2 分压低于 0.021MPa 时，腐蚀可以忽略；当 CO_2 分压为 0.021~0.21MPa 时，发生腐蚀。CO_2 分压高于 0.21MPa 时，产生严重腐蚀。对于碳钢、低合金钢的裸钢，腐蚀速率随 CO_2 分压的增加而增大。也就是说，当 CO_2 分压在 0.02MPa 附近发生腐蚀已经在腐蚀允许范围之内，随着 CO_2 分压的增加，腐蚀速率呈上升趋势。

（2）温度。

温度是 CO_2 腐蚀的重要影响因素。实验结果表明，当温度低于60℃时，由于不能形成保护性的腐蚀产物膜，以均匀腐蚀为主，钢在此温度区间出现腐蚀的极大值；当温度在100℃附近时，腐蚀产物 $FeCO_3$ 厚而松，结晶粗大，不均匀，易破损，则局部孔蚀严重；当温度高于150℃时，腐蚀产物由 $FeCO_3$ 和 Fe_3O_4 组成，质地细致、紧密、附着力强，于是有一定的保护性，则腐蚀率下降。从表 6.8 中升深 2 井井筒温度分布情况来看，500m以上井段温度为 80~90℃，属局部腐蚀。

表 6.8　升深 2 井测试资料

测试深度（m）	50	100	300	500	700	1000	1600	1700	2100
温度（℃）	80.1	81.2	85.8	89.8	94.0	100.0	109.7	111.0	115.1

（3）流速。

管道介质流速过大易导致冲刷损伤，流速过小易导致采气管道积液而加重腐蚀，一般控制在 3~8m/s 较为合适，从流速与腐蚀速率的关系曲线图 6.19 中可以看出，腐蚀速率随着介质流速的增加呈现线性增加，流速对腐蚀速率影响较大。

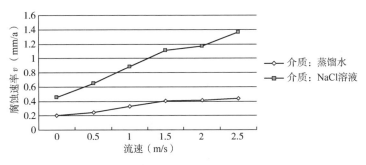

图 6.19　流速与腐蚀速率的关系曲线

（4）Cl^-。

CO_2 腐蚀除了受压力、温度、介质流速、腐蚀产生膜的影响外，还受介质组成（如 Cl^-）的影响，当 NaCl 含量小于 10% 时，碳钢的腐蚀速率随 Cl^- 含量增加而轻微减小，当 NaCl 含量大于 10% 时，碳钢的腐蚀速率随 Cl^- 含量增加而急剧增加，如图 6.20 所示。在有 $FeCO_3$ 保护膜存在的情况下，Cl^- 浓度越大，腐蚀速率越大，当 Cl^- 含量大于 $3×10^4 mg/L$ 时，腐蚀尤为明显。

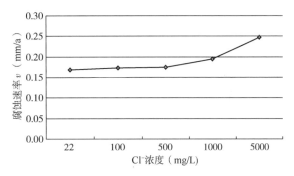

图 6.20　20#挂片腐蚀速率随 Cl^- 浓度变化规律曲线

显然，对于 CO_2 分压，除 CO_2 分压为 0.02MPa 时腐蚀速率均属于中度腐蚀外，其余均属于极严重腐蚀；在 CO_2 分压一定时，流速对腐蚀速率的影响大于温度对腐蚀速率的影响；CO_2 分压 0.02MPa 是个临界值，超过这个分压，腐蚀速率会大幅增加。

6.2　防腐对策研究与评价

含 CO_2 介质环境中油、套管及集油设施的腐蚀问题可以通过多种途径来加以防护，常用的方法有采用耐蚀管材、内衬防腐涂层、添加缓蚀剂等，但每种方法各有利弊：

（1）高合金钢防护效果好，价格很高，限制了该管材在中、低产量气井中的应用；玻璃钢不但价格较高，而且强度不够，限制了其在高压气井中的应用。

（2）缓蚀剂是最常用的防腐措施，若缓蚀剂选择合适，添加少量的缓蚀剂即可实现良好的防腐效果，但缓蚀剂并不具普适性，受温度、压力、CO_2 含量、介质条件影响很大，因此，在使用缓蚀剂前，必须结合实际工况环境对其进行评价和筛选。

（3）涂层保护是广泛使用的防腐蚀防护方法，但内壁涂层或衬里处理工艺复杂，而且一旦有缺陷，极易导致严重的局部腐蚀；在高温、高压多相流条件下，涂层破损的概率很大，而且也很难监测涂层的破坏情况，不能及时进行修复。

（4）通过 CO_2 脱除工艺脱除 CO_2 后，可以降低天然气中 CO_2 的含量，能够控制其对下游管线的腐蚀速率。

因此，对防腐对策的选用，应当根据具体情况进行研究，有针对性地加以选择并实现工程应用。本节结合腐蚀成因研究成果，针对不同类型腐蚀问题，采用多种防腐措施进行实验，主要考虑采用缓蚀剂加注、防腐材质等方式解决。

6.2.1 缓蚀剂加注

缓蚀剂是以适当的浓度和形式存在于环境(介质)中，可以防止或减缓腐蚀的化学物质或几种化学物质的混合物。与其他通用的防腐蚀方法相比，缓蚀剂具备以下特点：(1)在几乎不改变腐蚀环境条件的情况下，即能得到良好的防腐蚀效果；(2)不需要再增加防腐蚀设备的投资；(3)保护对象的形状对防腐蚀效果的影响比较少；(4)当环境(介质)条件发生变化时，很容易用改变腐蚀剂品种或改变添加量与之相适应；(5)通过组分调配，可同时对多种金属起保护作用。

缓蚀剂按作用机理分为两大类：薄膜剂和钝化剂。薄膜剂，通过在金属表面和腐蚀介质之间吸附一层不可渗透的薄膜层；钝化剂，主要在金属表面氧化反应形成一保护性氧化层。薄膜型缓蚀剂具有用量少、缓蚀性能好及安全性高的特点，目前应用的缓蚀剂主要类型是薄膜剂。

在第一次加药时，要进行预模，预模就是用大剂量的缓蚀剂使被保护设备表面充分吸附缓蚀剂，减少正常投加缓蚀剂的损耗量，使缓蚀剂更有效地发挥其缓蚀作用。缓蚀剂会随着气体从油管排出，在分离器处观察到有缓蚀剂流出以后，即表示预模完成。参考比较通用的输送管道预模量公式计算：

$$V = 2.4DH \tag{6.2}$$

式中：V 为预模量，L；D 为管径，cm；H 为管长(即井深)，km。

在第一次预模完成以后，定期加注少量的缓蚀剂，将随着气体排出的缓蚀剂补充上，起到应有的缓蚀作用。在加注缓蚀剂前后，会通过下挂片的方式来检测缓蚀剂的效用。

(1) 缓蚀剂注入实验及效果评价。

① 缓蚀剂的室内筛选实验。

为了优选出适合徐深气田的缓蚀剂，在室内配制了17种缓蚀剂，利用盐溶液+CO_2模拟地面腐蚀环境，在动态高压釜(图6.21)中对各种缓蚀剂不同浓度时的缓蚀效果开展实验。

图 6.21　气、液腐蚀动态评价装置

收集了目前常用的缓蚀剂用单剂及其药样 30 余种(图 6.22),药剂品种涵盖了有机胺类、酰胺、咪唑啉、松香胺、季铵盐、杂环化合物和有机硫类等。实验中,采用挂片评价的方法,根据确定的评价实验条件(温度为 60℃,CO_2 分压为 1.0MPa,NaCl 浓度为 1.75%),在单剂加药量为 100mg/L、200mg/L、500mg/L 的条件下,分别考察了其在静态和动态条件下的缓蚀效果(动态转速为 2.5m/s),结果见表 6.9、表 6.10 和图 6.23。

图 6.22 实验缓蚀剂样品

表 6.9 静态条件下单剂不同浓度的缓蚀效果

序号	样品	100mg/L		200mg/L		500mg/L	
		腐蚀速率 (mm/a)	缓蚀率 (%)	腐蚀速率 (mm/a)	缓蚀率 (%)	腐蚀速率 (mm/a)	缓蚀率 (%)
1	C-1	0.2381	47.7	0.1124	75.3	0.0979	78.5
2	C-2	0.0765	83.2	0.0446	90.2	0.0287	93.7
3	C-3	0.3009	33.9	0.2804	38.4	0.2699	40.7
4	C-4	0.3155	30.7	0.1875	58.8	0.1784	60.8
5	C-5	0.0797	82.5	0.0551	87.9	0.0391	91.4
6	C-6	0.3250	28.6	0.2039	55.2	0.1953	57.1
7	C-7	0.3150	30.8	0.1252	72.5	0.1156	74.6
8	C-8	0.3236	28.9	0.3068	32.6	0.2982	34.5
9	C-9	0.3227	29.1	0.2531	44.4	0.2444	46.3
10	C-10	0.1056	76.8	0.0469	89.7	0.0328	92.8
11	C-11	0.1693	62.8	0.1088	76.1	0.0897	80.3
12	C-12	0.1885	58.6	0.0929	79.6	0.0751	83.5
13	C-13	0.2950	35.2	0.2372	47.9	0.2267	50.2
14	C-14	0.3127	31.3	0.2117	53.5	0.2021	55.6
15	C-15	0.3032	33.4	0.1607	64.7	0.1507	66.9
16	C-16	0.2617	42.5	0.1725	62.1	0.1598	64.9
17	C-17	0.1880	58.7	0.1038	77.2	0.0860	81.1
18	C-18	0.1234	72.9	0.0464	89.8	0.0423	90.7

表 6.10 动态条件下单剂不同浓度的缓蚀效果

序号	样品	100mg/L		200mg/L		500mg/L	
		腐蚀速率 （mm/a）	缓蚀率 （%）	腐蚀速率 （mm/a）	缓蚀率 （%）	腐蚀速率 （mm/a）	缓蚀率 （%）
1	C-1	0.7803	42.9	0.4100	70.0	0.3266	76.1
2	C-2	0.3430	74.9	0.1517	88.9	0.0984	92.8
3	C-3	0.9497	30.5	0.8787	35.7	0.8267	39.5
4	C-4	0.9893	27.6	0.6190	54.7	0.5603	59.0
5	C-5	0.4701	65.6	0.1435	89.5	0.1107	91.9
6	C-6	1.0153	25.7	0.6655	51.3	0.6095	55.4
7	C-7	0.9880	27.7	0.4455	67.4	0.3772	72.4
8	C-8	1.0112	26.0	0.9525	30.3	0.9087	33.5
9	C-9	1.0085	26.2	0.8021	41.3	0.7529	44.9
10	C-10	0.4222	69.1	0.1571	88.5	0.1230	91.0
11	C-11	0.5944	56.5	0.3990	70.8	0.3020	77.9
12	C-12	0.6464	52.7	0.3553	74.0	0.2596	81.0
13	C-13	0.9333	31.7	0.7584	44.5	0.7010	48.7
14	C-14	0.9811	28.2	0.6860	49.8	0.6300	53.9
15	C-15	0.9552	30.1	0.5439	60.2	0.4796	64.9
16	C-16	0.8431	38.3	0.5767	57.8	0.5056	63.0
17	C-17	0.6450	52.8	0.3854	71.8	0.2911	78.7
18	C-18	0.3512	74.3	0.2624	80.8	0.1421	89.6

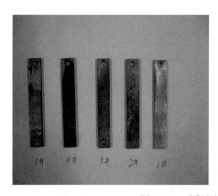

图 6.23 缓蚀剂评价实验后挂片形貌

对比实验结果可以看出，C-2、C-5 及 C-10 的缓蚀效果较好，超过了 90%。其为咪唑啉类缓蚀剂，可见咪唑啉类缓蚀剂在含盐环境下对 CO_2 腐蚀具有较好的针对性。

② 水溶性缓蚀剂与油溶性缓蚀剂对比。

a. 水溶性缓蚀剂。

开展缓蚀剂现场加注试验，首先对两种水溶性缓蚀剂进行了现场试验，试验结果见

表 6.11。

表 6.11　水溶性缓蚀剂性能评价现场试验数据结果

井　号	升深 2-17		升深 2-17		升深 2-21	
时间	02.26 —03.20	02.18 —02.25	02.26 —03.20	05.31 —07.05	04.02 —05.06	07.28 —08.27
项目	空白样	加缓蚀剂 （BUCT-D）	空白样	加缓蚀剂 （CI-5A）	空白样	加缓蚀剂 （BUCT-D）
产量（$10^4 m^3/d$）	11.2847	10.8462	11.2847	13.2211	7.3059	6.3276
CO_2 含量（%）	2.4	2.4	2.4	3	2.64	2.64
pH 值	5.97	5.97	5.97	5.85	6.14	6.77
Cl^- 含量（mg/L）	308	308	308	2813.88	875	917
温度（℃）	47	44	47	50	60	60
监测腐蚀速率 （mm/a）	1.730	0.023	1.730	0.096	1.120	0.071
缓蚀效率（%）		98.67		94.46		93.66

显然，水溶性缓蚀剂现场加注具有很好的防腐效果，但是在投入生产之后，经过一段时间的运行，出现了三甘醇泛塔的情况，经过检测分析，判断为水溶性缓蚀剂含有表面活性剂，会造成三甘醇流失泛塔。由于集气站并没有配备地面消泡工艺，所以停止了对水溶性缓蚀剂的使用。

b. 油溶性缓蚀剂。

在水溶性缓蚀剂现场试验之后，开展了 BUCT-Y 型油溶性缓蚀剂的现场试验应用。BUCT-Y 型油溶性缓蚀剂室内实验结果：缓蚀率达到 96%。室内还开展了 BUCT-Y 型油溶性缓蚀剂与三甘醇配伍性实验（表 6.12），BUCT-Y 型油溶性缓蚀剂与三甘醇配伍性良好，失重没有增加，说明缓蚀剂进入三甘醇后，不会引起三甘醇的流失。

表 6.12　三甘醇和缓蚀剂配伍性实验结果

实验项目	实验条件	失重（%）
三甘醇	200℃加热 1h	0.50
三甘醇+2%BUCT-Y 缓蚀剂	200℃加热 1h	0.50

室内实验取得了良好的防腐效果，然后在现场进行了试验，通过井口挂片及地面探针腐蚀监测，加注缓蚀剂之后，腐蚀速率明显降低，达到合理的范围，实验过程中分离器和三甘醇脱水装置正常运行。

徐深气田采用缓蚀剂加注防腐以来，先后在 48 口气井进行了应用，通过挂片监测，缓蚀率达到了 90% 以上，起到了良好的防腐效果（表 6.13）。

通过油溶性与水溶性缓蚀剂在生产应用中的运行效果对比，油溶性缓蚀剂虽然价格要高一些，但是能更好地适用于徐深气田的实际现场，并且油溶性缓蚀剂的持久性比较强，缓蚀剂的消耗量比水溶性的要小，因此，将徐深气田所应用的缓蚀剂类型定为 BUCT-Y 型油溶性缓蚀剂。

表 6.13　BUCT-Y 油溶性缓蚀剂现场试验结果

井　号	腐蚀速率（mm/a）		缓蚀率（%）
	空白样	加缓蚀剂	
升深 2-12	0.1230	0.0112	90.89
升深 2-19	1.3481	0.0053	99.60
升深更 2	2.356	0.0838	96.44
升深 2-6	0.2007	0.0151	92.43
升深 2-25	0.8645	0.0563	93.48
升深 202	0.7906	0.0449	94.32

（2）缓蚀剂现场应用。

① 缓蚀剂加注工艺对比。

由于缓蚀剂的加注量和加注周期与介质条件及气井生产工况相关，因此，需要对比筛选合理的加注工艺系统，见表 6.14。

表 6.14　缓蚀剂加注工艺系统对比

序号	工艺系统名称	加注动力	优缺点
1	井口条式罐滴注系统	高差产生的重力	优点：利用缓蚀剂自重，不需要外加动力；利用现有条式罐，投资少；流程及方法简单。 缺点：缓蚀剂未雾化，成膜效果差；易堵塞
2	井口球式罐滴注系统	高差产生的重力	优点：利用缓蚀剂自重，不需要外加动力；球形罐体积大，重量轻；流程及方法简单。 缺点：与井口条式罐滴注系统相同
3	集气站喷雾泵注系统	电泵产生的动力	优点：喷雾后缓蚀效果较好；适用于井口，也适用于管线；泵注可靠性高。 缺点：消耗电能
4	管线引射注入系统	利用井口高压气作动力	优点：引射器雾化效果好，缓蚀效果好；利用了井口富裕压力，不需要外加动力；当井口无富裕压力时，本系统可以很方便地改为滴注。 缺点：受井口压力是否有盈余限制

综合对比各种加注工艺系统，现场试验筛选以集气站喷雾泵注系统为主。

② 缓蚀剂加注制度调整。

缓蚀剂加注现场试验初期，为了保证防腐效果，缓蚀剂加注量偏大、加注周期偏短，为了更合理地实现缓蚀剂加注防腐，需要对每口单井制定合理的加注制度，从而降低药剂成本和工作强度，开展了缓蚀剂加注制度的调整。主要采用挂片监测评价、极化曲线评价及缓蚀剂剩余浓度评价三种评价手段，具体包括缓蚀剂加注量的调整和缓蚀剂加注周期的调整。

a. 缓蚀剂加注量调整。

对升深区块的 12 口井进行了加注量的调整，首先对升深 2-12 井和升深 2-19 井进行了调整，将升深 2-12 井缓蚀剂的加注量调整为原来的 2/3；升深 2-19 井调整为原来的 1/2。调整之后腐蚀速率有所上升，但是低于 0.127mm/a 的轻度腐蚀标准，见表 6.15。

表 6.15　腐蚀速率对比（一）

井　号	腐蚀速率（mm/a）		
	空白样	加缓蚀剂	调整之后
升深 2-12	0.3230	0.0112	0.0435
升深 2-19	1.3481	0.0053	0.0118

继续对该两口井进行调整，将升深 2-12 井缓蚀剂的加注量调整为原来的 1/2；将升深 2-19 井缓蚀剂的加注量调整为原来的 1/4，调整之后腐蚀速率明显上升，高于 0.127mm/a，见表 6.16。

表 6.16　腐蚀速率对比（二）

井　号	腐蚀速率（mm/a）		
	空白样	加缓蚀剂	调整之后
升深 2-12	0.3230	0.0112	0.1426
升深 2-19	1.3481	0.0053	0.1321

对该两口井的加注量继续进行调整，将升深 2-12 井缓蚀剂的加注量调整为原来的 2/5；将升深 2-19 井缓蚀剂的加注量调整为原来的 1/3，见表 6.17。调整之后，腐蚀速率控制在有效范围之内。

表 6.17　腐蚀速率对比（三）

井　号	腐蚀速率（mm/a）		
	空白样	加缓蚀剂	调整之后
升深 2-12	0.3230	0.0112	0.0843
升深 2-19	1.3481	0.0053	0.0546

之后对升深区块的升深更 2 井、升深 2-6 井、升深 2-25 井、升深 202 井、升深平 1 井等进行调整，调整量均为 1/2。调整之后，腐蚀速率有所上升，但是控制在有效的范围之内，见表 6.18。

表 6.18　腐蚀速率对比（四）

井　号	腐蚀速率（mm/a）		
	空白样	加缓蚀剂	调整之后
升深更 2	2.356	0.0838	0.0934
升深 2-6	0.2007	0.0151	0.0356

井　　号	腐蚀速率（mm/a）		
	空白样	加缓蚀剂	调整之后
升深 2-25	0.8645	0.0563	0.0789
升深 202	0.7906	0.0449	0.0645
升深平 1	0.2750	0.0132	0.0563

对徐深区块的 20 口井进行加注量的调整：将加注量调整为原来的 3/5，调整之后，腐蚀速率有所上升，但是控制在有效的范围之内，见表 6.19。

表 6.19　腐蚀速率对比（五）

井　　号	腐蚀速率（mm/a）		
	空白样	加缓蚀剂	调整之后
徐深 1-203	0.2750	0.0212	0.0325
徐深 1-304	0.3560	0.0152	0.0418
徐深 6-205	0.1342	0.0238	0.0934
徐深 6-105	0.1432	0.0253	0.0536

b. 缓蚀剂加注周期调整。

对升深区块腐蚀严重的 12 口井进行调整，将原来的 1 周 2 次调整为 1 周 1 次。从表 6.20 中可以看出，调整之后，腐蚀速率有所上升，但属于轻微腐蚀，达到了防腐效果。

表 6.20　腐蚀速率对比（六）

井　　号	腐蚀速率（mm/a）		
	空白样	加缓蚀剂	调整之后
升深 2-12	0.3230	0.0112	0.1023
升深 2-19	1.3481	0.0053	0.0821
升深更 2	2.356	0.0838	0.1023
升深 2-6	0.2007	0.0151	0.0465
升深 2-25	0.8645	0.0563	0.0873
升深 202	0.7906	0.0449	0.0923
升深平 1	0.2750	0.0132	0.0854

对徐深区块腐蚀严重的 18 口井进行调整，将徐深 1-3 井、徐深 1-X202 井、徐深 1-203 井、徐深 1-304 井、徐深 1-4 井、徐深 1-201 井、徐深 1 井、徐深 6-208 井等的 1 周 2 次调整为 1 周 1 次，徐深 6-205 井、徐深 6-105 井 1 周 1 次调整为 2 周 1 次，调整之后，腐蚀速率有所上升，但控制在有效的范围之内，见表 6.21。

c. 随生产参数变化调整加注制度。

现场试验中，及时了解气井生产参数，对加注制度进行调整，在升深 2-19 井进行调产，日产气量由 $11.26 \times 10^4 \mathrm{m}^3$ 调整到 $14.40 \times 10^4 \mathrm{m}^3$，对该井进行腐蚀监测，腐蚀速率上升，及时进行了加注量的调整。同样，对生产参数变化的升深更 2 井、徐深 1-203 井、徐深

1-3 井、徐深 1 井、徐深 1-304 井等进行了及时调整，结果见表 6.22。

表 6.21 腐蚀速率对比(七)

井 号	腐蚀速率(mm/a)		
	空白样	加缓蚀剂	调整之后
徐深 1-203	0.2750	0.0212	0.0546
徐深 1-304	0.3560	0.0152	0.0623
徐深 6-205	0.1342	0.0238	0.1034
徐深 6-105	0.1432	0.0253	0.0754
徐深 1	0.350	0.0325	0.0652
徐深 1-201	0.2546	0.0453	0.0754
徐深 1-X202	0.1576	0.0157	0.0532
徐深 1-3	0.3214	0.0243	0.0654
徐深 6-208	0.2453	0.0346	0.0561
徐深 1-4	0.1687	0.0214	0.0453

表 6.22 腐蚀速率对比(八)

井 号	腐蚀速率(mm/a)		
	空白样	加缓蚀剂	调整之后
升深 2-19	1.3481	0.1312	0.0942
升深更 2	2.356	0.1453	0.0735
徐深 1-203	0.2750	0.1212	0.0646
徐深 1-304	0.3560	0.1152	0.0723
徐深 1	0.350	0.1325	0.0552
徐深 1-3	0.3214	0.1243	0.0454

d. 加注制度归类。

通过对加注量和加注周期的一系列优化，形成了比较完善的加注制度，根据气井监测的腐蚀程度，对加注制度进行了归类，见表 6.23。

表 6.23 缓蚀剂加注

类 别	集气站	井数(口)	加注量
腐蚀严重井	升深 1	12	60~100kg/周
	升深 2		
	徐深 1	6	
腐蚀较严重井	汪深 1	2	45~65kg/周
	徐深 9	8	

类　别	集气站	井数（口）	加注量
腐蚀轻微井	徐深 1-101	4	20～60kg/2 周
	徐深 601	8	
	徐深 603	4	
	徐深 6	2	
	徐深 12	2	
合计	10	48	

6.2.2　防腐材质

耐蚀材质主要包括合金钢、不锈钢等金属管材和玻璃钢、钢骨架复合管等非金属管。

（1）非金属材料。

为了提高管线的防腐效果，相继在气田集输干线中应用钢骨架复合管 37km，从运行情况来看，存在问题为：一是钢骨架复合管气密性达不到天然气集输的要求，之后通过对该管线进行泄漏检测，发现有 7 处泄漏点，损失了大量的天然气；二是管线接头变径，不符合天然气管线通球的需要；三是非金属管线应用到天然气管道中，强度很难满足要求。经过实践证明，非金属管道不易在天然气管道中应用，非金属管材可以应用于气田水源井低压给水管线中。

（2）耐蚀金属材料。

耐蚀金属材料主要包括低合金钢、不锈钢、镍和镍合金等，以上每种管材内所含合金元素、合金含量不同，其耐蚀效果也不同。从徐深气田地面工艺设备所处腐蚀环境分析来看，对于不含酸性气体的气井采用普通碳钢+1mm 的腐蚀裕量即可满足生产需求，对于含 CO_2 条件下，通过实验对比了几种常用金属材质耐腐蚀能力。

① 防腐管材现场评价试验。

徐深 9 区块、汪深 1 区块根据气井 CO_2 含量的差别采用了不同的防腐工艺。CO_2 含量为 3.0%～5.5%的气井采气管道应用 316L 双金属复合管；CO_2 含量高于 5.5%的气井采气管道应用 316L 不锈钢管道。相继在徐深 9 区块、汪深 1 区块产能建设中，共应用 316L 双金属复合管 14.1km，316L 不锈钢管道 3.6km；站内工艺设备、加热炉盘管都应用了 316L 不锈钢，从根本上减缓了 CO_2 的腐蚀。

为评价各种材质的抗腐蚀性能，在集气站现场安装了 6 种材质的测试挂片，如图 6.24 所示，腐蚀速率评价结果见表 6.24，从现场试验结果可以看出，316L 不锈钢具有较强的抗腐蚀能力。

表 6.24　不同材质挂片在徐深 9-1 井应用的腐蚀速率

序　号	材　质	挂片原质量（g）	挂片腐蚀后质量（g）	腐蚀速率（mm/a）	腐蚀形态
1	20#	11.2739	10.25483	0.8710	试件表面出现较多的灰黑色锈层
2	渗氮	11.2745	10.78076	0.4220	试件表面出现灰黑色锈层，较疏松

续表

序 号	材 质	挂片原质量(g)	挂片腐蚀后质量(g)	腐蚀速率(mm/a)	腐蚀形态
3	410S	11.3046	11.28237	0.0190	表面有锈迹，有轻微的腐蚀浅坑
4	410	11.2653	11.22669	0.0330	表面部分无光泽，有锈迹
5	430	11.2589	11.252582	0.0054	表面部分无光泽
6	316L	11.3024	11.300645	0.0015	光亮无锈

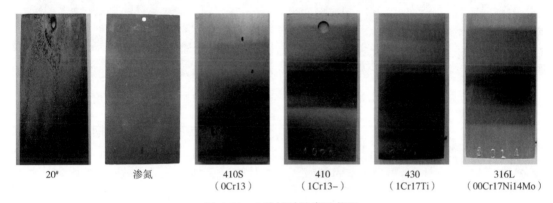

| 20# | 渗氮 | 410S（0Cr13） | 410（1Cr13–） | 430（1Cr17Ti） | 316L（00Cr17Ni14Mo） |

图 6.24　6 种材质的腐蚀状况

② 防腐管材腐蚀速率研究。

利用高温高压反应釜和扫描电镜及能谱仪等仪器设备，通过实验检测 CO_2 腐蚀条件下的 5 个批次不同 Cl^- 含量介质对于 N80、13Cr、20#、316L、2205 这 5 种材质腐蚀的影响规律，腐蚀实验条件见表 6.25。

表 6.25　挂片腐蚀实验条件

pH 值	HCO_3^-	矿化度	CO_2分压	温度	转速
6.5	2500mg/L	5000mg/L	1.1MPa	75℃	200r/min

注：(1) 介质 Cl^- 浓度分别为 0mg/L、500mg/L、1000mg/L、3000mg/L、5000mg/L 五个批次；
　　(2) 实验周期 7200min。

将已称量的 5 种材质腐蚀挂片挂入高温高压反应釜实验介质中，在高温高压腐蚀条件下开展一定时间的实验，然后取出挂片，经清洗干燥处理后，称量挂片的质量，计算挂片失重量，检测分析挂片腐蚀形貌和腐蚀产物成分。

如图 6.25 所示，由 N80 挂片腐蚀表面形貌可以看出，不含 Cl^- 介质中的挂片腐蚀相对较轻，挂片表面腐蚀呈现均匀腐蚀痕迹，腐蚀层较致密，而含 Cl^- 介质中的挂片腐蚀相对严重，挂片表面腐蚀呈现不均匀的局部大面积台地腐蚀和大点蚀坑，腐蚀层较疏松和易开裂。由挂片腐蚀表面产物成分谱图可以看出，虽然腐蚀产物中 Cl^- 含量很少，但是 Cl^- 扩散能力强，容易渗透进腐蚀层，参与内层金属的进一步腐蚀，造成挂片严重腐蚀。这说明 N80 材质抗含 Cl^- 介质的 CO_2 腐蚀能力很差。

如图 6.26 所示，由 13Cr 挂片腐蚀表面形貌可以看出，挂片腐蚀很轻，挂片表面呈现均匀腐蚀痕迹，腐蚀层致密，无局部大面积台地腐蚀和大点蚀坑。随着介质中的 Cl⁻ 浓度增加，挂片腐蚀层逐渐变得较疏松，出现小点蚀倾向。由挂片腐蚀表面产物成分谱图可以看出，腐蚀产物层很薄很少。这说明 13Cr 材质抗含 Cl⁻ 介质的 CO_2 腐蚀能力较强。

图 6.25　N80 挂片宏观腐蚀形貌

图 6.26　13Cr 挂片宏观腐蚀形貌

图 6.27　20#挂片宏观腐蚀形貌

如图 6.27 所示，由 20#钢挂片腐蚀表面形貌可以看出，不含 Cl⁻ 介质中的挂片腐蚀相对较轻，挂片表面腐蚀呈现均匀腐蚀痕迹，腐蚀层较致密，而含 Cl⁻ 介质中的挂片腐蚀相对严重，挂片表面腐蚀呈现不均匀的局部大面积台地腐蚀和大点蚀坑，腐蚀层较疏松和易开裂。由挂片腐蚀表面产物成分谱图可以看出，虽然腐蚀产物中 Cl⁻ 含量较少，但是 Cl⁻ 扩散能力强，容易渗透进腐蚀层，参与内层金属的进一步腐蚀，造成挂片严重腐蚀。这说明 20#钢材质抗含 Cl⁻ 介质的 CO_2 腐蚀能力也很差。

如图 6.28 所示，由 316L 挂片表面形貌可以看出，挂片表面基本无腐蚀，挂片表面只有外来腐蚀垢质沉积。由挂片腐蚀表面形貌可以看出，腐蚀产物极少。这说明 316L 材质抗含 Cl⁻ 介质的 CO_2 腐蚀能力较强。

图 6.28　316L 挂片宏观腐蚀形貌

如图 6.29 所示，由 2205 挂片表面形貌可以看出，挂片表面基本无腐蚀，挂片表面只有外来腐蚀垢质沉积。由挂片腐蚀形貌可以看出，腐蚀产物极少。这说明 2205 材质抗含 Cl⁻ 介质的 CO_2 腐蚀能力很强。

图 6.29　2205 挂片宏观腐蚀形貌

由表 6.26 腐蚀失重量对比可以看出，N80、13Cr、20#、316L、2205 这 5 种材质中，介质中不添加 Cl⁻ 时的 N80 和 20#失重量都很大，并且介质中添加 Cl⁻ 后的 N80 和 20#失重量呈现明显的增大趋势，远高于不添加 Cl⁻ 介质，随着介质中的 Cl⁻ 浓度增大，失重量增大趋势逐渐减小。13Cr 材质失重量很小，也呈现随着介质中 Cl⁻ 浓度增大而增大的趋势。316L 和 2205 两种材质的失重量均呈现负值，说明其基本不腐蚀，耐 CO_2 腐蚀能力强。虽然316L 不锈钢耐 CO_2 腐蚀能力强，但是 316L 属于 18-8 型奥氏体不锈钢，对含 Cl⁻ 介质应力腐蚀十分敏感。奥氏体不锈钢的耐蚀机理是在氧化性介质中生成一层十分致密的氧化膜，阻止进一步腐蚀。而 Cl⁻ 的活化作用能够破坏不锈钢的这种氧化膜，由于 Cl⁻ 有很强的可被金属吸附的能力，优先被金属吸附，并从金属表面把氧排掉或取代钝化离子与金属形成氯化物，氯化物与金属表面的吸附并不稳定，形成可溶性物质，导致氧化膜破坏和进一步腐蚀。

表 6.26　不同材质挂片腐蚀失重量测试结果　　　　单位：g

材质	不同 Cl⁻ 浓度下的挂片腐蚀失重量				
	0mg/L	500mg/L	1000mg/L	3000mg/L	5000mg/L
20#	0.3880	0.9392	1.2559	1.2663	1.4223
316L	−0.0005	−0.0010	−0.0011	−0.0010	−0.0007
2205	−0.0004	−0.0006	−0.0007	−0.0007	−0.0009
13Cr	0.0005	0.0008	0.0009	0.0016	0.0021
N80	0.5124	1.0308	1.1258	1.2402	1.3022

奥氏体不锈钢发生应力腐蚀的 Cl⁻ 浓度受多种条件影响，主要有材质成分、金属构件承载大小、环境温度、介质成分和 pH 值等，极限条件下 Cl⁻ 含量达到 25mg/L 时就可发生应力腐蚀。关于介质中 Cl⁻ 含量界限，《工业循环冷却水处理设计规范》（GB 50050—2007）、《工业循环冷却水中余氯的测定》（GB/T 14424—2008）、《钢制压力容器》（GB 150—1998）中都有相关说明。一般情况下，在 50~300℃ 范围内，随着温度升高，奥氏体不锈钢发生应力腐蚀趋势增大，而高于 300℃，发生应力腐蚀趋势又开始逐渐减小。对于含 Cl⁻ 的天然气介质，由于高压、低 pH 值、高流速、管壁结垢、温度变化、矿化度高等复杂工况，目前国内外尚无有效的室内实验技术来研究 316L 不锈钢的 Cl⁻ 应力腐蚀问题。因此，这 5 种材质中，2205 双相不锈钢是最好的耐 CO_2 腐蚀和 Cl⁻ 应力腐蚀的管道材料。

6.3 防腐涂层评价和优选

为了有效地防止管道的内腐蚀，可以采用环氧型、改进环氧型、环氧酚醛型或尼龙等系列的涂层。这些涂料不仅具有优良的耐蚀性，而且还有相当的耐磨性能。对非含硫油气，在压力不超过 45MPa 时，涂层的最高使用温度可高达 218℃；对含硫油气则可达 149℃。在预制过程中，要求涂层厚度均匀，并达到整个涂敷表面 100% 无针孔。这些措施为它们在强腐蚀环境条件下使用的可靠性提供了技术保障，但这些聚合物类型的涂料，普遍都有老化问题，其使用寿命随操作条件而异。

因此，以环氧粉末、水性富锌底漆加环氧煤沥青、环氧酚醛、H88 液体环氧及纳米介质为涂层材料，开展浸泡实验，评价防腐涂层的效果及防腐可行性。高压釜中低温实验条件：温度 60℃，CO_2 分压 1MPa，实验时间 720h；动态环道实验条件：温度 60℃，CO_2 分压 1MPa，实验时间 720h；高压釜高温实验条件：温度 120℃，CO_2 分压 1MPa，实验时间 720h。结果见表 6.27 和表 6.28。

表 6.27　涂层性能模拟实验结果对比

序　号	涂层名称	实验条件	涂膜厚度(μm)	实验前试件外观描述
1	环氧粉末	低温实验	347	无明显变化
		动态实验	347	变色
		高温实验	347	变色，局部鼓泡
2	水性富锌底漆加环氧煤沥青	低温实验	169	部分鼓泡
		动态实验	168	部分鼓泡
		高温实验	169	鼓泡
3	环氧酚醛	低温实验	164	变色
		动态实验	163	变色
		高温实验	164	变色，鼓泡
4	H88 液体环氧	低温实验	180	变色
		动态实验	176	变色
		高温实验	180	变色，鼓泡
5	纳米材料	低温实验	220	无明显变化
		动态实验	218	变色
		高温实验	220	鼓泡

其中，高压釜中高温实验的交流阻抗测试结果见表 6.28。

表 6.28　不同测试时间涂层试件阻抗值

序　号	涂层名称	阻抗值($\Omega \cdot cm^2$)			
		0d	10d	20d	30d
1	环氧粉末	1.6202×10^{10}	1.0324×10^{10}	7.6878×10^9	3.9653×10^9
2	水性富锌底漆加环氧煤沥青	7.4936×10^8	6.0288×10^7	2.3920×10^7	3.8631×10^6
3	环氧酚醛	3.5231×10^9	7.3623×10^8	9.3683×10^7	4.5559×10^7

序　号	涂层名称	阻抗值($\Omega \cdot cm^2$)			
		0d	10d	20d	30d
4	H88 液体环氧	2.6763×10^9	4.3316×10^8	8.9364×10^7	6.3254×10^7
5	纳米材料	6.8810×10^9	1.2604×10^9	5.2207×10^8	2.5982×10^8

结果表明，在60℃低温静态实验及高压釜实验中，大部分涂层的性能都比较好，厚度基本无变化。在60℃低温动态实验中，由于溶液不停地冲刷涂层，涂层的厚度稍有变化，而且变色。在120℃高温高压釜实验中，由于温度过高，涂层的性能发生变化，全部出现鼓泡。各种涂层的阻抗值都呈现下降的趋势，环氧粉末涂层和纳米涂层的下降幅度相对较小，表明这两种涂层抵御外界介质侵入的能力较强。评价结果揭示出，在温度较低时，在流速适中的气井和地面集气管线中，可以应用环氧类的涂层进行腐蚀防护；在温度较高的气井中，涂层则并不是理想的腐蚀防护策略。

另外，CO_2脱除技术也是一项防腐措施，其一般可分为间歇法、化学吸收法、物理吸收法、联合吸收法、直接转化法、膜分离法等。醇胺化学吸收法的室内脱除实验反映出，天然气中CO_2含量可脱除降低至0.2%，从而使天然气对钢材的腐蚀速率控制在0.1mm/a以下。

6.4　防腐技术应用

根据以上研究结果，在徐深气田产能建设及老气田调整改造中，根据腐蚀影响因素选择适当工艺材质及生产管理方式。在新建产能建设中，当CO_2分压大于0.21MPa时，井口及站内工艺采用316L不锈钢材质，为了节约投资，采气管道采用内衬316L双金属复合管材质。在老气田调整改造项目中，将CO_2分压大于0.21MPa的且存在严重腐蚀情况的气井，井口及站内工艺调整为316L不锈钢材质，并根据生产参数编制加注缓蚀剂方案，以减少腐蚀隐患。对于腐蚀隐患较低的气井，采用20#碳钢材质+缓蚀剂的生产管理方式，配套建设加药工艺，有效预防腐蚀泄漏事故的发生。

如表6.29所示，已有24口气井采气管道采用316L双金属复合管材质，24口气井采用20#碳钢材质+缓蚀剂加注方式，12口气井井口及站内局部工艺改造为不锈钢材质，40口气井采用2205材质加热炉盘管，有效降低了腐蚀隐患，杜绝了腐蚀穿孔泄漏事故的发生，目前已累计产气量$82.4 \times 10^8 m^3$。

表6.29　徐深气田防腐技术应用情况

序号	分　类	区　块	井数（口）	日产气（$10^4 m^3$）
1	316L 双金属复合管	升深 2-1、汪深层、徐深 1、徐深 8、徐深 9、徐深 21	24	215.7
2	20#碳钢+缓蚀剂	升深 2-1、汪深 1、徐深 1、徐深 21	24	199.6
3	局部 316L 不锈钢	升深 2-1	12	88.5
4	2205 材质盘管	汪深 1、升深 2-1、徐深 1、徐深 21、徐深 3、徐深 8	40	268.58

7 天然气田集输工艺标准化设计

天然气田地面工程标准化设计是通过对以往地面建设简化优化的全面升华[35]，实现天然气田地面工程的一次重大变革，进而适应新的勘探开发形势。标准化设计工作是通过制定一系列的设计文件，建立简洁高效的地面建设模式；通过优化工艺模式和优化技术方案，采用新型的设计软件，实现设计方式的转变；通过编制标准化的计价体系，采用规模化的采购形式，实现采购方式的转变；通过模块化预制，组装化施工，实现施工方式的转变；通过对先进技术的集成优化，并将其固化在标准化设计中，并在以后的新建工程中不断传递和改进，以提高地面工程技术水平，缩短地面工程的设计周期和地面建设工期，加快地面工程建设速度，降低地面工程建设投资。

7.1 标准化设计的必要性

（1）减轻劳动强度，保证设计质量。

由于油田地面建设的任务较多，并且工作量相对较大，标准化设计可以减少设计人员的工作量，能够让设计人员全身心投入工程研究及方案设计中，能够提升工程设计的质量。同时，可以减少设计人员低水平重复或无意义的劳动，减少大量重复的质量控制过程，减少设计中常出现的"缺、漏、碰、错"等质量事故。

（2）加快材料和设备采办进度。

由于标准化设计使用了大量通用化、模块化、系列化材料和设备，减少了材料和设备采购的种类，使批量订货成为可能，使油气田生产设施和站场相似程度增加。因此，标准化设计将设备规格和材料规格进行整合，规格系列大幅减少，使施工单位和供货单位均有预判，可进行大规模集中采购，减少供货时间，并方便后期生产运行中的设施维护。

（3）提高工程建设进度和质量。

在采用标准化设计的站场建设过程中，由于施工中大量采用了相同的材料和设备，使建设过程中的生产要素和工作流程更加容易固化和标准化，使施工组织和过程监督更加规范、到位，从而提高了工程建设质量和进度，也有利于施工队伍的培养。

工程现场和预制厂同步施工、双线作业，加快了工程进度。预制厂室内施工、提升作业环境条件，提高了工程质量。

（4）奠定预制化制造、组装化施工的基础。

标准化设计的推广，有利于施工产品的提前预制，方便现场组装化施工，提高了工程建设质量，方便工程投产后的生产运行和管理。

7.2 标准化设计的现状

7.2.1 国外标准化设计现状

设计标准化、施工橇装模块化，早在20世纪六七十年代，国外已有相当多的国家开始应用，特别是在美国、英国、日本等，这种技术给油气田建设行业带来了较好的经济效益和社会效益。所用的各种装置和设备几乎都采用整体预制的成套橇装模块化设备。

苏联、美国、加拿大、英国等一些工业发达的国家，在20世纪六七十年代，为提高油田建设速度和建设水平，尤其在对自然环境十分恶劣的普鲁德霍湾油田、秋明油田、北海油田的开发建设过程中，致力于发展标准化、系列化和定型化设计，采用了单元组合、模块化组装技术，节省投资30%以上。目前，国外标准化设计技术已在井口、分离、计量、净化、脱硫、脱水、脱盐、加热、轻质油回收等装置和设施，以及计量站、接转站、联合站、输气站、配气站、集气站、注水站、原油及天然气处理装置、污水处理装置等各类站场建设中广泛应用。国外标准化模块装置已向大型化发展，油田建设大型模块质量可高达2700t，应用较广的模块质量为100~200t，运输机具能力达4500t，吊装设备能力达1500~2000t。

7.2.2 国内标准化设计现状

根据中国石油的生产和发展需要，有关领导于近年来多次提出启动和推进标准化设计工作。在中国石油内部推行标准化设计工作是适应油田"十四五"开发形势发展和地面工程建设特点的需要，是地面工程技术不断进步和发展的需要，是解决"十四五"期间地面工程建设任务繁重、缓解投资压力的需要。因此，在中国石油内部科学、系统地开展标准化设计研究，全面、持续推进标准化设计是一项十分重要和有意义的工作。

我国在油气田开发建设中，首次应用气田标准化设计是在20世纪90年代的磨溪气田。近年来，在四川、重庆、新疆、陕西等地相继开始采用。西南油气田针对不同类型气田、不同生产工艺需要，研发了非含硫、含硫、高含硫，以及脱水、脱烃、储气库、页岩气、配套活动房、供水、配电等一体化集成装置，并且不断推进模块化建设、工厂化预制，充分利用国内先进的预制工厂资源，简化优化工艺流程，统筹应用机械、电工、自控和信息技术，合理配置功能单元，高度集成定型设备，大力研发和应用了天然气脱硫、脱水、硫黄回收一体化集成装置。同时，该气田积极开展了一体化集成装置替代大型站场研究应用，提出了大型站场一体化建设的新理念，指出了一体化集成装置研发的新方向，探索了一体化集成装置推广应用的新道路，通过调研现场应用装置使用状况，持续改进，提高实用性、集成度、自动化水平。针对长庆低丰度气田的特点，总结研究创立了一系列具有特色的地面工艺技术，形成了以靖边、榆林气田为代表的高压集气工艺模式，以苏里格气田为代表的中低压集气工艺模式，标准化设计经历了从苏里格气田试验成功并向油气田全面推广的历程；经历了"单体安装设计、模块标准化设计、全站三维设计"的阶段，经历了从井向站场全面覆盖的过程。实践证明，"标准化设计、模块化建设"适应长庆低渗透油气田特点，是确保油气田高效开发的重要手段。长庆苏里格气田自 2007 年开始进入规模化开发以来，标准化设计日趋成熟完善，已形成一套标准、快捷的设计及施工组织方法，实施以后明显缩短了建站周期。其中，苏-14 井区新建的 4 座集气站工艺安装周期由原来的 45d 降低到 25d，总体建设周期由原来的 110d 降低到 50d 以内，材料采购系列化、规模化则有利于物资质量验收把关。已建站场工程质量评定结果表明，单位工程合格率达到了100%，优良率达到了 92%。

大庆徐深气田经过多年的地面工程建设，适合高寒地区高压气田采气、集气工艺技术日趋成熟，但相关标准化设计工作尚未启动，因此有必要归纳和总结深层气田的成功做法和经验，优化工艺流程、井站平面布置、模块划分、设备选型和管阀配件安装形式，并与电力、自控、土建、防腐等辅助专业相互配套，完成深层气田地面工程标准化设计文件，加快工程进度和提高工程质量。所以，针对深层气田地面工程相对固定的标准化设计技术是可行的，也是发展趋势。

7.3 标准化设计基本思路

借鉴国内各气田开展标准化设计工作的理念，充分结合气田实际情况，标准化设计遵循"先小后大、先易后难、以点带面、循序渐进"的原则，以井场和站场为起点，坚持工艺简化优化的理念，在总结已建油田地面工程设计、建设经验教训的基础上，以建设项目为载体，完成从油气田类型划分到功能模块系统的定型与固化，形成统一化、标准化的工艺路线、流程图、总平面图、单元集、模块集。同步完成通用技术规定，统一要求和做法，把以往的成果固化。在具体项目实施时，首先根据处理工艺选择合适的模块，然后根据工艺计算结果选择合适的系列，最后将系列进行拼装、组合形成设计文件。

基本思路：首先，井场整体标准化，加快工程建设进度，提高新井当年贡献率。其次，大中型站场采用"建设标准+典型图"方式，形成系列化标准图集，提高标准化设计适应性。同时，以三维设计为基础，满足数字化规划的基本要求。

最终目标：积极、全面推进标准化设计、工厂化预制、模块化施工。实现小型站场设施预制橇装化，大型站场设施预制化生产、模块化组装，优化工期保产能，批量生产保效益，提高建设工程质量水平。

（1）在高寒地区实现季节性模块化预制需要标准化设计。

开展标准化设计的目的是通过形成一系列可以在后续设计中重复使用的设计图纸，进而缩短设计周期；通过建立一系列可以实现工厂或现场预制的设计模块，增加冬季室内预制工作量，进而减少现场施工工作量，实现缩短地面工程建设周期的目标，改变由于大庆高寒地区造成的现场施工周期短而呈现的夏忙冬闲的建设格局，满足气田产能建设需要。

（2）标准化设计需要采用先进工艺技术。

大庆油田在长期的开发生产中，为解决不同阶段生产运行中存在的技术问题，研发了一系列先进适用的工艺技术，并成功地应用到生产实际中，取得了良好的效果。在标准化设计中，为了实现降低建设投资和运行费用的目标，固化高效节能工艺技术，需要依据气田开发生产实际，通过对以往设计和生产运行情况的调查分析，结合长期科学研究过程中产生的新工艺、新技术、新设备、新材料，在开展优化研究的基础上，开展标准化设计工作。在确保标准化设计在工艺流程、平面布局、设计参数、安装模式、设备选型等诸多方面均具有广泛的代表性和较强的适应性的基础上，实现其技术的先进性，并通过标准化设计的适时更新，确保其技术先进。

（3）标准化设计需要制定统一规范的建设标准。

地面工程建设标准的统一是实现标准化设计的必要条件，也是简化标准化设计工作量的有效措施。大庆油田在不同的建设时期，针对不同的开发方式和管理模式，在已建的地面工程中形成了数量众多的建设标准和建设模式，随着开发技术和地面工艺技术的不断进步，管理模式得到不断改进和完善，一部分建设标准已经不适于油田生产现状。需要针对现有的管理模式和技术现状，通过对现有建设标准和建设模式的调查分析，采用"三个结合"原则，即标准化设计与油气开发实际相结合、标准化设计与地面工程技术发展现状相结合、标准化设计与生产管理模式的完善改进相结合，统一规范同类产能工程的建设模式和建设标准，确立标准化设计的系列建设标准。

（4）标准化设计需要立足工况实现系列化。

众所周知，在工程建设过程中，设计图纸是开展工程建设的依据，工程设计与工程施工是一个密不可分的整体，设计图纸应该涵盖工程施工的各个方面，包括工艺流程、工艺参数、平面布局、安装、设备选型等。标准化设计是通过固化先进的工艺技术，形成一系列可以在后续工程设计中重复利用的系列设计图纸，为此，在标准化设计过程中，针对深层气田工况划分时，既要考虑无法通过一次的标准化设计完成所有工况的工作量，又要立足常规典型基本工况，递进补充完善系列标准化设计，实现具有先进性的、高质量的标准化设计在具体工程中应用的最大化，更重要的是，还要进而实现标准化设计降低投资、提高设计质量、降低设计周期、提高规模化采购、减小现场施工周期的目标。

7.4 深层气田地面工程标准化设计

7.4.1 深层气田井场标准化设计

（1）井场工艺流程通用化。

采气井场采用高压采气方式，井口气经手动节流阀节流，满足系统的压力和温度要求后输送至集气站，即井口气→紧急切断阀、除砂器→井口节流阀→切断阀→外输。井场通用化工艺流程如图7.1所示。

（2）井场主要设施定型化。

采气树设有安全保护装置，由井口关断阀、液压系统、感控系统等组成，高、低压取值点取自手动节流阀后，当高压值高于或低压值低于正常操作压力2MPa及井场发生火灾时，均会自动切断气井气。具体设施及规格参数见表7.1至表7.3。

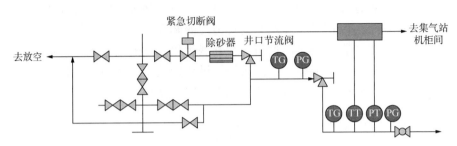

图 7.1 采气井场工艺流程

表 7.1 井场主要设施

序 号	井场设施	设备组成	设备功能
1	井口紧急关断阀	井口切断阀、液压系统、感控系统	①采气管道的压力过高或者过低时、发生火灾时，自动关断井口气；②可以远传手动关断井口气
2	井口减压设施	手动角式节流阀	通过调节该阀门，控制井口气进入采气管道的压力
3	井口除砂装置	除砂器	减小气体携砂对地面设备造成的损害

表 7.2 井场主要设施规格参数

序 号	主要设备及设施	规格参数
1	紧急截断装置	$10000psi-2^9/_{16}in$
2	旋流除砂器	入口 $2^9/_{16}in-10000psi$，出口 $3^1/_{16}in-15000psi$
3	笼套式节流阀	$5000psi-2^9/_{16}in$

表 7.3 井场主要材料选择

序 号	管道名称	CO_2 分压(MPa)	选用材质	执行标准
1	从采气树生产翼阀门至出井场绝缘接头之间的管道	≥0.21	316L	GB/T 14976
		<0.21	20#	GB 6479
2	甲醇管道	≥0.21	316L	GB/T 14976
		<0.21	20#	GB 6479
3	井场放空管道		Q345E	GB/T 8163

（3）井场平面布置标准化。

井场设置了防盗围栏，位于井场最小风频的上风侧布置防渗混凝土放空池，见图 7.2、表 7.4。

表 7.4 井场平面布置规格参数表

序 号	主要设备及设施	规格参数
1	采气井场占地	40m×30m
2	围栏占地	34m×24m

序 号	主要设备及设施	规格参数
3	放空区大小	18m×22m
4	井口安装区	8.0m×7.0m
5	井口安装区与放空区的距离	>40m

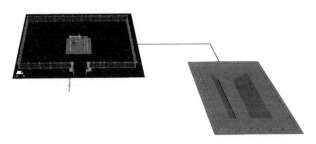

图 7.2　采气井场平面布置

（4）井场标准化设计成果。

井场工艺与单井产气量、气质、压力和温度有关，目前主要采用的是两级节流、井口紧急关断的工艺流程，地面工艺流程和安装主要考虑与采气树规格相匹配，因此对普遍采用的 KQ105/78 型采气树开展标准化设计研究。

根据深层气田的单井产量为 $(2.0\sim50.0)\times10^4 m^3/d$、井口压力为 $20.0\sim36.0MPa$、每 $10^4 m^3$ 井口气含水量为 $1.0\sim6.0m^3$，CO_2 体积含量为 $1.5\%\sim22.5\%$、井距为 $0.8\sim3.0km$，基本不含 H_2S 的复杂气源现状，研究编制了以下 6 种典型气井工况井场工艺流程、井口设施安装标准化设计文件，同时绘制了 3 种典型的井场平面布置图，见表 7.5 和表 7.6。

表 7.5　井场典型设计工况

工况 1	工况 2	工况 3
CO_2 分压：≥0.21MPa 井口产气量：<8×10⁴m³/d 井口压力：36MPa 材质：316L	CO_2 分压：≥0.21MPa 8×10⁴m³/d≤井口产气量<15×10⁴m³/d 井口压力：36MPa 材质：316L	CO_2 分压：≥0.21MPa 井口产气量：≥15×10⁴m³/d 井口压力：36MPa 材质：316L
工况 4	工况 5	工况 6
CO_2 分压：<0.21MPa 井口产气量：<8×10⁴m³/d 井口压力：36MPa 材质：20#钢	CO_2 分压：<0.21MPa 8×10⁴m³/d≤井口产气量<15×10⁴m³/d 井口压力：36MPa 材质：20#钢	CO_2 分压：<0.21MPa 井口产气量：≥15×10⁴m³/d 井口压力：36MPa 材质：20#钢

表 7.6　井场标准化设计文件目录

序 号	文件号	名 称	备 注
1	标加-XX/说明	说明书	—
2	标加-XX/设表	设备表	—

序　号	文件号	名　称	备　注
3	标加-XX/料表	材料表	—
4	标加-273/1	工况1井场平面布置图	附图1
5	标加-275/1	工况2井场平面布置图	附图2
6	标加-277/1	工况3井场平面布置图	附图3
7	标加-279/1	工况4井场平面布置图	附图4
8	标加-281/1	工况5井场平面布置图	附图5
9	标加-283/1	工况6井场平面布置图	附图6
10	标加-273/2	工况1工艺自控流程图	附图7
11	标加-275/2	工况2工艺自控流程图	附图8
12	标加-277/2	工况3工艺自控流程图	附图9
13	标加-279/2	工况4工艺自控流程图	附图10
14	标加-281/2	工况5工艺自控流程图	附图11
15	标加-283/2	工况6工艺自控流程图	附图12
16	标加-273/3	工况1工艺管线安装图	附图13
17	标加-275/3	工况2工艺管线安装图	附图14
18	标加-277/3	工况3工艺管线安装图	附图15
19	标加-279/3	工况4工艺管线安装图	附图16
20	标加-281/3	工况5工艺管线安装图	附图17
21	标加-283/3	工况6工艺管线安装图	附图18

7.4.2　深层气田站场标准化设计

（1）集气站工艺流程通用化。

各采气井来气经采气管道集输到集气站，在集气站经多井加热炉加热、节流，然后分别进入计量分离器和生产分离器，经轮换计量后，进入过滤分离器进行过滤分离，然后进入三甘醇脱水装置进行脱水，计量后外输。深层气田的通用化工艺流程如图7.3所示。

气井来天然气→进站阀组→多井加热炉→角式节流阀→生产阀组→进入计量分离器或生产分离器；一路计量分离器→单井计量装置→汇管；一路生产分离器→汇管；汇管→过滤分离器→三甘醇脱水装置→总计量→外输。

生产污水进入排污罐进行集中外输，放空天然气进入火炬进行燃烧处理。

（2）集气站主要工艺设备定型化。

集气站主要工艺设备有加热炉、分离器、三甘醇脱水装置、污水罐、甲醇罐及各种阀门等，见表7.7至表7.9。

为了实现标准化设计，首先对气田集气站设备、管道规格进行了优化整合，并将同一压力等级的管道腐蚀裕量统一，可大幅减少气田设备和管道的规格，在不增加工程投资的前提下，方便规模化、集约化采购，并为气田快速上产奠定良好基础。

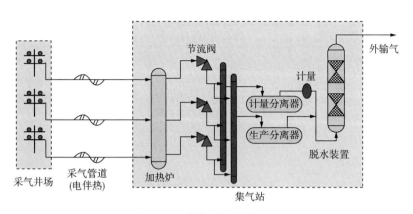

图 7.3　集气站工艺流程

表 7.7　集气站站场主要设备规格汇总

序号	设备名称	整合前后规格变化	整合后参数	缩减比例
1	真空相变加热炉	炉管设计压力由 6 种整合为 1 种；加热井数由 5 种整合为 1 种；燃烧器负荷由 9 种整合为 3 种	炉管设计压力：36MPa；加热井数：6 口；燃烧器负荷：100kW、300kW、600kW	67%
2	生产分离器及计量分离器	规格由 6 种整合为 2 种	8.0MPa，ϕ1200mm×4710mm，材质 Q345R；8.0MPa，ϕ1200mm×4710mm，Q345R+316L	67%
3	甲醇及缓蚀剂储罐	规格由 3 种整合为 1 种	常压，ϕ1600mm×6060mm	67%
4	过滤分离器	规格由 5 种整合为 2 种	8.0MPa，ϕ600mm×3000mm×2mm，材质 Q345R；8.0MPa，ϕ600mm×3000mm×2mm，Q345R+316L	60%
5	放空分液罐	规格由 2 种优化为 1 种	1.0MPa，ϕ1000mm×4176mm	50%
6	污水罐	规格由 4 种优化为 1 种	1.0MPa，ϕ1600mm×5882mm	75%

表 7.8　气田井站主要管道规格汇总

序　号	压力等级及标准	整合前的规格	整合后的规格	缩减比例
1	无缝钢管，1.6MPa≤p<4.0MPa，GB/T 8163	42 种	23 种	45%
2	无缝钢管，4.0MPa≤p<10.0MPa，GB/T 5310	25 种	12 种	52%
3	无缝钢管，10.0MPa≤p，GB/T 6479	29 种	20 种	31%
4	不锈钢管，4.0MPa≤p，GB/T 14976	42 种	23 种	45%

表 7.9　气田井站主要管道规格优化整合

序　号	管道规格及材质	优化整合建议	说　明
1	无缝钢管 ϕ168mm×6mm 20#钢	整合为 ϕ168mm×5mm	对于 $p<4.0$MPa 的 ϕ168mm 管道，5mm 壁厚可满足要求
	无缝钢管 ϕ168mm×5mm 20#钢		
2	无缝钢管 ϕ114mm×6mm 20#钢	整合为 ϕ114mm×5mm	对于 $p<4.0$MPa 的 ϕ114mm 管道，5mm 壁厚可满足要求
	无缝钢管 ϕ114mm×5mm 20#钢		
	无缝钢管 ϕ114mm×4.5mm 20#钢		
3	无缝钢管 ϕ89mm×5mm 20#钢	整合为 ϕ89mm×4.5mm	对于 $p<4.0$MPa 的 ϕ89mm 管道，5mm 壁厚可满足要求
	无缝钢管 ϕ89mm×4.5mm 20#钢		

在设计规模确定的情况下，气田集气站内主要工艺设备规格均可明确，见表7.10，实现站场的主要设备定型化设计。

表 7.10　集气站场主要设备操作参数

序号	主要设备	设备规格					
		建站规模（10^4m³/d）					
		10~20	20~30	30~40	40~50	50~60	60~70
1	加热炉	根据产水量及盘管数量具体设计					
2	生产分离器	ϕ1000mm×4612mm	ϕ1000mm×4612mm	ϕ1200mm×4680mm	ϕ1300mm×4720mm	ϕ1400mm×5040mm	ϕ1500mm×5400mm
3	计量分离器	根据单井最大产气量按生产分离器计算					
4	过滤分离器	橇装按建设规模设计					
5	三甘醇脱水装置	橇装按建设规模设计					
6	甲醇储罐	ϕ1000mm×4562mm					
7	消泡剂储罐	ϕ1000mm×4562mm					
8	注醇计量泵	$q_v=120$L/h　出口压力$=37$MPa　$P=5.5$kW					
9	注消泡剂计量泵	$q_v=250$L/h　出口压力$=8$MPa　$P=4$kW					
10	放空分液罐	ϕ1000mm×4006mm	ϕ1200mm×4800mm	ϕ1300mm×5200mm	ϕ1450mm×5808mm	ϕ1600mm×6410mm	ϕ1750mm×7010mm
11	火炬	橇装按建设规模设计					

（3）集气站平面布置标准化。

集气站按《石油天然气工程设计防火规范》（GB 50183—2004）站场分级规定，为五级站场，平面布置严格按规范要求的相应安全距离执行。

气田已建集气站功能分区基本相同，但平面布局差异较大，经过反复论证，集气站规模对站内各功能区分区布局影响较小，可规范集气站平面布置。

平面布置根据工艺配置的不同，站内各装置按功能分区布置，如图 7.4 所示。在平面布置中，充分考虑了站场进出管道的走向及站内介质的工艺流向，以便于合理布置工艺管网。

集气站站内布置以进站路为中线进行南北分布。从进站路起，北侧依次为进站阀组区、加热炉区、生产阀组区、分离器区、计量阀组区、脱水橇区、发球区。南侧依次为生活区、变压器区、热水炉区、热水泵房、加药罐区、加药泵房、污水泵房、污水罐区。火炬区布置在集气站南侧。图 7.5 为集气站三维设计图。

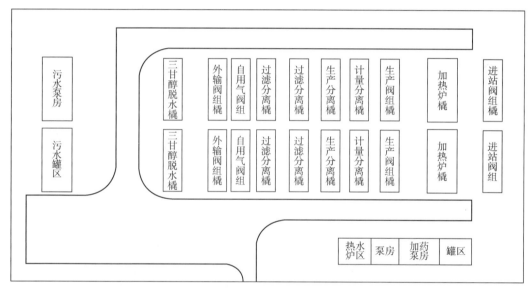

图 7.4　集气站平面布置图

图 7.5　集气站三维设计

（4）集气站标准化设计成果。

根据功能和压力等级进行装置集成及功能分区，集气站按功能划分为 10 个生产区：进站阀组区、加热炉区、生产阀组区、计量分离器区、生产分离器区、过滤分离器区、三甘醇脱水装置区、加药罐区、加药泵房火炬区和污水罐区。

集气站标准化设计中，将上述 10 个生产区优化为 9 个橇块，分别见表 7.11 至表 7.14。同时，借助三维设计手段，按照橇装化方式进行设计，实现多专业在统一平台上协同设计，如图 7.6 所示。

表 7.11　集气站场橇块设计

序　号	生产区名称	橇块名称
1	进站阀组区	进站阀组橇
2	加热炉区	加热炉橇
3	生产阀组区	生产阀组橇
4	计量分离器区	计量分离器橇
5	生产分离器区	生产分离器橇
6	过滤分离器区	过滤分离器橇
7	三甘醇脱水装置区	三甘醇脱水橇
8	加药罐区	外输阀组橇、自用气阀组橇
9	加药泵房、火炬区	外输阀组及自用气橇
10	污水罐区	加药罐橇及加压泵橇

为了优化站场布局，使工艺安装更为合理，对加热炉橇、分离器橇及各类阀组橇进行了技术优化。

表 7.12　加热炉橇块优化

序　号	优化内容	效果评价	占地面积比
1	将加热炉模块进口的截止阀调整为球阀，出口的球阀改为截止阀，实现进出口阀门互换	将进口流量调节改在出口进行，有效解决了进口节流易冻堵问题	51%
2	对于高含碳气井，工艺进口采用 316L 球阀，出口采用 2205 双相钢截止阀	实现换热后高温环境下 CO_2 和 Cl^- 双重防腐功能	
3	旁通工艺设置在模块内部	工艺排布更加合理、更加紧凑	

表 7.13　分离器橇块优化

序　号	优化内容	效果评价	占地面积比
1	取消顶部平台，把设备顶部的压力表、差压计移至设备筒体侧面，同时橇上建设取心平台	方便压力表、差压计数据读取及分离器抽心操作	65%
2	气动阀钢瓶需加固定基础、同时增加遮阳避雨设施	实现气动阀气源安全规范化管理	
3	进出口配管安全阀截断用平板闸阀水平安装	防止闸板脱落	
4	罐体放空阀等放空点均引至模块边缘	实现操作便捷、站场清洁	

表 7.14 各类阀组橇块优化

序号	技术优化内容	效果评价	占地面积比
1	模块底板采用钢制格栅板	便于各类线、缆敷设，减少雨、雪堆积，防滑且便于打理	
2	电、控装置箱整合到模块上，置于模块上工艺不常操作端，统一放置于一侧	实现控制箱集中管理，模块装线缆布置整齐	
3	阀门手柄及工艺仪表尽量朝向模块外部，模块内部设备安装高度均在距地 1.8m 以内	便于生产操作、仪表读数及管理	32% ~ 83%
4	高、中压压力表、压力传感器根部采用双阀控制，即高密封截止阀+高密封取样截止阀	保障压力表等设备拆除时可放空，保障操作安全	
5	工厂化预制、吊装运输至站场，缩短建设时间，同时形成模块技术规格书	便于后期维护管理	
6	手动阀预留足够空间	为后续数字化建设预留调整空间	

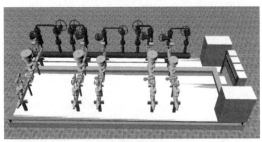

进站阀组橇

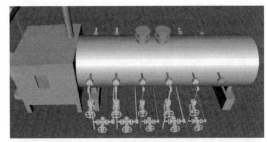

加热炉橇

生产阀组橇

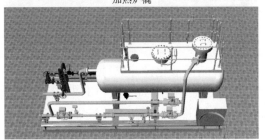

计量分离器橇

生产分离器橇

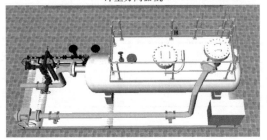

过滤分离器橇

图 7.6 集气站模块三维设计

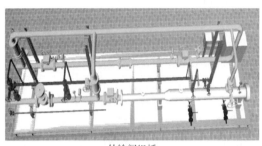
外输阀组橇

三甘醇脱水橇

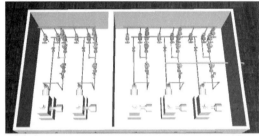
加药罐橇

加药泵橇

自用气外输阀组橇

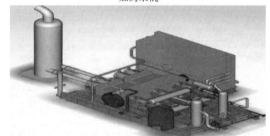
空压机橇

图 7.6　集气站模块三维设计(续)

集气站标准化设计取得了以下成果:

①集气站的平面布置和工艺流程标准化。完成集气规模为 $35 \times 10^4 \mathrm{m}^3/\mathrm{d}$(标准)的 4 井式集气站的平面布置和工艺流程标准化设计文件。

②集气站来气阀组区、加热炉区、生产阀组区标准化。集气站来气阀组区、加热炉区、生产阀组区的标准化设计按照表 7.15 中的工况进行。

表 7.15　来气阀组区、加热炉区、生产阀组区典型设计工况

1#井气量 ($10^4 \mathrm{m}^3/\mathrm{d}$)	2#井气量 ($10^4 \mathrm{m}^3/\mathrm{d}$)	3#井气量 ($10^4 \mathrm{m}^3/\mathrm{d}$)	4#井气量 ($10^4 \mathrm{m}^3/\mathrm{d}$)	各井来气压力 (MPa)
2	5	12	15	≤36

③集气站计量分离器区、生产分离器区、过滤分离器区标准化。完成 $15 \times 10^4 \mathrm{m}^3/\mathrm{d}$ 计量分离器区、$30 \times 10^4 \mathrm{m}^3/\mathrm{d}$ 生产分离器区、$20 \times 10^4 \mathrm{m}^3/\mathrm{d}$ 过滤分离器区的标准化设计文件。

④集气站脱水区标准化设计。完成 $35 \times 10^4 \mathrm{m}^3/\mathrm{d}$ 脱水区标准化设计文件。

⑤集气站放空区标准化设计。完成放空火炬规模为 $12 \times 10^4 \mathrm{m}^3/\mathrm{d}$ 放空区标准化设计

文件。

⑥ 集气站加药泵房、加药罐区标准化设计。完成4井式集气站加药泵房、加药罐区标准化设计文件。

完成的标准化设计文件目录见表7.16。

表7.16 站场标准化设计文件目录

序 号	文件号	名 称	备 注
1	标加-XX/明	说明书	—
2	标加-XX/设表	设备表	—
3	标加-XX/料表	材料表	—
4	标加-13181/1A	平面布置图	附图19
5	标加-13181/3A	工艺流程框图	附图20
6	标加-13181/4A	进站阀组模块工艺自控流程图	附图21
7	标加-13181/5A	加热炉模块工艺自控流程图	附图22
8	标加-13181/6A	生产阀组模块工艺自控流程图	附图23
9	标加-13181/7A	计量分离器模块工艺自控流程图	附图24
10	标加--13181/8A	生产分离器模块工艺自控流程图	附图25
11	标加--13181/9A	过滤分离器模块工艺自控流程图	附图26
12	标加--13181/10A	三甘醇脱水模块工艺自控流程图	附图27
13	标加-13181/11A	外输气阀组模块工艺自控流程图	附图28
14	标加-13181/12A	自用气阀组模块工艺自控流程图	附图29
15	标加-13181/13A	加药罐区工艺自控流程图	附图30
16	标加-13181/14A	加药泵房工艺自控流程图	附图31
17	标加-13181/15A	火炬区工艺自控流程图	附图32
18	标加-13183/1A	进站阀组、加热炉及生产阀组模块工艺管线安装图（一）	附图33
19	标加-13183/2A	进站阀组、加热炉及生产阀组模块工艺管线安装图（二）	附图34
20	标加-13201/1A	计量分离器模块工艺管线安装图	附图35
21	标加-13203/1A	生产分离器模块工艺管线安装图	附图36
22	标加-13205/1A	过滤分离器模块工艺管线安装图	附图37
23	标加-13207/1A	三甘醇脱水橇模块工艺管线安装图	附图38
24	标加-13219/1A	外输气阀组模块工艺管线安装图	附图39
25	标加-13211/2A	火炬区工艺管线安装图	附图40
26	标加-13215/1A	加药泵房工艺管线安装图	附图41
27	标加-13213/1A	加药罐区工艺管线安装图	附图42

7.5 深层气田地面工程标准化设计应用与评价

以大庆油田徐深气田徐深3井区产能建设示范工程为标准化设计的实施载体，进行地面工程标准化设计的实施。以井站标准化设计覆盖率、设计周期和施工周期同比缩短量等内容为评价指标，对实施效果进行总体评价。针对深层气田各气井的产气量、产水量、CO_2含量、井口温度、压力及集气站所辖井数、集气规模的不同，使采气管道规格、集气站内集配气阀组、加热炉负荷与盘管形式不能完全相同，研究气井、集气站标准化设计的共性与个性的应用范围。

7.5.1 徐深3井区产能建设工程概况

徐深气田徐深3井区气藏位于黑龙江省大庆市肇州县，地面主要为草地和农田，地势平缓，地面海拔160~200m；气田内建有宋朝路和明沈线，气田所在区域建有乡间便道，公路网比较通畅。

该项工程建设徐深3集气站1座，规模为$35×10^4m^3/d$。共辖4口气井，分别为徐深3井、徐深3-1井、徐深3-平1井、徐深7-平1井。4口气井井口参数见表7.17，开发指标预测详见表7.18至表7.20，气井气性质见表7.21，水质分析结果见表7.22。

表 7.17 徐深3井区4口气井井口参数

井　号	配产($10^4m^3/d$)	关井压力（MPa）	预计开井压力（MPa）	初期产水（m^3/d）	温度（℃）
徐深3	2.25	34.0	14.8	0.55	33
徐深3-1	4.50	35.0	18.0	3.20	33
徐深3-平1	12.00	36.0	21.0	3.00	40
徐深7-平1	15.00	36.0	30.0	3.80	45

表 7.18 徐深3井区建产井产气量及预测　　　　单位：$10^4m^3/d$

井　号	2014年	2015年	2016年	2017年	2018年	2019年	2020年	2021年	2022年	2023年
徐深3	2.25	2.25	2.25	2.12	1.99	1.87	1.76	1.65	1.55	1.46
徐深3-1	4.50	4.50	4.50	4.23	3.98	3.74	3.51	3.30	3.10	2.92
徐深3-平1	12.00	12.00	12.00	11.16	10.38	9.65	8.98	8.35	7.76	7.22
徐深7-平1	—	—	15	15	15	14	13	12.1	11.2	10.4

表 7.19 徐深3井区建产井产水量及预测　　　　单位：$10^4m^3/d$

井　号	2014年	2015年	2016年	2017年	2018年	2019年	2020年	2021年	2022年	2023年
徐深3	0.55	0.66	0.79	0.95	1.14	1.37	1.64	1.97	2.36	2.84
徐深3-1	3.20	3.52	3.87	4.26	4.69	5.15	5.67	6.24	6.86	7.55
徐深3-平1	3.00	3.30	3.63	3.99	4.39	4.83	5.31	5.85	6.43	7.07
徐深7-平1	—	—	3.8	4.0	4.2	4.4	4.6	4.8	5.1	5.3

表 7.20 　徐深 3 井区建产井开井压力及预测　　　　　　单位：MPa

井　号	2014 年	2015 年	2016 年	2017 年	2018 年	2019 年	2020 年	2021 年	2022 年	2023 年
徐深 3	14.80	14.30	13.80	13.30	12.80	12.30	11.80	11.30	10.80	10.30
徐深 3-1	18.00	17.50	17.00	16.50	16.00	15.50	15.00	14.50	14.00	13.50
徐深 3-平 1	21.00	20.50	20.00	19.50	19.00	18.50	18.00	17.50	17.00	16.50
徐深 7-平 1	—	—	30.0	27.0	24.3	22.4	20.6	18.9	17.4	16.0

表 7.21 　气井气组分　　　　　　单位：%

井　号	C_1	C_2	C_3	iC_4	CO_2	N_2
徐深 3	92.226	2.342	0.167	0.093	2.671	2.238
徐深 3-1	86.541	3.06	1.023	0.232	4.426	4.198
徐深 3-平 1	92.226	2.342	0.167	0.093	2.671	2.238
徐深 7-平 1	95.036	2.381	0.38	0.19	0.384	1.28

表 7.22 　试采井水质分析数据

井　号	总矿化度(mg/L)	pH 值	Cl^- 浓度(mg/L)
徐深 3	6850	7.31	734
徐深 3-1	7390	8.20	1560
徐深 3-平 1	6850	7.31	734
徐深 7-平 1	5190	7.80	960

　　井口采用简易工艺，除设井口安全保护系统、手动节流阀、除砂器(预留其接口)等必要设备外，不设其他处理设施，均为无人值守井场。4 口气井气经采气管道输送至徐深 3 集气站，采用双金属复合电加热保温管，注醇管道与采气管道同沟敷设。

　　集气站采用多井高压集气工艺，天然气经加热、节流、分离、计量后外输至徐深 9 集气站。建设徐深 3 集气站至徐深 9 集气站集气管道 1 条，采用无缝钢管 $\phi168mm \times 7mm$ 合计 6.43km。配套建设 1 套由集气站 PLC 控制系统、可燃气体检测报警系统、现场测控仪表等组成的站控系统、通信、采气和集气管道防腐、供配电及道路等设施。具体见表 7.23。

表 7.23 　集输工艺主要设计内容

序　号	工程设计内容	单　位	规　模	备　注
一	井场			
1	徐深 3 井场	$10^4 m^3/d$	2.25	1 座
(1)	徐深 3 井场　平面布置图			
(2)	徐深 3 井场　工艺流程图			
(3)	徐深 3 井场　工艺管线安装图			
2	徐深 3-1 井场	$10^4 m^3/d$	4.5	1 座

序　号	工程设计内容	单　位	规　模	备　注
(1)	徐深3-1井场　平面布置图			
(2)	徐深3-1井场　工艺流程图			
(3)	徐深3-1井场　工艺管线安装图			
3	徐深3-平1井场	$10^4\text{m}^3/\text{d}$	12.0	1座
(1)	徐深3-平1井场　平面布置图			
(2)	徐深3-平1井场　工艺流程图			
(3)	徐深3-平1井场　工艺管线安装图			
4	徐深7-平1井场	$10^4\text{m}^3/\text{d}$	15.0	1座
(1)	徐深7-平1井场　平面布置图			
(2)	徐深7-平1井场　工艺流程图			
(3)	徐深7-平1井场　工艺管线安装图			
二	集气站	$10^4\text{m}^3/\text{d}$	35.0	1座
(1)	平面布置图			
(2)	总工艺流程框图			
(3)	进站阀组区工艺自控流程图			
(4)	加热炉区工艺自控流程图			
(5)	生产阀组区工艺自控流程图			
(6)	计量分离器区工艺自控流程图			
(7)	生产分离器区工艺自控流程图			
(8)	过滤分离器区工艺自控流程图			
(9)	三甘醇脱水区工艺自控流程图			
(10)	外输气阀组区工艺自控流程图			
(11)	自用气阀组区工艺自控流程图			
(12)	加药罐区工艺自控流程图			
(13)	加药泵房工艺自控流程图			
(14)	火炬区工艺自控流程图			
(15)	污水罐区工艺自控流程图			
(16)	来气阀组区工艺管线安装图			
(17)	加热炉区工艺管线安装图			
(18)	生产阀组区工艺管线安装图			
(19)	计量分离器区工艺管线安装图			
(20)	生产分离器区工艺管线安装图			
(21)	过滤分离器区工艺管线安装图			

续表

序　号	工程设计内容	单　位	规　模	备　注
(22)	脱水区工艺管线安装图			
(23)	污水罐区工艺管线安装图			
(24)	外输气阀组区工艺管线安装图			
(25)	自用气阀组区工艺管线安装图			
(26)	放空区工艺管线安装图			
(27)	加药泵房工艺管线安装图			
(28)	加药罐区工艺管线安装图			

7.5.2　标准化设计的应用及评价

（1）井场标准化设计应用情况。

该产能工程新建气井 4 口，井场标准化设计覆盖率为 80%，见表 7.24。

表 7.24　井场标准化图纸

序　号	工程设计内容	复用标准化图纸号
1	徐深 3 井场	1 座
(1)	徐深 3 井场　平面布置图	标加-273/1（附图 1）
(2)	徐深 3 井场　工艺流程图	标加-273/2（附图 7）
(3)	徐深 3 井场　工艺管线安装图	标加-273/3（附图 13）
2	徐深 3-1 井场	1 座
(1)	徐深 3-1 井场　平面布置图	标加-273/1（附图 1）
(2)	徐深 3-1 井场　工艺流程图	标加-273/2（附图 7）
(3)	徐深 3-1 井场　工艺管线安装图	标加-273/3（附图 13）
3	徐深 3-平 1 井场	1 座
(1)	徐深 3-平 1 井场　平面布置图	标加-275/1（附图 2）
(2)	徐深 3-平 1 井场　工艺流程图	标加-275/2（附图 8）
(3)	徐深 3-平 1 井场　工艺管线安装图	标加-275/3（附图 14）
4	徐深 7-平 1 井场	1 座
(1)	徐深 7-平 1 井场　平面布置图	标加-283/1（附图 6）
(2)	徐深 7-平 1 井场　工艺流程图	标加-283/2（附图 12）
(3)	徐深 7-平 1 井场　工艺管线安装图	标加-283/3（附图 18）

（2）集气站标准化设计应用情况。

该产能工程新建集气站 1 座，集气站标准化设计覆盖率为 60%，见表 7.25。

表 7.25　集气站标准化图纸

序　号	集气站	复用标准化图纸号
1	进站阀组模块工艺自控流程图	标加-13181/4A(附图21)
2	加热炉模块工艺自控流程图	标加-13181/5A(附图22)
3	生产阀组模块工艺自控流程图	标加-13181/6A(附图23)
4	计量分离器模块工艺自控流程图	标加-13181/7A(附图24)
5	生产分离器模块工艺自控流程图	标加-13181/8A(附图25)
6	过滤分离器模块工艺自控流程图	标加-13181/9A(附图26)
7	外输气阀组模块工艺自控流程图	标加-13181/11A(附图28)
8	自用气阀组模块工艺自控流程图	标加-13181/12A(附图29)
9	加药罐区工艺自控流程图	标加-13181/13A(附图30)
10	加药泵房工艺自控流程图	标加-13181/14A(附图31)
11	火炬区工艺自控流程图	标加-13181/15A(附图32)
12	计量分离器模块工艺管线安装图	标加-13201/1A(附图35)
13	生产分离器模块工艺管线安装图	标加-13203/1A(附图36)
14	过滤分离器模块工艺管线安装图	标加-13205/1A(附图37)
15	外输阀组模块工艺管线安装图	标加-13203/1A(附图39)
16	加药泵房工艺管线安装图	标加-13215/1A(附图41)

徐深3井区产能建设示范工程应用标准化设计图纸类型、标准化设计图纸总量折1#图纸20.5张，并且采用标准化设计图纸节省了20个工作日，设计期缩短约23%。

若将建设工期的考核用建设工期提前率来表述，其计算方法为：

$$建设工期提前率 = \frac{常规施工周期 - 标准化设计施工周期}{常规施工周期} \times 100\%$$

标准化设计在工程建设中的应用，通过统一、合理地配置材料、有序的工艺衔接等手段，实现了工艺施工作业顺序流水化，有效地提高了施工效率。通过容器及加热装置的统一预制、多种施工工序同步等手段，在容器、设备就位后，以插件形式安装，实现了施工现场安装插件化，有效地提高了施工建设速度。通过一次性消化不同年度或同一年度的同类型井站、工艺的手段，确保了后期施工的顺利开展，实现了工艺流程通用化，提高了施工组织效率。通过模块化预制，组装化施工，实现了施工方式的转变，加快了地面工程建设速度，建设工期同比缩短12%。

（3）气田井场、集气站标准化设计与常规设计对比。

以徐深3井区为例，在项目运行的整个生命周期内，采用标准化设计与常规设计在缩短设计周期、采购周期和施工周期方面都有明显的优越性，见表7.26。

表 7.26 标准化设计与常规设计对比

设计模式	设计周期(d)	采购周期(d)	施工周期(d)
常规设计	75	50	160
标准化设计	55	40	140
缩短周期	20	10	20

通过气田标准化设计，完成了气田集气站设备、管道材料优化整合，大幅减少了气田管道和设备的规格；消除了因人而异产生的个性化设计，统一了建设标准，降低了设计错误率，提高了设计质量；由于设计周期及建设工期的缩短，可有效避开冬季的施工，提高了施工质量。在不增加工程投资的前提下，方便规模化、集约化采购，并为气田快速上产奠定了良好基础。

参考文献

［1］ Liu Yang, Chen Shuangqing, Guan Bing, et al. Layout optimization of large-scale oil-gas gathering system based on combined optimization strategy[J]. Neurocomputing, 2019, 332(7): 159-183.

［2］ Y Shi, R C Eberhart. Particle swarm optimization with fuzzy adaptive inertia weight[J]. Nature, 2001, 212 (5061): 511-512.

［3］ J Kennedy, R Mendes. Population structure and particle swarm performance[C]. Evolutionary Computation, Proceedings of the 2002 Congress on. IEEE, 2002, 2, 1671-1676.

［4］ A Nickabadi, M M Ebadzadeh, R. Safabakhsh. A novel particle swarm optimization algorithm with adaptive inertia weight[J]. Applied Soft Computing, 2011, 11(4): 3658-3670.

［5］ H Zhang, M Yuan, Y Liang, et al. A novel particle swarm optimization based on prey-predator relationship [J]. Applied Soft Computing, 2018, 68: 202-218.

［6］ R Mendes, J Kennedy, J Neves. Watch thy neighbor or how the swarm can learn from its environment[J]. Proceedings of the 2003 IEEE Swarm Intelligence Symposium, 2003: 88-94.

［7］ R Mendes, J Kennedy, J Neves. The fully informed particle swarm: simpler, maybe better[J]. IEEE Transactions on Evolutionary Computation, 2004, 8(3): 204-210.

［8］ B Niu, Y L Zhu, X X He, et al. MCPSO: A multi-swarm cooperative particle swarm optimizer[J]. Applied Mathematics & Computation, 2007, 185(2): 1050-1062.

［9］ H B Ouyang, L Q Gao, S Li, et al. Improved global-best-guided particle swarm optimization with learning operation for global optimization problems[J]. Applied Soft Computing, 2016, 52(C): 987-1008.

［10］ L Wang, B Yang, J Orchard. Particle swarm optimization using dynamic tournament topology[J]. Applied Soft Computing, 2016, 48: 584-596.

［11］ L L Li, L Wang, L H Liu. An effective hybrid PSOSA strategy for optimization and its application to parameter estimation[J]. Applied Mathematics & Computation, 2006, 179(1): 135-146.

［12］ S Chen, Y Liu, L Wei, et al. Guan. PS-FW: A hybrid algorithm based on particle swarm and fireworks for global optimization[J]. Computational Intelligence and Neuroscience, 2018.

［13］ 李政道. 统计物理学讲义[M]. 上海: 上海科技出版发行有限公司, 2006.

［14］ 刘扬. 大型油气网络系统优化理论与方法[M]. 北京: 科学出版社, 2019.

［15］ 陈双庆, 刘扬, 魏立新, 等. 徐深气田新增产能管网障碍拓扑优化[J]. 东北石油大学学报, 2016, 40(4): 10, 96-105.

［16］ 刘扬, 陈双庆, 魏立新. 油气集输系统拓扑布局优化研究进展[J]. 油气储运, 2017, 36 (6): 601-605, 616.

［17］ 刘扬, 程耿东. N级星式网络的拓扑优化设计[J]. 大连理工大学学报, 1989, 29(2): 131-137.

［18］ 刘扬, 鞠志忠, 鲍云波. 一类多级星式网络的拓扑优化设计方法[J]. 大庆石油学院学报, 2009, 33 (2): 68-73, 125.

［19］ 刘扬. 石油工程优化设计理论及方法[M]. 北京: 石油工业出版社, 1994.

[20] 刘扬，关晓晶．环形集输管网拓扑优化设计[J]．天然气工业，1993，13（2）：71-74.

[21] Yang Liu, Guanrong Chen. Optimal parameters design of oilfield surface pipeline systems using fuzzy models [J]. Information Sciences, 1999, 120(1)：13-21.

[22] 刘扬，魏立新，李长林，等．油气集输系统拓扑布局优化的混合遗传算法[J]．油气储运，2003，22(6)：33-36.

[23] 刘扬，陈双庆，付晓飞，等．大型油气网络系统最优化理论方法研究及"AI+"展望[J]．东北石油大学学报，2020，44(4)：5-6，7-14，55.

[24] 刘扬，关晓晶．油气集输系统优化设计研究[J]．石油学报，1993，14（3）：110-117.

[25] 刘扬，陈双庆，魏立新．油气集输系统拓扑布局优化研究进展[J]．油气储运，2017，36(6)：601-605，616.

[26] 刘扬，赵洪激，周士华．低渗透油田地面工程总体规划方案优化研究[J]．石油学报，2000(2)：88-95.

[27] 刘扬，赵洪激．油田开发建设地面地下一体化优化[J]．大庆石油学院学报，2001(3)：92-94，123.

[28] 刘扬，陈双庆，官兵．受约束三维空间下油气集输系统布局优化[J]．科学通报，2020，65(9)：834-846.

[29] 刘扬．油气集输系统用能优化理论及方法[M]．北京：石油工业出版社，2018.

[30] 高新波．模糊聚类分析及其应用[M]．西安：西安电子科技大学出版社，2004.

[31] Deb K. An efficient constraint handling method for genetic algorithms[J]. Computer Methods in Applied Mechanics and Engineering, 2000, 186(2-4)：311-338.

[32] D A Rodríguez, P P Oteiza, N B Brignole. Simulated annealing optimization for hydrocarbon pipeline networks[J]. Industrial & Engineering Chemistry Research, 2013, 52 (25)：8579-8588.

[33] D H Beggs, J P Brill. A study of two-phase flow in inclined pipes[J]. Journal of Petroleum Technology, 2014, 25 (5)：607-617.

[34] Yang Liu, Jiexun Li, Zhihua Wang, et al. The role of surface and subsurface integration in the development of a high-pressure and low-production gas field [J]. Environmental Earth Sciences, 2015, 73 (10)：5891-5904.

[35] 孙云峰．高寒地区含二氧化碳气田集输系统优化及标准化技术研究[D]．大庆：东北石油大学，2020.